本书为陕西省社会科学基金年度项目"黄河流域陕西段传统村落文化景观的生态保护与活化传承研究"(2023J049)、咸阳师范学院青蓝人才培养项目成果之一，本书出版获咸阳师范学院出版基金资助。

STUDY ON RURAL ENVIRONMENTAL PLANNING AND LANDSCAPE DESIGN

乡村环境规划与景观设计研究

张宁 著

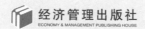

经济管理出版社
ECONOMY & MANAGEMENT PUBLISHING HOUSE

图书在版编目（CIP）数据

乡村环境规划与景观设计研究 / 张宁著 . — 北京：经济管理出版社，2023.10
ISBN 978-7-5096-9425-1

Ⅰ.①乡…　Ⅱ.①张…　Ⅲ.①乡村规划－景观设计－研究－中国　Ⅳ.① TU986.29

中国国家版本馆 CIP 数据核字（2023）第 213424 号

组稿编辑：杨国强
责任编辑：杨国强　白　毅
责任印制：黄章平
责任校对：张晓燕

出版发行：经济管理出版社
　　　　　（北京市海淀区北蜂窝 8 号中雅大厦 A 座 11 层　100038）
网　　址：www.E-mp.com.cn
电　　话：（010）51915602
印　　刷：唐山玺诚印务有限公司
经　　销：新华书店
开　　本：720 mm×1000 mm/16
印　　张：14.5
字　　数：283 千字
版　　次：2023 年 12 月第 1 版　2023 年 12 月第 1 次印刷
书　　号：ISBN 978-7-5096-9425-1
定　　价：98.00 元

前 言

党的二十大报告明确指出，"全面推进乡村振兴。全面建设社会主义现代化国家，最艰巨最繁重的任务仍然在农村。坚持农业农村优先发展"。乡村景观作为乡村地域综合体的重要组成部分，其规划建设成为国家现代化建设的重要内容。

乡村景观规划是应用多学科的理论，对乡村各种景观要素进行整体规划与设计，保护乡村景观完整性和文化特色，挖掘乡村景观的经济价值，保护乡村的生态环境，推动乡村的社会、经济和生态持续协调发展的一种综合规划，体现了人为聚落形态与自然环境的关系。实践证明，加快乡村景观的建设对塑造美丽乡村、提高农村居民生活质量、推动农村经济发展模式的转变有着非常重大的意义。

乡村景观作为一种特定的文化符号，彰显着乡村的文化景观艺术。乡村景观是一个在自然生态环境、农耕文明形态和人文生态环境共同作用下的生态共同体，农田里的庄稼、果园里的林木和溪流边的杂草等都可以成为乡村旅游中的美好景观。对于乡村景观而言，自然是环境的主体，人为的干扰因素较低，景观的自然属性较强，所以在对乡村旅游景观进行设计时，我们提倡生态理念和田园文化视角的指导，重在对乡村旅游中的景观进行合理开发和规划，发挥其自然属性，而并不是重新人为地制作或迁移景观。远离城市的喧嚣，体验自然的静谧，是每一个身在旅途中的人对于纯粹乡村景观的向往。

乡村景观的规划设计综合考虑了乡村经济发展、社会进步和生态环境改善之间协同发展的内在联系和过程，通过强化乡村区域生产、居住和游憩功能，塑造乡村景观意象，形成具有形象竞争、产品竞争和价格竞争的竞争优势体系，最终将乡村建设成为具有较高可居住性、可投入性和可进入性的发达田园化乡村，实现乡村可持续发展。

本书在撰写过程中参阅了一些相关学术著作，在此表示感谢。由于出版时间紧促，书中难免存在不足之处，恳请广大读者批评指正。

目　录

第一篇　基础理论

第一章
乡村景观概述

第一节　乡村景观的概念

随着农耕文明的出现，人类社会正式进入氏族公社时期，此时人类居住的村落附近开始出现果园蔬圃，还有一些以生产为目的的种植场地。从客观上看，这就已经构成了早期的乡村景观（rural landscape）。在上千年的演化过程中，乡村景观逐渐形成。这些景观的构成与人类的聚居、种植与开垦有着密切的联系，也留下了古人真实生活过的痕迹。

虽说乡村景观出现的时间比较早，源于农耕文明时期，但其被单独作为研究对象出现在大众视野中是从近代开始的。回顾历史，人类对乡村景观的系统研究始于地理学家对文化景观的研究。美国地理学家索尔（C. O. Sauer）将文化景观定义为"附加在自然景观上的人类活动形态"。随着原始社会农业的不断发展，文化景观得以逐渐形成，因此，我们也认为文化源地就是人类社会农业最早发展的地区，故称为农业文化景观。此后，西欧地理学家对乡村文化景观的内涵进行了丰富，从而诞生了乡村景观的概念，这一概念较为全面地反映了乡村地区的各个因素，即自然、人口、社会、经济与文化等。乡村景观的概念内涵由德国地理学家博尔恩于 1974 年在《德国乡村景观的发展》报告中首次提出，该份报告对乡村发展与土地利用、人口密度、环境的关系进行了重点阐述，并且根据聚落形式，对乡村景观发展的具体阶段进行了划分。他指出，经济结构是构成乡村景观的主要内容。进入 20 世纪 60 年代，德国的农业地理学家发现，随着社会经济的不断发展，本国的乡村环境也发生了翻天覆地的变化，从而引起了这些专家学者的浓厚兴趣。1960~1971 年，奥特伦巴（E. O. Otrenba）等共同撰写的《德国乡村景观图集》正式面世，该书的主要内容为农业结构图和土地利用图。索尔认为，"乡村景观是指乡村范围内相互依赖的人文、社会、经济现象的地域单元"，抑或是"在一个乡村地域内相互关联的社会、人文、经济现象的总体"。社会地理学家将社会变化对乡村景观的影响作为重点进行了深入研究。通过分析乡村景观变化的影响因素可以看出，影响变化的活动因素便是乡村社会集团。

就目前来看，除了地理学界之外，还有其他学科与领域的研究者也对乡村景观产生了浓厚的兴趣。基于不同学科与领域之间的差别，学者们对乡村景观的内涵界定也存在一定的差异。

从地理学（geography）视角出发，乡村景观是具有特定景观内涵、形态与行为的景观类型。乡村是一个具有鲜明田园特征、人口密度较小、土地利用粗放的地区，乡村景观主要表现在聚落形态的变化上，即由能够提供生产与生活服务功能的集镇逐渐取代传统的分散农舍。从本质上看，乡村景观属于格局的一种，它是人类在不同历史时期的生产生活过程中，对自然环境产生影响的真实记录。它主要表现在以下几个方面：从地域范围来看，乡村景观泛指城市景观以外的具有人类聚居及其相关行为的景观空间。从景观构成上来看，乡村景观是由聚居景观、经济景观、文化景观和自然景观构成的景观环境综合体。从景观特征上来看，乡村景观是人文景观与自然景观的复合体，人类的干扰强度较低，景观的自然属性较强，自然环境在景观中占主体地位，景观具有深远性和宽广性。乡村景观规划区别于其他景观规划的关键在于乡村景观是以农业为主的生产景观和粗放的土地利用景观，以及乡村特有的田园文化和田园生活①。

从景观生态学（landscape ecology）视角出发，由于受到人类经营策略与经营活动的影响以及自然地理条件等因素的制约，乡村地区范围内不同的地块具有了不同的美学价值、生态价值、社会价值以及经济价值，而这些存在差异性的、形状大小不一的地块，共同构成了乡村景观。景观生态学理论认为，从本质上看，乡村景观就是一个复合生态系统，这个复合生态系统是自然、经济、社会之间相互作用、共同促进与发展的，其组成因素包括畜牧、水体、农田、林草、村落等，主要特点表现为自然风光、果园、农田、商业中心、居民点的复合镶嵌，换句话说，就是农田与大小不一的民居的混杂分布。

从环境资源学（environmental resource）视角出发，在乡村地区范围内，一切待开发与可利用的综合资源都可以被称为乡村景观，其本质是一个具备多重价值的景观综合体，其价值属性包括生态、娱乐、美学、功能与效用。

从乡村旅游学（rural tourism）视角出发，乡村景观是一个集乡村文化空间、社会空间、经济空间、聚落空间于一体的完整的空间结构体系，每个空间都具有相应的旅游价值，且不同空间之间又彼此渗透、彼此区别。

---

① 王云才．现代乡村景观旅游规划设计［M］．青岛：青岛出版社，2003．

关于乡村景观的概念，绝大多数学者会通过与城市景观作比较的方式，对乡村景观进行详尽阐述。

举例来说，乡村景观作为世界范围内分布最广且出现最早的景观类型之一，与城市景观相比，其突出特点表现在自然景观成分的增多，以及人工建筑物空间分布密度的降低。由于二者在人文因素与自然因素方面存在差异，因此其所形成的景观也会有所不同。城市根据不同功能进行分区，如行政区、商业区、文教区、居住区、工业区等，各区活动内容不同，建设也不一样，形成的景观也不同。通常来说，乡村有着良好的生态循环系统，土地大多用于粮食生产，无论是开发的密度还是强度都相对较低，属于一种半自然状态。从景观构成角度出发，城市景观与乡村景观主要区别在于人工景观与自然景观之间的比例差异，一般来说，自然景观多于人工景观的被称为乡村景观，而人工景观多于自然景观的则被称为城市景观。

基于以上论述，不难看出，研究学科与研究视角的不同，使乡村景观概念具有了多元化的特征。从景观规划专业视角出发，城市景观与乡村景观存在着景观主体与地域划分之间的差异。从城市规划专业视角出发，为了与城市化地区（urbanization area）相区分，出现了乡村这一概念，乡村是指包括建制镇、建制市、直辖市在内的城市规划区范围以外的人类聚居地区，其中，人类活动较少的无人区和荒野，以及没有任何人类活动的地区都不属于乡村地区。在乡村地域范围内，在人类与自然环境相互作用之下形成的产物便是乡村景观，它是集自然生态景观、生产性景观与乡村聚落景观为一体的综合体，包含三个层面，即生态、生产与生活；涉及乡村各个领域，即乡村的审美、精神、习俗、文化、经济、社会等。其中，乡村景观的主体是以农业为主的生产性景观。

第二节　乡村景观的形成因素与基本结构

一、乡村景观的形成因素

通常来说，不同的自然因素与人类活动相互作用的产物便是景观，同时也可以被视为人为干扰与天然干扰的产物，其中，自然因素涉及植被、土壤、水环境、地质、地形地貌、气候等。不同的景观格局主要源于不同的天然因素的干扰状况。现实中，许多天然景观因人类行为而使其原本的面貌发生了翻天覆地的变化。

（一）气候

影响景观分异的最关键因素是气候。第一，诸如呼吸作用、光合作用等各种生物体的生命过程都会受到气候的影响，气候影响着生物维持生命所需的水分和能量。第二，土壤过程也会受到气候的影响，土壤在植物生长过程中发挥着至关重要的作用，它不仅可以提供植物生长所需的水分，同时还能够贮存和供应植物生长所需的各种养分，而气候对土壤的养分和水分的各种循环途径发挥着重要的控制作用。除此之外，气候还控制着岩石风化过程与地形地貌的形成过程。基于上述阐述不难发现，气候在景观形成过程中发挥着至关重要的作用。

风、降水、温度、太阳辐射等均属于气候因素。人们通常将能源的终极来源视为太阳辐射。但是从影响的直接因素角度分析，在众多气候地理因素中，降水与温度是最为关键的因素。由此不难看出，不同区域景观类型的形成均源于不同气候条件的影响。

（二）地貌

景观的基本构成要素之一便是地貌。通常来说，地貌在景观中的作用主要表现在如下几个方面：①整个生态环境都会受到地貌因素的影响，因为土地瞬间接收的污染物、营养、水、太阳辐射以及其他物质的数量均与地貌有着不可分割的联系。举例来说，不同地区出现的动植物种类、土壤性质、水分、土温、气温、日照，均与它们位于的坡向、海拔有着重要联系。②地貌条件影响生物的移动以及物质的流动，其中，物质包括土壤颗粒、水分等。③诸如风、火灾等发生的空间格局、强度与频率都会受到地貌条件的影响，不同的地貌条件会在相应的地貌变化过程中产生干扰，如物质的堆积、水土流失、泥石流、滑坡等。可以说，景观类型划分中的重要依据之一便是地貌形态的空间变异特征。

（三）地质

地质因素包括两个方面，即地质构造与岩石矿物。通常来说，区域景观的宏观面貌，如洼地、平原、山地等，主要是由地质构造造就的；岩石矿物既是景观形成的物质基础，也是土壤形成的重要物质基础，不同的景观特性取决于不同的岩石矿物类型。

当然，岩石矿物风化后的产物很少留在原地，往往在重力、风、水和冰川的作用下，被搬运到其他地方形成各种沉积物，根据其产生的特点，可以分为以下几类：残积物、坡积物、洪积物、冲积物、湖积物、风积物和海积物等。在不同类型的沉积物上发育的土壤景观类型差异很大，这主要与沉积物所分布的地貌部位、沉积物的组成等密切相关。

（四）水环境

景观形成的重要因素是水资源环境。在诸多影响因素中，除了气候因素中的降水作用外，地表水文也对景观形成发挥着至关重要的作用，尤其是乡村景观。

1. 河流

从水文方面来看，河流可以分为两大类型，即常年性河流与间歇性河流。常年性河流大多位于湿润区，间歇性河流一般位于半干旱、干旱地区。从河床类型角度分析，河流大致可以分为三种类型，即地上性河流、下切性河流，以及半地上、半地下河流，其中属于下切性河流的地区有丘陵区与山区，而半地上和半地下河流，以及地上性河流大多出现在平原区。从河流补给类型角度分析，大致可以分为两大类型，即雨水补给型和地下水补给型，这二者通常是同时存在的关系。我国河流最为普遍的补给水源类型便是雨水补给，这种河流补给类型在我国的西北地区与北方地区相对较少，而在我国青藏高原以东、秦岭—淮河以南的地区，雨水补给通常占河流年径流的 60%~80%。一般情况下，高山地区多年冰雪融化后的补给和流域内季节性积雪融化以后对河流的补给是融雪补给的两种主要类型，后者常见于诸如我国新疆南部（塔里木河、和田河）等高山区和纬度较高的地区。河川可靠而经常性的补给是地下水补给，这种补给方式常见于干旱季节，包括冬季。

2. 湖泊

一般来说，湖泊属于一种天然水域景观，具有一定的封闭性，其形成主要源于水中各种物质以及湖盆与运动水体之间的相互作用。根据水质的不同，可以将其划分为三种类型，即淡水湖、咸水湖与盐湖。淡水湖通常分布于外流区，是河流相互作用的产物，通常与其他分支共同组成某一巨大水系，在发展农业、渔业和调蓄洪水等方面发挥着重要作用。内陆干旱区常见各种盐湖和咸水湖。一般来说，一个湖泊便是一个小流域，当河水补给出现困难时，湖水便会逐渐干涸，直至成为一个盐湖。根据分布地带可以将湖泊划分为两大类型，即高原湖泊与平原湖泊，我国的青藏高原与东部平原的湖群就属于不同的两大湖群。

3. 冰川

冰川通常分布于我国的西北与西南的高山地带，本质上是由常年积雪变质成冰，并能够自行移动的水体。在我国西北内陆干旱区，冰川水是当地河流的主要水源，如叶尔羌河、塔里木河等。一般来说，绿洲农业景观的主要水源便是冰川水。

4. 沼泽

沼泽作为湿地景观的典型代表之一，地表常年过湿或者有薄层积水，因此许多沼泽植物与湿生植物生长于此，土层有泥炭。一般来说，沼泽表层有泥炭的形成或积累，其土地表层便会出现较为严重的土地退化现象。泥炭沼泽通常出现于高纬度的冷湿地区，如我国的三江平原与兴安岭的沟谷等地。潜育沼泽在中低纬度的高湿地区较为常见，如我国的华北、东北、长江中下游地区等，分布较为集中。

（五）土壤

景观的重要组成部分之一便是土壤，在土地利用中，土壤起到至关重要的作用。土壤具有一定的天然养分，在生长植物的疏松表层，可以为植物提供生长所需的各种水分、矿质元素以及生长空间，是生态系统中进行能量与物质交换的重要场所。"土壤剖面是景观的一面镜子。"土壤科学的奠基者道库恰耶夫如是说。可见，通过土壤的性质及其形成过程，可以看出任何形式的景观的动态变化过程。故此，土壤因素在乡村景观的异质性方面发挥着决定性作用。

1. 土壤纬向地带性分布规律

按照纬度（南北）方向，地带性土类逐渐递变的规律：土壤纬度地带性分异主要源于不同纬度热量分布的差异。举例来说，在我国的东部沿海地区，随着纬度变化，由南向北，热量是逐渐递减的，依次分布着不同的土壤景观系列，即砖红壤→砖红壤性红壤→红壤和黄壤→黄棕壤→棕壤→暗棕壤→漂灰土。

2. 土壤经向地带性分布规律

按照经度（东西）方向，地带性土类逐渐递变的规律：土壤经度地带性分异主要源于距海洋远近导致水热分布的差异。举例来说，在我国的温带地区，随着经度变化，由东向西，气候逐渐趋于干旱，依次分布着不同的大陆性土壤系列，即暗棕壤→黑土→白浆土→黑钙土→栗钙土→棕钙土→灰漠土→灰棕漠土；而在我国的暖湿带地区，由东向西则依次分布着棕壤、褐土、黑坊土、灰钙土和棕漠土等。

3. 土壤垂直地带性分布规律

随着海拔的降低或者上升，土壤类型发生的变化规律：土壤垂直地带性分布多出现在海拔较高的山地，在一定海拔高度及范围内，海拔每上升100米，气温下降0.6℃，而湿度则逐渐上升，植被和其他生物种类也相应发生变化，导致土壤类型随海拔高度的改变而呈现出具有一定规律性的演变。土壤垂直地带性分布呈现出不同类型的垂直带谱主要源于其基带生物气候条件的变化，这种土壤的垂直地带性分布形成了山地不同高度的景观带和立体农业的优势。

（六）植被

全部植物的总称即植被，大致可以分为五种基本类型，即森林、热带稀树草原、草原、荒漠和冻原。不同的植物有着不同的生态环境以及独特的结构特征。

1. 森林

通常来说，森林的成层现象比较明显，乔木是其基本成分。从生态环境角度出发，森林的生长离不开大量的水分，因此对于降水量有着较高的要求。在干旱地区，森林基本生长于地下水较为充分的地带，大多位于低洼沿河区域。从气温角度出发，森林能够横跨广泛的纬度与气候带，一般来说，北方针叶林、温带落叶阔叶林、亚热带湿润常绿阔叶林、亚热带硬叶常绿阔叶林、热带雨林和热带季雨林，是由热带气候到寒温带针叶林气候的六大森林类型。

2. 热带稀树草原

热带稀树草原主要分布于热带干旱地区，其组成部分大致分为两类，即上层的疏林和下层的禾本科植物。树木的树干一般有着厚粗的树皮，树冠呈伞状或者扁平状，高度适中。部分树木属于旱生型植物，长有小叶子和刺，有的树木的树叶会在干旱季节凋落。火灾在干旱季节时有发生，因此，热带稀树草原的树木种类抗火性相对较强。有些学者认为，火起着保持草类优势、抑制森林发展的作用。此外，动物啃食有利于草原发展，而不利于乔木生长。

3. 草原

草原作为植被类型之一，其主要组成部分为旱生与多年生的草本植物，具有一定的耐寒性。降雨大多集中于夏季，年降水量少是草原的主要特征。冬季时，这里气温较低，严寒少雪，属于典型的大陆性气候。丛生禾本科是草原的主要优势植物，除此之外，还有一些其他科的植物，如藜科、菊科、豆科、莎草科等。高草层、中草层与矮草层共同组成了植被群落结构。我国的内蒙古草原是我国草原主体的主要分布地带，其分布范围较为广泛，东至松嫩平原和辽河平原，西至黄土高原，西南至青藏高原。通常而言，草甸草原、干草原、荒漠草原、高寒草原是根据植被生态外貌与水热条件的差异划分的草原类型。

4. 荒漠

通常人们习惯将植被稀疏、极端干旱、降水稀少的地区称作荒漠。而荒漠作为植被类型之一出现于温带、亚热带与热带地区。一般在荒漠生长的植物其耐旱性较强，植物的生活型繁多：有的植物根系强大，有的植物无论是枝干还是叶片都有着较为发达的保护组织，有的植物叶面已经退化和缩小，更有甚者借助绿色的茎和小枝进行光合作用。一般来说，亚洲荒漠东部是我国荒漠的主要分布区域，连接中亚荒漠，具体来说，集中在内蒙古西北边缘、河西走廊、柴达木盆地、塔里木盆地、准噶尔盆地，一些超旱生的灌木和小半灌木是主要植物类型。

5. 冻原

对于冻原来说，夏季短促而凉爽，冬季严寒且漫长。冻原上的植被类型较为简单，大部分属于草本植物与灌木，地衣与苔藓比较发达。其中有常绿灌木，这些植物能够在固定时间内最大限度地进行光合作用，由此可以生长出尽可能多的新叶；同时还生长有大量的矮生植物，匍匐在地面上生长。通常而言，北美与欧亚大陆是冻原的主要分布地区。森林冻原、灌木冻原、苏类地衣冻原和北极冻原是欧亚大陆自南向北的冻原植被分布情况。我国的阿尔泰山的高山带与长白山分布有冻原。

根据植被类型的区域特征划分出的植被区域单元即植被区域。在我国，植被区域被划分成了八大区域，包括青藏高原高寒区域、温带荒漠区域、温带草原区域、热带季雨林和雨林区域、亚热带常绿阔叶林区域、暖温带落叶阔叶林区域、温带针阔叶混交林区域、寒温带针叶林区域。

（七）人为因素

在景观的形成过程中，其影响因素众多，既有自然因素也有人为因素。随着时代的变迁与社会的不断发展进步，在人类各种干扰行为的参与下，自然景观发生着翻天覆地的变化，可以说，不同的人文背景便会产生不同的自然景观。随着人类生产力与科技的不断发展与进步，自然景观演变过程中的人为印迹日益凸显，人类在自然景观演变中所发挥的作用越来越具有主导性，景观的定向演变与发展逐渐由景观演化的速率与方向所控制。具体来说，人类对自然景观的影响大致可以分为三大方面，即干扰、改造与构建。

人类与自然景观之间的关系本质上是一个双向的彼此依赖的复杂关系，而非一种简单的单向一维生态关系。人类不可以仅以自然综合体对景观加以定义，实质上，景观是在自然景观与人类活动相互作用下产生的一种具有浓厚文化色彩的产物，因此，很久之前，欧洲便已经将景观划分为文化景观与自然景观两大类型。其中，人工景观、管理景观、自然景观是根据人类活动对景观的影响程度划分的。放眼目前世界范围内的各大景观，几乎无一不与人类活动有着密切关联，可以说，陆地表面的景观是由各种不同的人工景观与自然景观共同构成的。对于人工景观来说，景观中最重要的特征便是能流与物流。具有较高的生物产量与生物多样性，仅需要通过低能量便可以实现维持，并且具有较强抗干扰性的生态系统组合是较为理想的有生命力的景观。

基于上述阐述，可以看出，人类对自然景观进行开发与利用的形式多种多样，诸如地下水资源开采、矿产资源开采、森林砍伐、土地利用等。可以说，在这一过程中，既使原有的景观生产过程与景观格局发生了改变，又赋予了自然景观以丰富多彩的人文特征。

二、乡村景观的基本结构

从形态构成视角出发，形态在某一特定条件下呈现出的表现形式即结构。其中，点、线、面是构成形态的三大基本要求。通常来说，乡村景观形态在特定条件下所呈现出的表现形式即乡村景观结构。景观组成单元的空间关系、多样性与类型即景观结构，这是戈登（Godron）与福曼（Forman）对景观结构概念的界定。他们基于对各种不同景观的观察，发现斑块（patch）、廊道（corridor）和基质（matrix）是组成景观的三大基本结构单元。因此可以说，在景观生态学基础上的景观结构，完美地将设计学的形态构成要素与景观单元融合在了一起。

（一）点——斑块

从本质上看，斑块是一种空间单元，它与周围环境在性质与外貌方面存在差异，并且具有一定内部均质性。这里需要注意的是，此处提到的内部均质性是针对其所处环境来说的。居民区、农田、草原、湖泊或植物群落等均可视为斑块。因此，不同类型的斑块，其内部均质程度、边界、形状、大小都会有所不同。

1. 斑块类型

斑块可大致划分为以下四种类型：一是残留斑块（remnant patch），由于受到城市化、农业活动、大范围的森林砍伐、森林或草原大火等范围较大的干扰，所导致的局部范围内幸存的半自然或自然生态系统及它的片断；二是干扰斑块（disturbance patch），本质上属于小面积的斑块，在小范围火灾、树木死亡等局部性干扰的影响下，与残留斑块在外部形式上似乎有一种反正对应关系；三是环境资源斑块（environmental resource patch），是由与地形相关的各种因素、养分、水分以及土壤类型等环境资源条件在空间分布上的不均所形成的斑块；四是人为引入斑块（introduced patch），属于一种局部性生态系统，包括乡村聚落、人工林、种植园、农田等，它是一种人类无意或有意地将动植物引入某地区所产生的一种现象。

2. 斑块大小

物种的类型与数量均与斑块的大小有着密切的联系。通常而言，要想实现物种的初始增长，小斑块是比较理想的选择，而要想使物种增长较为持久，并且能够维持更多类型物种的生存，即使物种增长速度较慢，大斑块也应是首选。因此，斑块的大小与物种多样性有密切的联系。当然，决定斑块物种多样性的另外一个因素是人类活动干扰的历史和现状。通常，人类活动干扰较大的斑块，其物种往往比受人类干扰小的斑块少。

3. 斑块形状

一个能够满足多种生态功能需要的斑块，应当有着较为理想的形状，即一些能够与外界发生相互作用、起到导流作用的边缘触角与触须，以及一个比较大的核心区。为了尽可能地使边缘圈的面积有所减少，并且最大限度地使核心区的面积得以增加，可以选择圆形斑块，这样在一定程度上使外界的干扰尽可能减少，有利于内部物种的生存，但不利于同外界的交流。

（二）线——廊道

在景观中与相邻两边环境不同的带状或者线性结构即廊道，其常见形式包括输电线路、农田间的防风林带、河流、道路等。

1. 廊道类型

根据不同的划分标准，可以将廊道分为若干种类型，具体内容如下：根据形成原因，可以将其大致分为自然廊道与人工廊道两种，其中，树篱、河流等属于自然廊道，灌溉沟渠、道路等属于人工廊道；根据廊道功能，可以将廊道分为包括铁路、道路在内的物流廊道、河流廊道、输水廊道（沟渠）和能流廊道（输电线路）等；按廊道的形态，可以分为直线形廊道（网格状分布的道路）与树枝状廊道（具有多级支流的流域系统）；按廊道的宽度，又可以分为线状廊道与带状廊道。

目前，对廊道的研究多集中在形态划分上，如线状廊道与带状廊道。线状廊道形态与带状廊道的主要生态学差异完全是由于宽度造成的，从而产生了功能的不同。线状廊道宽度狭窄，其主要特征是边缘物种（edge species）在廊道内占绝对优势。线状廊道有七种：树篱、草本或灌木丛带、输电线、沟渠、堤堰、铁路、道路（包括道路边缘）。而所谓带状廊道，是指形状类似于一条丝带，并且具有一定的宽度，在该宽度范围内又形成了一个有着丰富物种的内部环境，每个侧面都存在边缘效应，如具有一定宽度的林带、输电线路和高速公路等。

2. 廊道结构

独立廊道结构与网络廊道结构是廊道的两大结构类型，其中，在景观中不与其他廊道相接触，并且单独存在的廊道即独立廊道结构；树枝型与直线型是网络廊道结构的两大类型，其成因和功能差别很大。廊道的重要结构特征包括宽度、组成内容、内部环境、形状、连续性及其与周围斑块或基质的相互关系[1]。

---

① 邬建国.景观生态学——格局、过程、尺度与等级［M］.北京：高等教育出版社，2000.

3. 廊道功能

通常来说，廊道具有以下四种主要功能：其一，生境，诸如植被条带、河边生态系统等；其二，传输通道，诸如动物、植物传播体以及其他物质随着河流廊道或者植被在景观中运动；其三，具有一定的阻抑和过滤作用，诸如生物（个体）流、物质、能量在穿越时被一些植被廊道、防风林道、道路所阻截；其四，作为生物、物质、能量的汇（sink）或源（source），诸如农田中的森林廊道，它能够同时发挥两种作用，具体来说，既能够对来自周围农田水土流失的养分及其他物质进行吸收与阻截，从而充分发挥出"汇"的作用，同时又能够具有若干野生动植物种群以及较高的生物量，从而在景观中为其他组成的形成发挥源头的作用。

（三）面——基质

基质（matrix）亦称为本底、模地、矩质、景观背景，本质上是一种景观结构单元，这种结构单元与周围其他环境的接触频率最高，在景观中分布范围最广。从某种角度来看，景观性质完全取决于基质，并对景观的动态具有至关重要的主导作用。其中，城市用地基质、农田基质、草原基质等属于较为常见的基质。

1. 判断基质的标准

一般来说，可以通过三个标准对基质进行判断。一是相对面积（relative area）。在同一景观中，与其他元素相比，某一元素所占面积比例相对较大，那么基本可以判定该元素便是基质。一般来说，基质的面积超过现存其他类型景观元素的面积总和，即一种景观元素覆盖了景观50%以上的面积，就可以认为是基质。但如果各景观元素的覆盖面积都低于50%，则将通过其他特性来判断基质。因此，相对面积不是辨认基质的唯一标准，基质的空间分布状况也是重要的一个方面。二是连通性。有时虽然某一景观元素占有的面积达不到上述标准，但是它构成了单一的连续地域，形成的网络包围其他的景观元素，也可能成为基质。这一特性就是数学上的连通性原理，也就是说，一个空间如果没有被与周边相接的边界穿过，它就是完全连通的。故此，当在其他景观元素均被某一特定的景观元素包围时，那么可以判定该景观元素为基质。基质比其他任何景观元素的连通程度都高，当第一条标准无法判断时，可以根据连通性的高低来判断。三是动态控制。当前面两个标准都无法判定时，则以景观元素对景观动态发展起主导控制作用作为判断基质的标准。

2. 基质的结构特征

网络、边界形状与孔隙率通常是基质结构特征的三个方面。所谓孔隙率（porosity），是指在单位基质面积内斑块的数量，它与斑块大小没有任何关系，仅表示景观斑块的密度。在大多数情况下，景观元素之间的边界不是平滑的，而是弯曲的、相互渗透的，因此边界形状（boundary shape）对基质和斑块之间的相互关系是非常重要的。通常而言，具有动态控制能力的景观元素大多具有一定的凹面边界。而周长与面积之比最小的形状，在物质与能量交换时存在一定的阻碍，相反，周长与面积之比大的形状有利于与周围环境进行大量的能量与物质交换。廊道相互连通形成网络（networks），包围着斑块的网络可以视为基质。当孔隙率相对较高时，可以将廊道网络视为网络基质，诸如树篱、沟渠、道路等均能够形成网络，其中，包括人工林带在内的树篱是最具代表性的廊道网络。对于网络而言，那些被它所包围的类似于物种丰度、形状、大小等景观元素特征，都会对其产生一定的作用。作为网络重要特征值之一的网眼大小，其变化能够在一定程度上将生态、经济、社会因素的变化充分反映出来。可以说，网络结构特征得以形成的两大因素就是自然条件的影响以及人类的干扰。

第三节　乡村景观的构成与特点

与城市景观相比较，乡村景观的典型特征就是自然与朴素，稳定、独特、丰富多样是乡村景观表现出的主要特色。使人们现实生活需要与精神审美要求得以满足就是城市景观的基本立足点，它与该座城市的地理位置、经济发展特征存在着密切关联。城市景观能够同时体现精神内涵与物质生活，景观中突出表现出人类的智慧。但在很多情况下，人们依然会怀念自然的舒适和轻松，感叹城市生活带来的压力。由于城市的人工化严重，人们往往感觉到压抑和窒息，更加向往乡村。

国外研究学者吉·鲁达（Gy Ruda）等认为，乡村聚落的保护是打造可持续化的乡村生活以及对整个地区进行自然和传统文化复兴的重点所在。与此同时，他们又提出，保护村庄自身结构与特点、建筑环境的自然化、当地居民的价值观念保护、传统民俗艺术生活与历史风貌的恢复便是乡村聚落保护的四个主要方面。本书认为，聚落与建筑、乡村传统文化遗产、自然田园风光共同构成了乡村景观定义的主要内容。

一、聚落与建筑

聚落英文为 settlement，是人类在特定生产力条件下，为了定居而形成的相对集中并具有一定规模的住宅建筑及其空间环境。聚落的两种基本形态为城市与乡村。而乡村聚落的核心内容便是乡村居民建筑，从广义来看还包括相关的生活生产辅助设施，如谷仓、饲养棚圈、宗族祠堂等。

复兴人文因素和建筑环境是实现乡村可持续发展的重点，其中，乡村聚落保护是重中之重。在聚落的保护中，整个村落的个性与结构和建筑的风貌又有着极其重要的作用。乡土特征是乡村聚落的典型特征，如西北地区的窑洞建筑、江南水乡的徽派建筑群、西南少数民族的村寨等。中国传统聚落在自然环境与空间布局中，遵循着"天人合一"的设计理念，祖先们通过日积月累得来的经验，建立起一整套乡村建设的知识体系，至今依然对现代人的生活具有某些指导意义。

例如，充分注意环境的整体性。《黄帝宅经》主张"以形势为身体，以泉水为血脉，以土地为皮肉，以草木为毛发，以舍屋为衣服，以门户为冠带"。中国的纬度和气候决定了住宅坐北朝南，我国的住宅多数朝向正南或者南偏东15°~30°，背靠大山，可以有效地抵御冬季由北向南刮来的寒风，面朝流水，在炎炎夏日能够感受到一丝清凉，得到良好的日照。聚落常依山傍水，利于交通出行、生活用水和生产灌溉。农田在住宅的屋前，居民可时刻守护农业生产的安全。缓坡阶地，则可避免淹涝之灾。周围植被葱郁，既可涵养水源，保持水土，又能调节小气候。再如，水质差的河边不适宜居住，聚落中河水流速不宜过快。

乡村聚落区别于城市聚落的主要特征就是建筑材料的选用。我国的南北乡土建筑多以砖木结构为主，在历史的发展中逐渐形成不同的建筑风格，如福建夯土而建的土楼围屋、厦门的红砖古厝、广州沙湾古镇利用生蚝壳建造的住宅、徽派民居、西南少数民族的干栏式木楼、山西和陕西的靠崖式窑洞等。

乡土建筑的主要材料是生土、木材、竹和稻草等。尤其是生土建筑，早在5000年前的仰韶文化时期就已出现。目前还能在一些山村见到夯土建筑。建筑利用田里的土夯实而成，生土经过简单的加工作为建筑的主材，建筑拆除后又可回填入田地里，材料循环利用。这种生态建筑冬暖夏凉、建造方便、抗震性好、经济实用。随着时代的发展，传统的生土建筑逐渐被看作落后的象征，居民纷纷使用砖和混凝土等建筑材料。

二、乡村传统文化遗产

（1）乡村文化遗产是传统文化重要的组成部分。联合国教科文组织的《保护非物质文化遗产公约》中对非物质文化遗产的定义进行了界定，具体内容为被各群体、团体或个人所视为文化遗产的各种实践、表演、表现形式、知识体系和技能及其有关的工具、实物、工艺品和文化场所。

（2）"十里不同风，百里不同俗"，中国地域广大，不同地区有不同的风俗文化。不同民族也有不同的风俗文化，即使是相同的民族，由于地域的不同也表现出风俗的差异，这些使乡村文化呈现出丰富多元性。在农耕时期，乡村文化与城市文化一同成为社会文明的主要构成要素。一般来说，能够起到维系精神寄托与乡村生活、乡村社会结构的重要纽带作用的便是文化风俗。民族的或当地的价值观念、乡村民俗生活、日常习俗景观、乡村地方艺术等均属于传统的乡村文化。而特色农业技艺、手工艺、剧场、集市、祠堂等都是乡村传统文化景观的具体表现形式。

（3）在国务院公布的"国家级非物质文化遗产名录"中，明确指出民俗、传统医药、传统手工技艺、民间美术、杂技与竞技、曲艺、传统戏剧、民间舞蹈、民间音乐、民间文学是我国非物质文化遗产的十大类型。我国是一个有着五千年历史的文明古国，先人为后世留下了难以计数的文化遗产，诸如陕西凤翔泥塑、芜湖铁画等民间工艺品，侗族大歌、凤阳花鼓、嘉善田歌、昆曲等民间音乐，天津杨柳青的年画、中国木活字印刷术、黎族传统纺染织绣技艺、梅花篆字等民间美术。正如费孝通所提出的"各美其美，美人之美，美美与共，天下大同"，乡村景观设计师应力求呈现差异化的乡村文化，体现出不同价值的地方文化特色。

（4）乡村传统文化遗产是在中国古代社会形成和发展起来的文化形态，具有一定的流动性，即使放在今天，这些乡村文化遗产仍然具有较强的借鉴与参考价值，因此，应当以发展的眼光对传统文化加以保护与传承。

（5）从乡村建设的形式与内涵来看，当前的乡村建设更加具有多元化的特征，而乡村景观设计的内核便是文脉的延续与文化的传承，其终极目标是基于对当地传统文化的保护，打造出一个节奏缓慢、舒适又安逸的居住环境。

（6）文化在乡村振兴中发挥着重要的引领作用，在新的历史环境下，对文化的汲取并非全盘西化或者一味地复古，而是应当对其元素进行分析，从而有选择地汲取。著名学者钱穆说："中国文化是自始至终建筑在农业上面的。"推动乡村发展的强大动力是传统文化中浩如烟海的文化遗产，而乡民的创造力与凝聚力的根本则是对文化的认同。

三、自然田园风光

乡村广阔的田野上可见一大片优美的田园风光，既有隐约显现的村落、葱郁的林木、蜿蜒的溪流，又有起伏的山岗、美丽的农田以及斑斓的色彩。在钢筋水泥铸成的大都市生活久了的人们，特别向往田园般的美好生活。乡村景观的重要元素包括乡村的自然田园风光，这种风光正是海德格尔所描述的人类理想的生活环境。人们在田园野趣与乡土生态环境中，逐渐找回了曾经的那个"我"，感受到一种用语言难以形容的畅快感与幸福感。在乡村景观中，植物是重要的组成元素之一，与周边环境有着紧密联系，植物的根可以稳定坡体、保持水土、涵养水分。从目前的乡村景观来看，其种类单一，缺乏一定的设计感，为了更好地使其发挥出点缀的作用，可以在营造景观时适当地增加一些植物品种。为了营造出一种超强的视觉震撼效果，可以种植同一品种的植物，使其整齐划一。在进行景观设计时，设计师可以结合当地的特色自然景观，因地制宜地打造出令人难忘的乡村自然景观，诸如广西桂林的乌桕滩、浙江八都岕的十里古银杏长廊、江西婺源的油菜花田等。

对处于山区的乡村，由于山区面积大，很多地区住宅都是依山而居，民居建筑就自然而然地成为山区景观的点缀，同时也是山地园林的重要组成部分。与其他景观不同，山地地形更为多变，不同的地方会看到不同的风景，因此，很多山地发展成为具有地方特色园林的旅游景点。山地园林虽然地形起伏不平，交通较平原不便，但山地景观立体画面感很强，每走一步，景观视觉点都会随之变化。山地景观中多变的空间以及层次丰富的山体轮廓都是乡村景观独一无二的魅力。

除此之外，乡村景观中的重要自然风光之一便是乡村的夜景景观。乡村空气纯净，适宜观看星辰美景。

第四节　乡村景观设计的理论依据

所谓景观设计是指生态理论、园林设计与规划、地理等多学科融合的交叉设计，进行设计前首先需要具备丰富的理论知识。下面我们对此进行探究。

一、景观生态学理论

1939 年，"景观生态学"概念首次由德国地理学家爵尔（C. Troll）提出。他提出，人类生存的环境中的空间及其存在的各种实体的总和即景观，而构成这个有机综合体的部分包括人类圈、生物圈与地圈。东欧综合自然地理学家强调景观的地理综合体概念。北美景观生态学派则在不同的研究区域背景、科学传统和理论基础上形成了不同的景观描述方法。福曼（R. TT. Forman）等提出，景观本质上是具有高度空间异质性的区域，由生态系统或者彼此作用的斑块共同组成，通常以一种极为相似的形式重复出现。皮科特（S. Pickett）等认为，景观一方面是直觉意义上基于人类尺度的一个具体区域，另一方面则是任意尺度上空间异质性的代表。

根据爵尔的论述，景观生态学本质上是一种综合研究的特殊观点，而绝非一门学科的新分支或者一门全新的学科，通常来说，景观生态学的研究对象是景观中某一地段内存在的生物群落与其生存环境之间错综复杂的因果关系，此类关系能够在某些特定的景观格局或不同规模等级的自然区划中表现出来。在荷兰举行的国际景观生态协会第一次研讨会上，有专家提出，对时空中所有组分间的相互关系的研究称为景观生态学。兰格（H. Langer）定义景观生态学为一门设计景观系统内部功能、空间组织和相互关系的学科。近 20 年来，北美生态学对景观生态学的理论和方法产生了很大的影响。北美景观生态学派提出，景观生态学不是一门独立的学科，也不是简单的生态学分支，而是强调景观空间—时间模型的许多有关学科的综合交叉，强调景观生态空间镶嵌，物质、能量和物种流、尺度，以及人类组分。景观生态学的核心是对生态学过程、空间格局与尺度之间的相互作用加以强调。目前，景观生态学正处于北美与欧洲不同学派思想彼此交融的重要阶段。1998 年，国际景观生态学会对景观生态学的定义进行了界定，该学会提出，景观生态学本质上是一门与相关人文科学与自然科学密切相关的交叉学科，其研究对象是不同尺度上的景观空间变化，具体涉及景观异质性的社会、地理与生物的原因与要素系列。

一般来说，景观是生态系统的载体，而作为复合生态系统的景观则成为景观生态学的研究对象。景观生态学一方面需要对景观生态系统的发生、发展与演化的规律特征加以研究，另一方面还要对景观的合理利用、保护和管理的实施措施与途径加以探求。就目前而言，遵循区域分异、循环再生与系统整体优化的原则，景观生态学应当最大限度地为保护与建设生态环境、提高生产力水平与合理开发利用自然资源提供可靠的理论依据；不断地探求促进生态经济持续发展，以及解决经济与生态、发展与保护之间矛盾的有效措施与途径。

利用景观生态学原理及其学科知识，通过对人类活动与景观之间的相互作用、生态过程及景观格局加以研究，基于对景观生态的分析、综合与评价，进而提出具有较高参考价值的景观优化的各种方案、对策及各种合理建议，即景观生态规划。通常来说，景观空间对过程的影响与控制是景观生态规划重要性的体现，为了使景观功能流的安全与健康得到维持，要通过采取改变格局的方式使其得以实现，强调景观格局与水平运动和流的关系。

二、环境行为心理学理论

随着社会科学的不断发展、人口的不断增长，以及现代信息社会多元文化交流的出现，景观规划设计的内容得到了不断丰富与充实，环境行为心理学便是在这样的背景下产生的，而人类的心理精神感受需求是其主要的研究视角，其是结合人类在生存环境中的精神生活以及行为心理的规律，通过一定的文化与心理引导，从而展开的以创造令人产生积极上进的物质环境与精神环境为目的的研究活动。

环境行为心理学关注的是人的行为活动。人的行为活动主要分为两种：静态行为和动态行为。静态行为指的是人们无论是坐着还是站着，其行为模式均表现为一种"停驻"状态。在"人看人"这种主导性心理倾向影响下，开放空间中的人们都希望获得一个最佳的停驻位置。根据安全点理论和边界效应，景观设计要给停驻的人一个合适的行为环境，除了提供理想的边界（平面上的凹凸变化，其他要素如材质、结构、外形等的丰富变化）和基本的座位形式（如椅、凳等）之外，还要提供一些辅助性设施，如基座、梯级、矮墙、箱体、倚柱、杆柱等，以及其他基础设施。

环境中的人的动态行为分为定型的动态行为和非定型的动态行为。定型的动态行为表现为比较正规的体育运动类活动，如篮球、羽毛球、网球等。这类活动要求有特定的环境支持，如场地大小、配套设施等。非定型的动态行为表现为休闲行为、游戏行为、半运动行为、集会行为。这类活动行为关注人的行为习性，人的行为习性主要有动作性行为习性（抄近路、靠右/左侧通行、逆时针转向、依靠性）和体验性行为习性（看人也为人所看、围观、安静与凝思）两种。

三、乡村景观资源理论

乡村景观本质上是具有资源利用、开发与保护的产业化过程，作为乡村资源体系中的一个特殊类型，乡村景观具有一定的宜人价值。在新时代的城乡关系下，以农业生产为核心的景观资源、资本资源、人力资源、土地资源、矿产资源、自然资源共同构成了乡村资源体系。以前，我国对乡村资源概念的理解与诠释过于片面，没有认识到推进乡村更健康、更全面、更持续发展的资源类型也是乡村资源的重要组成部分，仅将矿产资源与农业资源等同于乡村资源。从本质上看，乡村地区范围内可以开发与利用的综合资源就是乡村景观，是景观环境保护以及乡村社会与经济发展的重要资产，因此，其实质是一个具有多重价值属性的景观综合体。一般来说，生态、娱乐、美学、功能与效用是它的五个重要价值。乡村景观资源的开发可以最大限度地将乡村的优势发挥出来，使乡村从根本上转变观念，改变旧有的不合时宜的乡村观念，摆脱产业对乡村发展的各种影响与制约，使乡村功能得以重塑、全新的产业发展模式得以构建，从而更好地实现城乡景观一体化建设，以及推动乡村的可持续发展。

四、人类聚居环境理论

1954 年，希腊学者道萨迪斯提出了人类聚居学的概念，诸多研究学者在城市宜居性研究方面开始侧重于对人居环境的综合性研究。联合国于 1976 年在温哥华首次召开人类住区会议，根据本次会议的建议，在肯尼亚内罗毕设立了人类居住区中心，开始了广泛关注人居环境的建设与研究工作，这标志着人类对城市宜居性的研究正式进入雏形期。

近些年，人类聚居环境成为我国研究学者理论探讨与实证研究的主要对象。主要论著有吴良镛的《人居环境科学导论》、刘滨谊的《人类聚居环境学引论》、何兴华的《中国人居环境的二元特性》、尹稚的《论人居环境科学（学科群）建设的方法论思维》、周俭的《可持续发展人类住区的认识及其发展战略》等。

在聚居建设人居环境、聚居活动、聚居背景三元素中，乡村景观因涉及范围广、分散点数多而成为城市人居景观的背景。通常来说，城市景观环境规划建设、乡村景观环境建设、乡村景观规划与乡村景观园林之间存在着较为密切的联系，因此，要想实现人居环境的可持续发展，就必须促使上述四者之间实现协同发展，使区域景观协调发展体系得以构建。

第五节　乡村景观的功能

目前尚未对景观功能有一个明确的界定。在《景观生态学》中，戈登与福曼提出"一个景观是一架热力学机器"的说法，他们认为，景观可以接收一定的太阳能，从而聚积成一定的生物量，当人类从自然景观中开发与利用少许生物产品时，不会对自然景观系统造成太大的影响，能够保持一定的生态平衡；当人类对自然资源过度开发与利用时，便会对自然景观造成干扰，从而使其生产功能遭到破坏，为此必须增加对景观的投入（包括能量和物质的投入）。很明显，他们认为景观功能应当包括景观的生产力。乡村景观规划必须充分体现出乡村景观资源的三个层次功能，即作为重要的旅游观光资源、保护与维持生态环境平衡以及提供农产品的第一性生产。以往的乡村景观只能体现出农产品的第一性生产功能，而现代的乡村景观不仅包括这一功能，更加强调其他两种功能的重要作用，具体如图 1-1 所示。

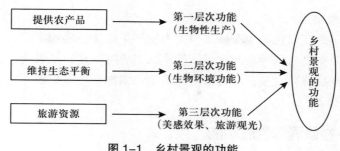

图1-1 乡村景观的功能

一、乡村景观的生产功能

通常来说，乡村景观的物质生产能力即乡村景观的生产功能。乡村景观的不同物质生产能力有其相应的表现形式，为生物提供最根本的用以生存的物质保证是其共同特征。一般情况下，乡村自然景观的生产功能与乡村农业景观的生产功能是乡村景观生产功能的两大组成部分。

（一）乡村自然景观的生产功能

自然植被的净第一性生产力（Net Primary Productivity，NPP）是自然景观生产能力的具体体现，从本质上看，就是指在单位时间内单位面积中的绿色植物可以积累的有机物数量，包括植物枯落部分的数量，植物的根、叶、枝等的生产量。

（二）乡村农业景观的生产功能

1. 正向物质生产

乡村景观的主要组成部分之一便是农业景观。它是人类改变管理景观与自然景观发展到一个特殊时期的重要表现。农业景观通常具有双重特征，即自然景观和人为建筑景观。具体来说，农业景观既能使自然景观的要素得以保留，包括河流、草地、林带等，同时又使人为建筑景观以斑块形式存在于自然景观之中。更为关键的是，人类对自然植物物种进行了改造，使不同的新物种得以培育，并成为可以被人类所利用的农作物，使土地的生产能力得到大幅提高，也使人类日益增长的物质需求得到满足。故此，农用土地利用的产出是乡村农业景观重要生产功能的具体体现。

通过农业景观的生产潜力可以对其生产功能加以表征。假设田间管理与作物品种处于最佳状态，在不考虑其他要素影响的前提下，不同因素影响下的作物产量的理论值会分别形成与之相对应的农业景观生产潜力，其中，光因素与光合潜力相对应，热因素与光温潜力相对应，水因素与气候潜力相对应，肥因素与土地潜力相对应。

2. 负向物质生产

人们通过改变以往的生产模式，大力发展集约化经营的方式，使土地的生产量得以大幅提高。这种集约化经营模式的主要特征是：以农药、化肥为催化剂，促使农产品快速成长，一方面对周边生态自然环境造成破坏，另一方面还使耕地不断退化。

二、乡村景观的生态功能

确保乡村景观不被破坏，尽可能地维持乡村生态平衡，这便是乡村景观生态功能的主要作用，其通过乡村景观与流之间的相互作用得以体现。当人工、火、风、水等各种因素形成的物流、能流穿越景观时，景观便具有了两种功能，即阻碍与传输。景观内的网络、屏障和廊道与流的传输有着密切的联系。

（一）景观与能流、物流

地球上的物质，如土、气体、水、火、生物等在景观中移动形成流，这些流可以在景观中形成不同的状态，如通过、扩散与积聚。可以说，不同的景观是由不同的流动方式决定的。具体来说，整个景观格局会因泥石流、洪水的出现而瞬间改变；狂风能够将路边的树木拦腰折断，形成风倒木；当大型哺乳动物群通过景观时，会使植被与土地受到不同程度的破坏与践踏，使正常的生态系统遭受到严重破坏；采用植物定植的方式，可以使景观的郁闭度得到增加，从而促使景观的生产力得到大幅提高。

物流与能流一方面会对景观造成破坏，另一方面也可以使景观被塑造，从而使景观的稳定性与功能性得以增加。值得注意的是，现代社会人工形成的能流和物流对景观的影响日益增大，对社会的发展起到巨大的推动作用，同时也产生一些负效应，如固体废弃物流，如果得不到很好的处理将会污染环境，给乡村居民的生活带来危害。

（二）景观阻力

通常来说，不同的景观结构特征会对物流、能流经过景观时的状态造成一定的影响，使其流速发生变化，人们将这种影响称作景观阻力。风通过景观遇到防护林，风的流向与速度均会发生变动。景观阻力来源于界面通过频率、两个界面的不连续性及景观要素的适宜性和各景观要素的长度，如当河水经由渠道流过景观时，由于设计上的问题，渠道的方向与地形等高线的梯度方向不一致会使水流方向、速度等不一样。

一般来说，彼此之间存在竞争关系的物种对景观空间实施的覆盖与控制过程，即生物物种对景观的利用。为了实现这种覆盖与控制，必须对景观阻力加以克服才能使之成为现实。

景观阻力的度量实际上是距离概念的变形或延伸。借助趋势表面（trend surface）或潜在表面（potential surface），能够使阻力量度得以形象地表达。景观阻力面反映了物种空间的运动趋势。俞孔坚基于地理信息系统中常用的费用距离（cost-distance）以及Knaapen等的模型建立了最小累积阻力（Minimum Cumulative Resistence，MCR）模型来表征阻力面。

三、乡村景观的美学功能

乡村自然景观的美学功能与乡村文化景观的美学功能是乡村景观的两大美学功能。随着城市化进程的不断加快，以及工业化程度的不断加深，人们与自然接触的机会越来越少，在冰冷的钢筋水泥围成的城市中生活，不仅节奏紧张，而且每天还要呼吸着比乡村较差的空气，给人的身心健康带来了巨大的伤害，因此，为了解决这一问题，人们更加向往清新、淳朴、使人舒适惬意的大自然，从而掀起了一阵乡村生态旅游的新热潮。

（一）乡村自然景观的美学功能

经过千百万年的地质演化，逐渐形成了独特的自然景观。从某种角度上看，自然景观具有一定的美学价值。可以说，自然景观因其最强、最有序的结构性，从周围环境中"脱颖而出"，极大地吸引着众人的目光，与其他环境主体相比，它的突出性体现在最大的"非规整度"与"最大的差异性"上，在一定程度上满足了人们的猎奇心理。

通过概率模型来描述数据分布，或者通过一些异常事件、异常情况或特殊表现模式来深入了解数据的规律与本质时，通过对这些"临界特征"的特别关注，能够使模型的精度与可靠性得到保障。在对几何空间进行描述时，能够促使其"非均衡"得以充分表现，而从维系生命系统角度出发，则可以将最为严格、最为狭窄的条件组合表现出来。举例说明，作为有价值的景观之一，长白山具备上述所有的景观特征。长白山海拔2690米，为东北地区第一高峰，"奇异点"明显。分布有火山锥、倾斜熔岩高原和熔岩台地，与周围环境存在巨大的"差异性"。从底部到顶部的垂直温差有10℃左右，形成了5种不同的植被带。长白山共有2277种植物种类，野生动物1225种。不同生物的组合"在维系生命系统方面，表现出最为狭窄、最为严格的条件组合"。上述这些景观特征吸引着大批国内外的游客前来一睹美景。

无论是国内的还是国外的旅游胜景，在一定程度上都可以将其潜在的美学功能展现出来。只要是能够满足人类的审美需求与审美情趣的景色，都具有一定的美学功能。这就要求我们对这些景观特性进行客观分析，并在此基础上有针对性地加以改造，使其旅游价值被充分开发出来，从而为人们创造回归自然、返璞归真的生态资源。

（二）乡村文化景观的美学功能

1. 提供历史见证，是研究历史的好教材

由于受到人类行为的影响，文化景观通常具有一些特殊的物种、格局和过程的组合，具体表现为直线形结构相对较多、景观分布更加均匀、景观的破碎化程度相对较高等。为了最大限度地对这些易碎景观加以保护，需要人为参与其中，加以维护与管理。作为一种社会精神文化系统信息源，人们必须对具有历史价值与文化价值的人类活动遗址加以保护，通过这些保留下来的历史遗址，人类可以获取到更多信息，经过智慧的加工，从而促使社会精神文化得以不断充实与丰富。

2. 提高乡村景观作为旅游资源的价值

作为旅游资源对乡村文化景观加以开发，与单纯的乡村自然景观相比，其价值要高出许多倍。就目前来看，我国绝大多数的景观都属于文化景观，单一的自然景观数量相对较少，如峨眉山、黄山、泰山等，这些景观之所以能够得到众人的追捧与喜爱，主要原因在于其丰富的历史文化底蕴。可以说，这些文化景观的旅游价值与其历史年代的悠久程度成正比关系，其年代越久远，旅游价值便越高。

3. 丰富世界景观的多样性

物质世界的景观具有多样性的特征，自然景观与文化因素的融合诞生了全新的景观类型，使景观的种类得以不断丰富，从而也使人类的美学视野得以扩展。这一点在我国园林艺术景观中有着突出表现。我国的园林艺术景观以其建筑别致、精巧，景色特异、淡雅、气氛朦胧的特征，对我国景观建筑的美学思想产生了重大影响。

第二章
乡村景观规划设计概述

第一节　乡村景观规划设计的意义

一、契合当代人性化的要求

著名的建筑与人类学研究方面的专家、美国威斯康星州密尔沃基大学建筑与城市规划学院阿摩斯·拉普卜特（Amos Rapoport）教授的研究表明，用户实际使用效果往往与设计者的方案预期效果存在着较大的差异性，很多设计的目的往往被用户忽略或不被察觉，甚至于被用户排斥和拒绝，究其原因是设计者没有更加深入了解用户的需求，有些设计者高高在上，不去听取用户的意见，站在强势城市文化的角度盲目自信并藐视乡土文化，从而导致大量乡村景观设计作品被村民排斥。他的观点准确道出了人的需求的重要性。对于景观设计师而言，对乡村生活进行体验，并从中了解丰富的乡土文化，是一个不可或缺的重要环节，而与当地人进行文化与情感交流的过程，本质上就是设计师研究乡村景观的过程。通过这种沟通，可以促使设计者发现设计中需要改进与完善的方面，从几千年的乡村地域文化中对乡村智慧进行继承与发扬，对人的需求与体验进行特别关注与深入思考，设计出与时代精神相吻合、具有生命力的乡村景观。乡村景观设计只有站得高、看得远、做得细，立足于改善现实，体现当代追求，打造丰富多样的生活空间，充分根据人的体验与感受造景，才能营造宜人的空间体验。

二、立足乡村生态环境保护

我国从 20 世纪 80 年代开始研究景观生态学。生态学认为景观是由不同生态系统组成的镶嵌体，其中的各个生态系统被称为景观的基本单元。各个基本单元在景观中按地位和形状，可分为三种类型：斑块、廊道、基质。乡村景观多样性是乡村景观的重要特征，景观设计的目的是处理人与土地和谐的问题，对保护乡村的生态环境、维护生产安全至关重要。当前由于产业转移的需要，大量城市中污染的工厂转移到农村，并利用农村闲置的土地和廉价劳动力。一些落后的乡村也会为了尽快致富，忽视环境方面的保护，给农业生产安全带来极大的隐患，直接威胁到国家和人民的生存安全。乡村生态环境保护是今后乡村发展的趋势，同时也会为乡村带来更多的机会，为城市带来更多的安全产品。

三、以差异化设计突出地域特征

城乡之间的景观存在多方面的差异，不同地域的乡村景观同样各具特色。独特的自然风格、生产景观、清新空气、聚落特色都是吸引城市游客的重要因素。但随着全球化和城镇化进程的加快，乡村居民对于城市生活的盲目崇拜导致城乡差别在不断缩小。其实，现代化和传统并不是非此即彼的。浙江乌镇历史悠久，是江南六大古镇之一，至今保存有 20 多万平方米的明清建筑，具有典型的小桥流水人家的江南特色，代表着中国几千年传统文化景观。2014 年 11 月，第一次世界互联网大会选择在乌镇举办。乌镇是现代和传统的完美结合，差异化地表现了江南地域特色，体现出乌镇在处理现代与传统方面的成功经验。

2012 年，云南剑川县人民政府与瑞士联邦理工大学搭建起合作平台，共同组织实施"沙溪复兴工程"，并联合成立复兴项目组。由瑞士联邦理工大学与云南省城乡规划设计研究院合作编制了《沙溪历史文化名镇保护与发展规划》，试图营造一个涵盖文化、经济、社会和生态在内的可持续发展乡村，确立了一种兼顾历史与发展的古镇复兴模式。由此可见，地域特色和乡村发展以差异化为原则，在提升生活质量的前提下，营造具有特色的乡村风貌和人文环境，才能带来乡村景观的发展和提升。

四、为城市景观设计提供参考

乡村景观虽然有别于城市园林，但它从自然中来，其在长期发展中沉淀出的乡村景观艺术形式可为城市景观设计提供参考，如图案符号、建筑纹饰、砌筑方式等都可以成为城市景观设计中重要的表现形式。乡村景观的空间体验表现得更加优秀，是凝聚亲和力的空间，其设计材料自然具有肌理质感，是现代城市景观中良好的借鉴对象。比如，美的总部大楼景观设计就是通过现代景观语言来表现独具珠江三角洲农业特色的桑基鱼塘肌理，唤起人们对乡村历史的记忆。本地材料与植物是表达地域文化最好的设计语言。土人设计为浙江金华浦江县的母亲河浦阳江设计的生态廊道，最大限度地保留了这些乡土植被，植被群落严格选取当地的乡土品种，地被主要选择生命力旺盛并有巩固河堤功效的草本植被以及价格低廉、易维护的撒播野花组合。在现代城市景观设计中就地取材，运用乡土材料，经济环保且最方便可取的资源往往可以体现出时间感和地域特色，让城市人感受到乡村的气息，缓解城市现代材料带来的紧迫感，同时也能使不同地区的景观更具个性，更能凸显地域特色。

五、营造生产与生活一体化的乡村景观

当下传统村落的衰落与消亡很大程度上与全球化进程有关。随着科学技术的不断创新，社会结构和生产方式都发生了翻天覆地的变化，不可避免地出现传统乡村衰亡的情况，传统生活生产方式所产生的惯性在逐渐变小。吴良镛院士认为："聚落中已经形成的有价值的东西作为下一层的力起着延缓聚落衰亡的作用。"北京大学建筑与景观设计学院院长俞孔坚教授在其《生存的艺术：定位当代景观设计学》一书中提到："景观设计学不是园林艺术的产物和延续，景观设计学是我们的祖先在谋生过程中积累下来的种种生存的艺术的结晶，这些艺术来自对各种环境的适应，来自探寻远离洪水和敌人侵扰的过程，来自土地丈量、造田、种植、灌溉、储蓄水源和其他资源而获得可持续的生存和生活的实践。"乡村景观正是基于和谐的农业生产生活系统，利用地域自然资源形成的景观形式，科学合理地利用土地资源建设乡村景观新风貌，促进农业经济的发展，同时促进乡村旅游业的发展，繁荣乡村经济。

胡必亮提出了中国农业双轨发展的理念，即在借鉴美国和欧洲、日本的发展模式的基础上进行制度创新，创造出新的发展模式——小农家庭农业和国有、集体农场相互并行发展。国家也正在积极推进土地制度的改良，未来出现的乡村景观将有别于几千年来的传统乡村景观，这也为乡村景观设计者带来了巨大的挑战——从传统中来，到生活中去，找到适合的设计方向。

六、促进城乡一体化

对乡村的自然景观加以优先保护与塑造，是开展城乡一体化乡村景观规划的首要任务，认真考量乡村固有景观的特色与价值。结合城乡之间的互通之处，在基础设施等方面形成相互之间的有机渗透，促使人文、自然之间完美融合。另外，对于乡村文化价值，要重视但也不能够仅局限在其中，要做到在坚持主体文化的同时具有全局视野，全面综合各方优势与特色，搭建城市与农村文化交流的桥梁，在文化软实力方面不断缩小两者之间的差距。还要注意协调各方要素，力求城乡各要素之间协调发展，实现城乡发展之间在秩序、自然以及文化各方面的和谐统一。

城市和农村的建设者一定要深刻地认识到乡村景观的规划与设计并不是单

单追求形式，而是要在保证乡村原有景观完整性的前提下充分发掘乡村潜能，从而为乡村与城市之间的协调发展以及乡村自身的长久发展打下坚实的基础。

第二节　乡村景观规划设计的内容

在乡村景观规划中，对规划区的人类活动与该区域内的自然环境特点、景观生态过程进行周密而详尽的分析很有必要，同时还要尽可能地对当地的社会经济与景观资源的潜力与优势进行挖掘，促使当地的生态自然景观与周边相邻区域的生态环境与景观资源相协调，形成协同发展的局面，从而使乡村景观的可持续发展能力得到提高。由此可见，乡村景观规划是一个综合性较强的方法论体系，具有丰富多彩的内容，包括景观生态设计、土地利用规划、景观综合评价、景观生态分析、景观调查等，具体如图2-1所示。

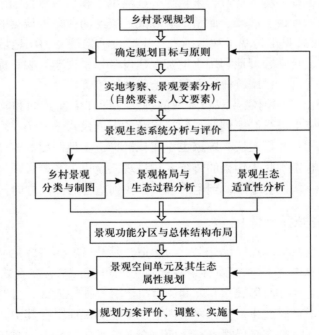

图2-1　乡村景观规划设计的内容

一、乡村景观规划设计的物质要素

从地理学视角看，乡村景观是指区域土地上的空间和物体所构成的综合体，是"地域资源综合体"，具有景观和地域性双重属性。可见，乡村景观规划必然要涉及地域土壤、河流水系、植被、地形地貌、气象、景观风貌等丰富的物质信息数据，也包含社会经济、人口、建筑、社区、区位交通、历史文化、风俗习惯、地域特色资源等人文社会信息数据。因此，乡村景观规划不仅包括区域内物质自然资源数据，还包括人文资源数据和资源管理数据等场地属性数据。下面我们就来分析一下物质信息数据方面的要素。

公共设置、建筑、动植物、水文、土壤、气候、地形地貌等要素共同组成了物质要素，而每一个乡村地域的景观基底大多是由这些要素组成的。不同的要素在乡村景观的构成中发挥着与之相对应的功能与作用。虽然某些自然要素能够形成一个地域的宏观景观特征，如地形地貌，但是整体景观特征还是各个自然要素共同作用的结果。

（一）地形地貌

乡村景观构成的基本要素之一便是地形地貌，可以说，乡村地域景观的宏观面貌便是由这些地形地貌形成的。按照地形地貌对自然形态进行划分，大致可以分为五大类型，即盆地、平原、丘陵、高原、山地。在我国，所占面积最小的地形是丘陵，约10%，依次由小到大分别为平原，占地面积约12%；盆地，占地面积约19%；高原，占地面积约26%；山地，占地面积约33%。在我国，山区占地面积约为整个陆地面积的2/3，包括高原、丘陵与山地。在对景观进行分析与分类时，需要对不同的地形地貌形态进行详细的区分，区分的主要依据是这些地形地貌的土壤差异和下垫物质，以及由此造成的植被差异。乡村景观的空间特征通常取决于当地的地形地貌。一般来说，无论是村镇聚落景观、农业景观还是自然景观，都会受到海拔高度的影响。

可以说，自然景观的地带性规律因海拔高度而遭到破坏，出现了山地垂直地带，海拔高度的变化还带来土壤、植被、气候的变化。此外，从生态角度出发，山地的坡向与坡度也有着重要意义。一般来说，径流的形成与地表水的分配会受到坡度的影响，进而也会对土壤侵蚀的强度与可能性带来一定的影响。因此，土地利用的方式与类型取决于坡度。局部的小气候差异取决于坡向，不同的坡向使得水、热、光的分布出现一定的差异，从而也使植被类型及其生长状况随之发生改变。

山区用地紧张，可耕面积少，农业生产通常会综合考虑当地的具体地形地貌，种植与当地地质条件相适应的农作物，通过修山建田的方式，使一种与平原农业生产景观截然不同的景观得以形成，诸如梯田景观等。对于村镇聚落景观而言，地形地貌的影响是显而易见的，特别是在山区。中国传统的民居建设和村落选址与自然的地形地貌有着密切关联，二者之间形成互补，使自然村镇景观的地理特征得以突出，从而形成了多样化的景观风貌。即便当地的建筑风格较为统一，可是一旦与特殊的地形地貌结合在一起，便会形成与其他地域有所差异的村镇聚落景观，使这一景观风貌得到极大的丰富。

（二）气候

不同地域乡村景观差异的重要因素便是气候。气候一般决定着土壤的形成，以及不同植被的垂直地带与水平地带。从本质上看，一种长期的大气状态就是气候，其形成的三个主要因素是下垫面、大气环流与太阳辐射。风、降水、温度、太阳辐射等都是气候因素。其中，作为气候主要表现方式的降水与温度，是更为关键的气候地理差异因素。

我国地域辽阔，跨热带、亚热带、暖温带、温带和寒温带，拥有多种多样的气候类型以及对农业生产有利的气候资源，在不同气候条件下形成了明显不同的乡村景观类型，主要表现在建筑的形式和农作物的分布上。

1. 气候对建筑布局和形式的影响

我国由于国土面积大，从南到北纬度相差大，使不同地区的气候也截然不同。通常来说，我国从东南沿海往西北内陆，气候的大陆性特征逐渐显著，依次出现湿润、半湿润、半干旱、干旱的气候区，气候条件的差异性较大。建筑对日照、通风、采光、防潮、避寒的要求也各不相同，从而形成了丰富多彩的建筑形式与布局，如黄土高原的窑洞、云贵的干栏式建筑、徽州建筑、北方的四合院等。

2. 气候对农作物分布的影响

由于我国有着多种多样的气候类型，植物资源也尤为丰富，并且盛产各种名贵的中草药。农业生产需要结合当地的自然气候条件，选择适宜生长的经济作物与粮食作物。根据南北气候的差异，全国分为五种耕作地区：一年一熟区、两年三熟区、一年两熟区、双季水稻区和一年三熟区。

（三）土壤

土壤是乡村景观众多组成要素中的一种。通过土壤剖面能够观察到与发现景观的主要特征。土壤的性质及其形成过程或多或少都可以将景观的动态变化过程记录并显现出来。抑或是说，土壤性质取决于气候与植被条件。故此，从自然景观与农业景观角度出发，乡村景观异质性的重要决定性因素之一便是土壤。

我国是一个幅员辽阔的国家，气候、岩石、地形、植被条件复杂，再加上农业开发历史悠久，因而土壤类型较多。从东南向西北分布着森林土壤（包括红壤、棕壤等）、森林草原土壤（包括黑土、褐土等）、草原土壤（包括黑钙土、栗钙土等）、荒漠、半荒漠土壤等。不同类型的土壤适合不同植被的生长，因此，乡村的农业生产性景观是由土地的适宜性所决定的。

（四）水文

人类社会要想实现可持续发展，就离不开重要的水资源，而农业作为用水大户，通常会占社会总用水量的 50% 以上。在我国，农业用水量占社会总用水量的 85%。

水资源不仅对农业生产有着重要的作用，同时也是乡村景观中最具活力的构成要素之一。其原因在于，一方面水是自然景观中生物体的生命之源，另一方面人为景观也会因水元素的加入而变得更加丰富与生动。水体对应与之相匹配的水文特征和水文条件，从而使各自的生态特征得以呈现，如湖泊、河流、沼泽、冰川等，在乡村景观格局的形成过程中，这些不同的水体发挥着各自应有的重要作用。

1. 湖泊

根据不同的水质，可以将湖泊大致分为三大类，即盐湖、咸水湖与淡水湖。通常来说，淡水湖在发展渔业、农业以及防洪调蓄等方面发挥着重要作用，是某一巨大水系的重要组成部分。根据分布地带又可以将湖泊划分为两大类，即平原湖泊与高原湖泊。

2. 河流

作为带状水域景观的一种，河流根据水文特征可以划分为两大类，即间歇性河流和常年性河流。前者多见于半干旱、干旱地区，而后者多见于湿润地区。根据河流补给大致可以分为两大类，即地下水补给与雨水补给。河流最普遍的补给水源便是雨水。

3. 沼泽

从本质上看，沼泽是一种湿地景观，是世界范围内生物多样性最为丰富的生态景观之一，在这里聚集着多种多样的物种资源，是它们的聚集繁衍地。

4. 冰川

在我国西北与西南部的高山地带，冰川广泛分布。无论是绿洲农业景观的主要水源，还是中国西北内陆干旱区河流的主要水源都是冰川水，如叶尔羌河、塔里木河等。

（五）动植物

1. 植被

植被是全部植物的总称。中国的高等植物近 3 万种，在中国几乎可以看到北半球的各种类型的植被，其中，农田植被占全国总面积的 11%。通常来说，植被、土壤、地形、气候彼此之间相互影响。首先，植被形成的原因包括土壤、地形、气候条件；其次，植被同时会影响当地的地形、土壤及气候。这些因素使不同的植物景观特征得以形成。

根据植物群落的结构与性质，可以将植被大致分为五大基本类型，即冻原、荒漠、草原、热带稀树草原、森林，不同的植被类型有着不同的生态环境与结构特征。青藏高原高寒植被区域、温带荒漠区域、温带草原区域、热带季雨林和雨林区域、亚热带常绿阔叶林区域、暖温带落叶阔叶林区域、温带针阔叶混交林区域、寒温带针叶林区域，这八个区域就是根据植被类型的区域特征进行分类的。

2. 动物

自然生态系统的重要组成部分之一便是野生动物，在环境保护与维持生态平衡等方面，野生动物发挥着至关重要的作用。中国有着优越的自然条件，为野生动物的繁衍生息创造了良好的环境。自古以来，乡村生态环境便与野生动物有着紧密联系。例如，朱鹮是世界上濒危鸟类之一。历史上，朱鹮曾经广泛分布于世界的不同地区，诸如日本、朝鲜等地区，以及我国东部与北部的广大地区。然而进入 20 世纪中期，只有中国还有朱鹮幸存。从 20 世纪 50 年代以后，随着我国经济的不断发展，乡村生态环境已经发生了翻天覆地的变化，森林中的大量树木被砍伐，使朱鹮没有了栖息之地；而农药对水域的污染，使朱鹮用来采食的地区受到了不同程度的污染；耕作制度的变化、人口的大量激增乃至人类过度的猎捕，使它们在山溪、沼泽、河滩、水田以及丘陵地区找不到适宜的居住地点，不得已只能被迫迁移至海拔相对较高的地带，恶劣的生存环境导致它们的数量正在逐年递减，并且分布区域也在逐渐缩小，20 世纪 60 年代以后就难以见到它们的踪迹了。1981 年，人们在海拔 1356 米的陕西洋县姚家沟，发现了消失 17 年之久的野生朱鹮，并建立了朱鹮保护站。当地的老百姓和朱鹮也在无形中形成了一种默契，每当气候适宜之时，它们便会飞至此处，成为村民家中的"贵宾"，村民们也亲切地称其为"吉祥之鸟"。为了留住这些"贵宾"，村民们想尽一切办法，即使少种庄稼、少施肥，也要尽可能地为它们创造良好的生态环境，如此一来，逐渐形成了人与鸟和谐共处的局面，朱鹮也成为当地的一大景观。

（六）建筑

建筑作为村民生存居住的最直接环境，在乡村人文景观中占据着重要的地位，乡村地域的建筑物根据其使用功能大致可以分为四大类，即民用建筑、工业建筑、农业建筑以及宗教建筑。

1. 民用建筑

居住建筑与公共建筑是民用建筑的两大类型。具体来说，居住建筑包括一切用来居住的房屋，如招待所、宿舍、住宅等；公共建筑即公共用的房屋，包括车站、邮电局、商店、体育馆、影剧院、图书馆、学校、行政办公楼等。

2. 工业建筑

一般来说，原材料与成品的储存仓库、生产动力用的发电站，以及各类生产用房，涉及轻工业、机器制造工业、化学工业、冶金工业等，都属于工业建筑。

3. 农业建筑

农业建筑范围较广，主要是指一切农业生产用房。具体来说，包括乡镇企业建筑、农业实验建筑、香菇房、蘑菇房等副业建筑，水产品养殖建筑，农村能源建筑，农机修理站等农机具维修建筑，农畜副产品加工建筑，危险品库、农机具库、蔬菜水果仓库、粮食种子仓库等的农业库房，玻璃温室、塑料大棚等温室建筑，牛舍、猪舍、禽舍等畜牧建筑等。

4. 宗教建筑

一切与宗教有关的建筑，即宗教建筑。

（七）道路

乡村廊道形式多种多样，而作为乡村景观骨架的乡村道路，则是其中一种较为常见的形式。根据道路使用性质可以将道路大致分为五个等级，由低到高依次为专用公路、乡村道路、县级公路（县道）、省级公路（省道）、国家公路（国道）。通常而言，主要为乡（镇）村行政、文化、经济服务的公路，包括不属于县道以上公路的乡村与乡村之间，以及乡村和外部联络的公路，都可被视为乡村道路。这种规定并没有将所有的乡村道路涵盖进去。实际上，乡村地域范围内的高等级公路对乡村景观格局与环境也带来了不小的影响，故此，乡村道路还同时包括了其他不同等级的道路，如田埂、村间道路、乡间道路、省道、国道、乡村地域范围内高速公路，这些道路分别担负着不同的交通功能。

（八）农业

我国自古以来就是一个农业大国，在中国文明史中，农业文明是重要的组成部分，农业理论和实践都远远多于其他产业。早在公元 1 世纪，在我国史学家班固所撰写的《汉书·食货志》一书中便有了"辟土殖谷曰农"的说法。这种说法是我国现如今人们对农业的狭义理解，在当时反映了古代黄河流域的汉族人民以种植业为主的朴素的农业概念。据史料记载，古代先人们捕猎野生动物与采集各种食用植物的活动，逐渐发展成为原始农业。此后，畜牧业与种植业也逐渐发展起来，时至今日，农业的主体仍然是种植业以及基于种植业的饲养业。一般来说，野生动物的狩猎、天然水产物的捕捞、野生植物的采集与天然森林的采伐，大多是依附于自然界的各种生物资源而展开的活动，而这些活动长期与饲养业、种植业相联系，逐渐演变为人工饲养，如水产养殖，以及人工种植，如造林，因此，它们也被许多国家列入农业的范围。在传统农业中，农户从事的农业主要生产以外的其他生产事业，都被视为农业副业。如此一来，广义层面的农业概念便已形成，具体包括种植业、畜牧业、林业、渔业、副业。乡村景观的主体通常涉及的就是广义的农业概念。

举例来说，衢州鹿鸣公园总占地面积约为 31 万平方米，位于浙江省衢州智造新城的核心地段，那里是城市商业与行政中心。城市规划设计初衷是为市民打造一个集娱乐、运动、休闲为一体的综合性滨水公园。红砂岩丘陵是其现状地形，与河面的最大高差将近 20 米，与城市道路的最大相对高差不到 5 米。有大面积红砂岩露于地表，荒草与灌丛是其现状植被，而河岸则栽有大片枫杨林，在地势平坦低洼处种有各种果树以及农作物（在公园设计之初便已被砍伐）。其中，河流廊道、河滩沙洲、平坦的农田、红砂岩地貌自然景观，是地貌与植被的整体现状景观的四种类型。场地内还分布有凉亭、乡间卵石驿道与灌溉用的水渠之类的景观遗产与乡土建筑。为了促使这些具有历史价值与文化价值的乡土文化景观、自然水系、丰富且脆弱的植被、地形不被破坏，能够完整保留下来，设计者在原有山水格局的基础上，使人的活动系统得以建立，从而使人们能够享用并体验到良好的景观服务，并使全新的设计景观得以形成。

公园建成开放后，自然界中的红砂岩得到了充分保护，并在精巧设计之下，使其成为公园景观中的重要元素，凸显出独特的魅力。通过采取一系列措施，使自然水系得到了很好的保留，一方面使工程造价得到有效控制，另一方面还起到了良好的生态环保作用。公园内还栽种着各式各样的花卉、药材与作物，起到了应有的点缀作用。除此之外，公园内考虑到不同年龄群体的实际需求，为他们设计了各种用以休憩的场所，如塔、亭、平台、栈道、步道等：耄耋夫妇相互扶持站在廊桥之上；一家三口在公园内享受亲情时光；身穿婚纱的一对对新人，甜蜜地相拥，拍摄并记录下这美好时刻；年轻男女在这里倾吐心声，而少年儿童则欢快地奔跑嬉戏，不亦乐乎。这种基于原有山水格局的设计创意，一方面尽可能地将这种自然与乡土文化景观本底保护了下来，另一方面还使本底景观的魅力得到了充分展现。与此同时，"山水之上"的活动空间可以为城市居民提供丰富的体验，使城市居民享受自然风光，缓解城市压力并使生活品质得到提升。

（九）水利设施

水利是农业的命脉，在中国农业文明的发展中起着举足轻重的作用。据史料记载，周朝时期，朝廷为了更好地管理水利，设有"司空"一职，足以看出当时朝廷对水利工程的重视程度。我国历朝历代的统治者都十分重视水利事业。水利设施在社会各个领域当中都发挥着至关重要的作用，诸如农业灌溉、发电、防洪等，水利设施也成为乡村景观的重要组成部分之一。例如，安康水电站位于陕西省安康市汉滨区汉江上游瀛湖风景区境内，是一个综合大型水电枢纽工程，同时兼有旅游、养殖、防洪、航运等多种效益，大坝坝顶总长 541.5 米，坝高 128 米，有"陕西第一坝"的美称。火石岩将长达三千里的汉江拦腰截断，人们在高高的山峡中修建了一座大坝，这种大坝将奔腾呼啸的江水截断，使湍急的水流瞬间变成了平湖。泄洪时，大坝的水闸打开，从闸门处喷涌出巨大的水柱，在湖水的压力与惯性作用下，以抛物线的形式直接跌落于下游的河床上，奔腾呼啸的浪花，在空中飞溅开来，仿若万马奔腾，又似蛟龙出海，再现"黄河之水天上来"的磅礴气势，展开了一幅波澜壮阔的立体画卷，摄人心魄，扣人心弦。

二、乡村景观规划设计的文化要素

除了上述的物质要素之外，在众多乡村景观的构成要素中，文化要素也十分重要。在某种程度上，构成乡村景观的文化要素主要体现在精神文化生活层面。

一般来说，与乡村居民生活的日常行为活动及其相关历史文化息息相关的反映精神生活的要素，即乡村景观文化要素，如语言、宗教、民俗等。这些文化要素在一定程度上可以塑造乡村气质，有着不容忽视的重要作用。对这些文化要素进行深入研究，本质上就是透过乡村景观的外部表象，对乡村景观的内部深层机制展开深入研究。

（一）乡土文化

一种诞生于农业社会，并在一定地域范围内得以衍生与发展的某一特定文化形态，即乡土文化。在以往的农业社会形态中，乡土文化本质上是一个内容丰富、形式多样、具有一定系统性特征的文化脉络，是在乡村社会环境下的群体历经世代相传而逐渐形成的一种文化。这种带有鲜明地方特色的文化形态，包含了集体与个体共同努力的成果，是在一定范围内特定环境条件下人与人、人与自然之间彼此依存的一种生存哲学的反映。

作为中国传统文化重要组成部分之一的乡土文化，也是区别于其他民族的重要特征。乡土文化本身包含许多内容，如空间形态、建筑形式、历史遗迹、地域特色等，大致可以从三个层面进行理解：其一，自然环境层面，人类要想生存，需要以自然环境作为物质基础，而乡土文化发展同样需要以乡土文化为物质载体。在乡村景观中自然环境包括诸多要素，如植被、地貌、地形、气候等，同样，在乡村景观的设计过程中，设计师的诸多创作灵感与元素也都来自自然环境中的物质要素。其二，人文景观层面，人文景观本质上是人类社会的各种文化现象与成就，由与人的社会性活动相关的各种景观构成，大多通过语言文化、民间艺术、建筑形式、聚落空间形态等得以体现，在人类观念形成与场所认同方面起到重要作用。其三，社会形态层面，在乡村环境中，社会形态由多种要素构成，包括社会活动、观念形态、物质环境、乡村经济等，一般来说，乡村社会形态在一定程度上对乡土文化的保护与发展，以及乡村景观规划的建设方面都发挥着不容忽视的作用。故此，对乡土文化景观进行保护与发展，是在城市化过程中有效避免建设趋同化与单一化的重要途径。

1. 乡土文化地域的差异性

我国地域辽阔，山川秀丽，地形地貌复杂多样，民族众多，由南至北跨越多个气候带，乡村数量众多，各种文化因其地理环境的差异而有所不同，包括服饰文化、饮食文化、语言文化、建筑文化等。

若是仅从中国地域范围角度出发，在我国众多文化中，南方与北方文化差异体现最为显著的当数地域文化差异。以交通运输方式为例，我国自古以来便有"南船北马"的说法，可以理解为，南方人出行以坐船为主，而北方人出行则以骑马为主。其原因在于南方雨水充沛，河流纵横，水网密布，人们都习惯称其为"江南水乡"，江南地区分布着许多小镇，诸如乌镇、西塘、周庄等，溪水、河流纵横交错，穿梭于各个小镇之间，整齐划一的临水建筑分别建于河道的两侧，每经一段水路便可见一码头，造型各异的木桥或石桥，将河道两侧连接在一起，形成了独具特色的江南水乡美景。以苏州为例，当地主要的交通运输工具是乌篷小船，因此得名"东方威尼斯"。而反观我国北方地区，由于受到气候因素的影响，绝大多数地区都属于干旱与半干旱地区，地势较为平坦，地理条件优越，畜牧业比较发达，人们出行大多依靠马匹来代步，客观上促进了不同地区间的商贸往来。我国南方与北方地区之间的文化差异较为明显，主要体现在语言方面，北方语言在发音上整体比较统一，而南方语言相对于北方而言略显繁杂。其原因主要在于地理环境方面的差异性，南方地区的地形条件相对复杂，既有平原、盆地，又有高原和丘陵，彼此之间交错分布，对于生活在交通不便的山区的居民来说，与外界取得联系并进行密切交流的机会少之又少，长此以往，当地居民逐渐形成了一种只有当地人才能听懂的方言。我国福建省素有"十里不同言，百里不同俗"之说，意为"方言多、民俗多"，其方言包括闽南语、客家话、福州话、赣语、吴语等，彼此之间有着较大的差异。与南方地区相比，我国北方地区则以平原居多，地理位置优越，为不同地区人们之间的友好往来提供了良好的条件，因此，北方地区的语言相对统一。不同地域有着不同的自然生态环境，这也就在客观上促使不同地域的社会经济发展、人的体质和性格、饮食习惯等方面存在着巨大差异。

我国南方与北方文化差异还体现在园林景观形式与风格的差异上。由于我国南方与北方地区的社会环境与自然环境之间存在差异，因此使园林景观建筑与环境也有所不同，呈现出较为明显的地域特征。针对我国南北方园林之间的差异，著名园林艺术家陈从周先生曾在《园林分南北，景物各千秋》一文中大致从五个方面对其进行了详细阐述：其一，南北方建筑的历史渊源有所不同，南方巢居，北方穴居；其二，南北方建筑形式上有所差异，主要表现在南方建筑形式多为棚，敞口较多，而北方建筑形式多为窝，大多是封闭的；其三，南北方园林造景的要素有所不同，北方多为石，南方多为水；其四，南北方园林景观特色有所不同，主要表现为植被类型的差异上，北方多为柏，南方多为花；其五，南北方园林景观建造的社会背景、风格形式方面存在差异，其中，北方地区大多为皇家园林，而南方地区大多为私家园林。以上五个方面分别从自然环境因素与社会因素两个方面对南北方园林景观差异进行了阐述。故此，我国形成不同地域特色园林文化的重要因素便是地理环境在空间上的差异。

2. 乡土文化历史的延承性

从本质上看，乡土文化包含元素众多，而我们至今之所以还能够品尝到特色美食、感受不同地域的文化礼仪、观看到乡村地区的民俗庆典，主要源于一代又一代人的不断传承，可以说，乡土文化的发展实际上就是一个传承与延续的过程。

在以往的乡村社会中，乡土文化得以传承与延续的关键因素是以农业生产为基础的自然经济。乡村极具乡土特色的农业景观，其主要的构成要素包括牧场、茶园、果园、农田等。传统的生活习惯与劳作方式因其长久不变的经济模式而被流传至今。此外，乡土文化延续的影响因素之一便是乡村的社会环境。费孝通曾在《乡土中国》一书中写到中国的乡土社会有其特殊的性质，具体来说，就是一个没有陌生人的社会。生活在同一片土地上的人们，基本以血缘和家族为纽带，拥有着相同的文化意识与共同的宗教信仰，是一个有着高度凝聚力的群体，因此，这在一定程度上使乡土文化具有了统一性，并且随着时间的推移一直延续至今。

我国传统的园林文化之所以能够流传至今，主要在于乡土文化具有一定延承性特征，从根本上讲，中国当代的园林景观发展到今天，也是受到了中国人固有的处世观与自然观的深刻影响。毋庸置疑的是，在中国园林文化发展的历史进程中，乡土文化始终发挥着重要作用，是中国园林文化得以发展的源泉与基础，我国许多优秀的传统园林在其创作阶段，从乡村地区的民风习俗、自然景观、农业景观等要素中汲取了不少的灵感。而在今天的园林景观设计作品中，仍然可见中国传统私家园林与皇家园林在建筑布局、造园选址，以及对自然山水意境的追求与模仿等方面的相似之处，只是随着人类社会的不断进步，以及人类审美情趣的变化，其形式变得更为丰富，顺应了时代发展的需求，需要以一种全新的视角对园林景观进行解读与构建。

3. 乡土文化与外来文化的融合

随着国内外政治、经济、文化往来的日益频繁，我国的乡土文化不可避免地会受到一些外来文化的影响。客观上看，要想使乡土文化能够持续不断地发展，除了保留本土特色文化之外，还需要积极地吸收外来文化中的优秀成果为己所用，只有这样，才能在时代的浪潮中不被淘汰。综观世界各国文化的发展历程，无一不是在发展的过程中保持着开放态度，勇于接受与汲取新文化元素，才能够使本国文化始终保持旺盛的生命力。故此，在面临外来文化冲击时，应当保持理智清醒的头脑，学会从外来文化中汲取借鉴有助于自身发展的优秀文化成果，取长补短，从而促进本国文化不断向前发展。城市化进程的不断推进，在一定程度上推动了乡土文化的持续发展，然而在进行乡村景观环境设计时，还需要注意两个方面的问题：其一，应当尽可能地避免受到城市化的影响，使建筑风格过于"模式化"；其二，在保留传统文化原汁原味的基础上，不断汲取城市建设中的新技术与新理念，使乡土景观的设计与建造得到创新与发展。

（二）民俗

从本质上看，地方性是乡土文化的根本特征，一般是指生活在某一地区的人们，基于某一特定社会形态，结合当地居民的日常生产、生活内容及方式，在长期的过程中逐步形成的一种具有稳定约束力与持久性的规范体系，其规范对象为人们的行为、语言与心理。可以说，中国传统文化的重要内容之一便是民俗。民俗具有教化、约束、维系、调节等功能，而这些功能对乡村景观的形成和发展具有巨大的影响。

中国自古以来就是一个统一的多民族国家，在其漫长的历史发展进程中，逐渐形成了独一无二的风俗习惯与生活方式。中国乡村民俗景观的一个显著特点就是与中国的农业文明紧密相连。例如，岁时节庆就与农业文明有关，此外还有许多其他反映农业文明特点的节日，如汉族和白族的立春（打春牛）、哈尼族的栽秧号、苗族等的吃新节、杭嘉湖地区的望蚕讯等无一不是农业文明的产物。我国人口的不断增加，客观上推动了农业文明的形成，而我国民俗中最具特色的景观之一，便是与人类繁衍息息相关的婚丧嫁娶习俗。农业文明的特征也因祭祀信仰而有所反映，如景颇族在刀耕火种时有祭风神的习俗，傣族、哈尼族、布朗族等在秋收季节有祭谷神的习俗，以求来年丰收。

这些民俗是乡村文化的重要组成部分，通过民俗可以将乡村文化潜藏的价值观念、思维方式、民族心理性格展现出来。

（三）语言

文化的重要组成部分之一便是语言。语言在其演化过程中受到了诸多因素的影响，包括城市化、人口迁移、异族的接触、自然条件、距离等因素。

我国自古以来就是一个统一的多民族国家，有着丰富的语言类型，大致可以分为印欧语系、南岛语系、南亚语系、阿尔泰语系、汉藏语系五大语系，其中，使用的语言属于汉藏语系的人口占全国总人口的98%以上，使用汉语的人口占全国总人口的94%以上。现代汉语又有诸多方言，大致可以分为十大方言区，在一些地区，甚至相邻两村的方言都不一样。由于语言上的差异，对于同一事物，不同地区有着不同的表达方式。近些年，随着城市化进程和人口流动的加快，方言的适用性逐渐降低，并逐渐在城市中消失，而与之相反的是，方言在乡村作为一种重要的文化要素得以保留至今，并成为一种尤为特殊的文化景观资源。一种方言便是一道别样的风景，每当游客来到不同的乡村时，都喜欢学习几句当地方言，可见，方言也可视为乡村景观之一。

（四）聚落文化

"聚落"一词古代指村落，如《汉书·沟洫志》记载："或久无害，稍筑室宅，遂成聚落。"人类各种形式的聚居地总称便是聚落。具体来说，聚落的构成要素既包括房屋建筑集合体，又包括与之相关的各类生产设施与生活设施。

人类根据自身的意愿对自然进行开发利用与再创造而形成的一种生存环境，即聚落环境，它包括多种构成要素，如乡村、城镇、城市等。聚落环境本质上是一种由生活在同一环境中的共同成员所组成的相对独立的地域社会，具体包括在特定地域内发生的社会关系与社会活动。聚落是在特定的社会经济背景以及地理环境中，人与自然、人与人之间相互作用的结果，从本质上看，是一种复杂的文化、经济现象，更是一种空间系统。以被人所熟知的上海市为例，这是一座近代发展起来的新兴城市。作为大城市，它的历史不长，但是以"上海"相称的聚落却已存在上千年。据史料记载，以"上海"相称的聚落，最早见于北宋熙宁十年（1077年），当时在华亭县（今上海市松江区）的东北方，有一个名叫"上海务"的管理酒类买卖和征酒税的集市，大约在今上海老城区的东北侧。

而作为人类文明发展史与华夏文明的重要组成部分之一，聚落文化在漫长的历史进程中，保留下来了大量的古代建筑与文物史迹，通过这些古老的建筑，不同历史时期的社会经济发展状况与丰富多彩的民族文化得以体现。

聚落文化的形成同聚落本身的形成一样，都经历了漫长的历史过程。在这个过程中，社会结构特征、聚落空间特征与聚居生活方式发挥着主要作用。具体来说，包括聚落的建筑形态、内部形态、外部形态、分布形态在内的物质形态的表现形式，即文物与建筑，便是聚落空间特征。在特定地域空间内，一定时期人们的社会生产方式、生产生活方式（行为活动方式）以及生产关系，便是聚居生活方式。而介于上述两者之间的一种基于人类聚居活动而形成并发展起来的秩序和组织形式（涉及文学、技术、经济、社会等的结构与关联），便是社会结构特征。作为人类聚居生活的载体以及空间场所，物质空间本质上是聚居生活的空间表现形式，其形成需要以社会、经济、技术与聚居生活相结合为条件。与此同时，聚居生活又受到特定的空间形式的约束与影响。可以说，聚落形态的三个主要构成因素包括社会结构特征、聚落空间特征和聚居生活方式。

基于上述阐述不难发现，聚落实际上是一个由多种元素构成的有机体，包括具有特定社会文化习俗的人、居住的建筑实体以及居住的自然环境。在以往的聚落环境中，无论是聚落建筑的空间形式，还是聚落居民的生活方式及生活态度，都受到了特定社会文化的重要影响。

第三节　乡村景观规划设计的原则

通常而言，乡村具有独特的行为特征及内涵。在地域景观特征方面，乡村景观与城市景观存在较大的差异，在区域景观体系中，前者具有较为广阔的地域空间，同时具有许多特点，如景观的完整性分异突出、景观的人为干扰程度分化明显、景观的生物多样性明显、景观类型多样、景观具有自然性与原始性特点等。在设计乡村景观时需遵循以下原则：

一、建立高效的人工生态系统

乡村本质上是一个集合多种特征的地域综合体，包括自然、社会、经济特征。无论是乡村的形态特征，还是乡村的经济地域功能，乃至人类利用乡村资源开展的经济活动方式，都在随着不同的社会发展阶段而呈现出不同的形式。自古以来，农业在我国国民经济发展中占据着重要地位，发挥着积极的主导作用，但不可否认的是，我国农业经济发展也面临着一个重大问题，便是农业精细化与高效化运营不足，究其原因包括多个方面，如耕作方式、自然资源、自然条件、农业技术等，因此，乡村旅游景观规划的出发点与原则就是建立人工生态系统。

二、保持自然景观的完整性、多样性

乡村有着较为广阔的地域范围，其中用以耕种的地域空间相对有限，使大面积的自然景观环境以及近乎自然景观的地域空间得以保留，又因乡村工业化程度较低，受到人类行为的干扰相对较少，因此，在很大程度上使自然景观得以完好无损地保存下来，基于这种完整性，自然景观中生存着各种各样的动植物，也使其多样性得以充分展现，可以说，乡村自然景观具有一定的完整性与多样性特征，同时也是乡村的自然遗产与生物多样性保护的基本场所。故此，乡村旅游景观规划的重要原则之一便是保护自然景观的完整性与动植物的多样性。

三、保持传统文化的继承性

乡村社区文化体系实际上是乡村的文化遗产，作为一种地方文化具有一定的完整性与独立性特征。乡村文化之所以得以保存，其根本原因在于乡村文化具有继承性特征，乡村文化既是现代人了解历史与形成价值判断的重要载体，同时又是特定历史发展阶段乡村社会风情的一种客观反映。故此，乡村旅游景观规划的重要原则之一便是保护乡村文化遗产。

四、保持景观斑块的合理性和景观的可达性

通过景观斑、景观道、景观廊、景观基质所形成的景观特征能够使乡村地域的空间结构体现出来。一般来说，由空间中任一点至该景观（源）的相对难易程度，即景观可达性，其相关指标有距离、时间、费用等。从本质上来看，可达性这一概念的出现，主要是为了研究景观对某水平运动过程的景观阻力，它是乡村景观规划的重要原则之一，也反映了物种在穿越异质景观时所遇到的累计阻力。

五、资源的合理开发利用

乡村有着广阔的天地，具有丰富的各种资源，即动植物资源、矿产资源、土地资源，要想促使乡村可持续发展，乡村经济效益得到提高，乡村旅游景观、生态环境与资源得到保护，就需要实现对乡村资源的集约高效与生态化利用。

六、改善人居环境，提高乡村居民的生活质量

可以说，人类生存与发展的重要场所之一便是乡村，乡村地区也是人们赖以生存的食物的主要聚集地，乡村地区独特的文化类型便是农业文化。在世界落后国家和地区以及发展中国家，人口的重要构成部分仍然是乡村人口。虽然在发达国家，乡村地区已经广泛应用先进的生产工具，使大批劳动力得以从辛苦的劳作中解脱出来，但是其聚居功能仍然保留至今。

对于不同地区的乡村而言，社会形态与经济发展水平的不同，使其乡村旅游景观发展状况也在一定程度上存在着差距。因此，景观规划的重要原则之一便是促使乡村居民生活品质得到提高、乡村人居环境得以改善、乡村落后的面貌得到根本改变。

七、坚持可持续发展原则

1987 年世界环境与发展委员会首次提出"可持续发展"这一概念。之后，随着研究的不断深入，可持续发展理论得以形成，它在很大程度上使人类开始重新对自己的以往行为进行审视，并对人类与自然的关系进行了深刻反思，从而更好地指导人类未来的行为，使人类与自然最终能够实现和谐共生。可以说，实现人类与区域的可持续发展是乡村地域发展的目标。故此，乡村旅游景观规划的基本原则之一便是促使可持续的人地关系机制得以建立，使可持续发展得以成为现实。

第四节　乡村景观规划设计的理念

乡村景观规划设计越来越受到大众的追捧和政府的支持，其规划设计的合理性直接决定着其他相关产业的生存与发展，故此，全面深入地研究乡村景观规划设计理念尤为重要，能够在一定程度上推动乡村景观规划设计的持续性发展。

一、保护生态环境的设计理念

乡村生态安全格局本质上是一个连续完整且具有多层次的网络，其中，城市及乡村的微观生态安全格局、区域的生态安全格局与宏观的国土生态安全格局是其三大主要形式。具体来说，乡村生态安全格局的构成包括中国已有的防护林体系、连续完整的河流水系的绿道体系、自然形态及湿地系统，它反映的

是在对生态进行维护过程中，与健康安全息息相关的空间联系与位置、景观元素等。

乡村景观设计理念就是要把握这样的安全格局，实现人与土地的和谐，保护人类每天必需粮食的生产基地的安全。乡村景观设计中的一个重要理念就是艺术地处理好"人类生存"的问题，这实际上就是处理好人与土地之间的关系，因为要想使人类保持身体健康，就离不开土地生态系统自身的健康和可持续性。

要想促使一个良好的自然生态环境得以构建，就需要我们根据新农村建设要求，从生活、生产、生态三个方面，加强农村人居环境治理、生态环境建设，以及基础设施建设，只有这样，才能从根本上促使农村的自然生态环境得以改变。具体来说，首先从生态保护角度出发，应当抓紧对被污染的江河湖泊进行治理，既要对外来有害生物的入侵加以防范，又要尽可能地防止水土流失现象的发生。其次从生产基础设施角度出发，切实做好退耕还林和天然林保护工作，实施新一轮沃土工程，改善耕地质量，加强农田水利和重大水利工程建设。最后从生活设施角度出发，要在适宜地区积极推广清洁能源技术，如太阳能、沼气等，要促使农村电网与道路建设，加强村庄治理、村庄建设与村庄规划。基于上述三方面建设，我国农村面貌焕然一新。保护与利用自然生态环境是乡村景观设计最主要的目标与意义，其中，乡村环境生态、生产生态、自然生态与聚落生态的保护与建设都是保护乡村自然生态环境的主要内容。

二、传扬地域特色的设计理念

无论是哪里的乡村，当地的民俗风情与生产生活方式，都可以通过其文化遗产、乡土聚落、生产生态环境与自然山水结构得以反映，这种浓厚的"乡土味"是乡土文化的主要特征。经过千年的流传与积淀，将代代相传的先人智慧充分展现出来，具有较高的传承价值，形成了独具韵味的文化景观。通过分析文化景观，不难看出，越是特色鲜明的乡土文化，其文化保护地越完整，而文化之所以保护得完整，关键在于其所处的地理位置比较偏僻，来自外来文化的干扰因素较少。由此可以看出，人类赖以生存的物质环境与不可或缺的精神文化共同构成了完整的人类生活。一般来说，通过当地人的日常生产生活与景观环境，可以彰显出这种精神文化，而要想促使地域文化的独特性与丰富性充分显现，文化完整性与原真性的保持是重要前提。

自然村落集中反映了乡村的这种文化景观，具体来说，就是通过民俗民艺等自娱自乐的文化形式，以及当地人的服装服饰、生产生活工具等方面得以体现。此外，通过乡村生产生活的自然环境、集市、老街、寺庙等空间环境，以及建筑形态等方面，使这种特殊的文化景观元素得以凸显。乡村景观中的文化景观得以形成，需要基于各种条件。其中，使地域特色得以突出的关键便是人类的精神财富，它是自然环境与人类相互作用下的一种产物，可以理解为一种自然背景，而地域文化为背景的景观也是这种特殊文化景观得以形成的基础之一。乡村景观设计中坚持传扬地域特色的设计理念就是为保护和发展地域文化特色，发挥乡土文化在景观环境中的独特作用，传承历史文化，丰富人们的精神生活。

乡土文化凝聚了劳动人民的智慧和精神寄托，乡土景观是在人与土地和谐的生活中产生的精神文化，这种精神本质上是一种具有浓厚"乡土味"的民间文化。这是乡村景观构成中一个不容忽视的重要地域元素，它是地域的魂，失去它就失去了地域性。

三、尊重农村生活的设计理念

一切设计都应围绕人的生活展开，是为人所需所求所用的设计，否则设计会变得没有任何意义可言。基于此，乡村景观的设计活动同样需要坚持"以人为本"的设计理念，紧紧围绕人的生产生活展开设计活动，重视人的各种体验，包括精神文化以及生产生活等方面。正如美国景观设计家西蒙兹所言："规划是人性的体验，是活生生的、搏动的体验。"北京大学俞孔坚等景观学者指出，"景观是行为的容器，只有能够满足行为需要的景观才是真正有价值和生命力的景观"，不然的话，也难以逃脱被抛弃的命运。上述情况在保护与开发许多传统村落以及旧城的过程中得以显现。要想保持乡土文化的完整性，就不能只考虑容器外壳的保护。由于有了人类行为的参与，使许多传统城镇与村落的有机特性在长期的演变过程中得以显示，包括自我调节、代谢、生长等。要想保持乡村文化的生命力，仅保留传统建筑的外形不受损坏是远远不够的，还需要人类行为的参与，只有这样，景观才不会成为一个空荡荡的博物馆。

不同的乡村所从事的具体生产活动也会有所差别，如从事渔业生产的乡村、从事畜牧业生产的乡村、从事林业生产的乡村、从事农业生产的乡村，但是不管是何种乡村，其景观环境的本质均为人们共同生活的环境，因此，只有乡村景观环境与当地人的生产生活所需相适应时，才能说这种景观环境是具有真正意义与价值的。在进行新农村建设的过程中，不少乡村出现了建设规划的误区，误认为把城市花园别墅小区的模式搬入乡村变为农民新居就是实现了城市化，盲目地请城市建筑师为农民设计别墅花园，结果使农业生产受到了严重影响，一些生产活动难以正常开展，包括晾晒粮食、种菜、养猪、家庭养鸡等。这种景观设计脱离了实际生活，使农民生活、农业生产以及乡村环境的一些特殊需求受到了不同程度的影响，从这个角度分析，其又违背了"以人为本"的设计理念，从而使农业生产行为受到阻碍，农民生活受到影响，乡村环境受到破坏，是乡村农业发展的障碍。

我们的设计要尊重事实，注重调查研究，解决实际问题。不懂乡村环境、乡村生产、农民生活的设计师是不能冒专家之名来改造和设计乡村的，即使有好的愿望，依然会事与愿违，不但起不到好的建设作用，相反还会影响到乡村的生产或破坏乡村的自然生态环境，无意中变成了破坏乡村的罪魁祸首。

在进行乡村景观规划设计时，只有基于对农民生产生活的熟悉与了解，结合乡村农民生产生活的行为特征，在一定程度上使农民生活与农业生产得到便利，才能够将其科学性与合理性充分体现出来。而建设新农村、发展乡村旅游的关键就是使乡村农田得到保护，促使乡村生产生活的生态环境与生产体系得到维护。

四、促进农村经济发展的设计理念

乡村景观设计中一条很重要的原则，是在保护乡村生态环境的前提下促进经济发展。因此，促进乡村经济发展首先要合理地利用当地的各种资源，为乡村的生产生活提供和创造科学、便捷的有利环境。促使绿色农产品生产得以发展，城乡交流得以加强，使农产品深加工得以推进，抓好农副产品的加工，实现"农业中长出工业"，大力推进农业产业化生产，从而使城乡和谐建设得以推动，缩小城乡差别，实现乡村经济的繁荣。

从一些国内外乡村景观生态游的成功案例中可以看出，能够吸引广大游客前来进行乡村游、乡村消费的主要途径，便是基于乡村生产生活特色进行的各种类型的景观环境空间打造。

其中，较为突出的乡村特色景观包括湿地、水乡、田园、度假村、畜牧园、果园、茶园、休闲农业园等环境，此类景观环境能够在一定程度上使游客的体验感得到增强，具体表现在具有旅游体验价值新场所的增加上，具体涉及乡村生活、乡村生产、乡村观赏、乡村学习等。

我国的乡村旅游业虽然起步较晚，但通过各地乡村的大量实践，已初步证明乡村旅游业的发展是振兴乡村经济的有效途径，主要表现在两个方面：①大力发展乡村旅游业，可以在一定程度上增加农民的经济收入，使乡村经济得到发展；②大力发展乡村旅游业，还能够有效解决农村劳动力的就业问题。

近几年来，我国政府一直在鼓励和支持各地乡村旅游业的发展，乡村景观生态游的发展已逐步成为当今乡村经济的新增长点，得到了各地乡村和社会的重视和肯定，同时也得到了游客的热心参与和关注。以促进乡村经济发展为宗旨的景观设计，对繁荣乡村经济、增加农民收入、促进就业等具有积极的作用和深远的建设意义。

第五节　乡村景观规划设计的评价指标

一、乡村景观可居度评价

关于乡村人类聚居环境的评价，目前理论界给出了三种评价思想，即可持续发展评价、生态环境评价与"可居性"评价，但是从客观角度来看，上述三种评价思想均是以人类聚居环境的某一方面为评价标准，其评价标准范围较为单一。由于乡村人类聚居环境本质上具有可持续发展的需求与特征，故此，人居环境所具有的促进社会经济的高成长性，人居环境的可持续发展能力、生态性及其适宜性，都应当是人类聚居环境评价的重要参考。从乡村可持续人居环境角度分析，可居度评价是一种基于人类与居住环境，包括二者相互作用下形成的景观综合体特征，而形成的一种综合性评价体系，包括可持续能力、成长性、经济条件、社区社会环境、聚居环境、生态环境、聚居条件、聚居能力等。其评价指标具体内容如下：

（1）聚居能力。要想促使乡村人居环境建设得以推进，就离不开乡村聚居能力，这一能力客观上是人对聚居环境需求的一种反映，聚居能力的两个重要指标分别为乡村居民受教育程度与居民年可支配收入。

（2）聚居条件。一般来说，乡村的人畜共处程度、一二类居住用地比重、住宅结构、建筑密度、人均居住面积、人口密度等都属于乡村聚居条件，也就是乡村现有的居住条件。

（3）聚居环境。通常而言，电视电话普及率、能源结构、生活生产用水的供给保障率、人均年消耗水量、人均年用电量等都属于乡村聚居环境的范畴，概括来说，就是指乡村居民日常生活所需消耗的日用品供给状况。

（4）生态环境。人工生态环境与自然生态环境是乡村生态环境的两个指标群。具体来说，异质性视觉污染、乡镇工业的热污染、光污染与达标排放率、垃圾与人畜排泄物的处理率、噪声污染指数、地表水综合评价指数、大气质量综合评价等指数都属于人工生态环境的内容；而自然景观的美景度、质量、毁灭性灾害的发生频率、自然灾害发生频率、林木覆盖率以及自然景观的稳定性、多样性、比例等都属于自然生态环境的内容。

（5）社区社会环境。一般来说，乡村社区的犯罪率、公园面积、道路硬化率、人均公共用地面积、大学生人口数比例、外出打工人口比例、民俗节庆举办次数、文盲率下降情况、城市服务区医院的覆盖率、医院医疗资源情况、升学率、入学率、与城市服务区或中心镇之间的距离、零售商店的数量、可达度指数等指标都属于乡村社区社会环境。

（6）经济条件。乡村旅游业收入比例、非农产业劳动生产率、农业劳动生产率、三大产业就业比例、三大产业结构比例、人均年纯收入、人均年 GDP 收入等指标均属于乡村经济条件。

（7）成长性。一般来说，乡村未来全面发展的潜力与可能性就是乡村的成长性，而人居环境的建设与改善程度和进度取决于成长性的快慢与高低，其中，新技术的应用、生产技术的创新、信息的流动量以及产业先进性等指标均可体现乡村的成长性。

（8）可持续能力。从本质上看，人们对乡村社会、经济与生态环境发展的长期投资，可以被视为乡村可持续发展的重要物质基础，而对人力资本建设的投入成本则可视为乡村可持续发展的重要智力基础，这些都构成了乡村的可持续能力。此外，这一能力还包括可持续发展的资源支撑，即在乡村发展中对环境与资源的合理利用。其中，科技贡献率、公共基础设施年投资增长率、环保投资占年 GDP 的比例和增长率、住宅投资占 GDP 的比例和增长率、人均 GDP 的增长率、固定资产年投资增长率等指标均属于资源支撑。

二、乡村景观可达度评价

一般来说，对乡村区域组合特征与景观网络特征的客观评定，本质上就是乡村景观的可达度评价，它是根据可达度的标准与内涵，基于景观廊道、景观源的确定而展开的一种评价。

在乡村景观空间中，人们的流动特征主要体现在多点的流动源，而非单一的流动源，并且这种看似随意性的流动，其实质具有一定的内在规律性。其一，乡村景观可达度的重要影响因素之一便是乡村景观的区域组合，可以说，在区域的地形特征、旅途费用、时间、空间距离等这些因素的综合作用下，乡村景观的可达度受到一定程度的影响，而影响景观可达度的另外一个重要因素便是大的景观格局。其二，可达度评价重要内容之一还有景观廊道，其主要涉及内容有各个等级的乡村河流与道路，以及相关不同类型的景观空间。实现在统一技术参数下开展可达度评价的方法与途径，是评价中尤为关键的环节，分析其原因主要在于交通工具便捷程度的差异性、空间距离的复杂性，以及景观类型的多样性等方面。

可以说，可达度的内涵特征与可达度的评价模式直接影响着可达度的评价指标。人们在形成认知的过程中，一方面会形成对景观质量的特殊意象与认知，另一方面又会使心理距离的影响产生，从而客观上使景观的可达度大打折扣。从基于景观距离矩阵与阻力面对乡村景观可达度加以确定的评价模型出发，乡村景观可达度仅涉及了景观可达度的客观因素，而忽略了重要的主观因素。在此基础上，人工廊道网络特征和乡村景观特征与类型这两项重要指标群体，共同组成了乡村景观可达度的评价指标。其中，路况、交通方式、平均密度、里程、准入程度、廊道穿越程度、植被覆盖率、坡度、地形形态等都属于评价指标。

三、乡村景观相容度评价

在乡村景观综合体中，乡村景观与人类行为二者之间是既相容又冲突的关系。具体来说，景观环境本质上具有容量特征，当人类对景观环境的行为在其容量限度允许范围内时，则不会对景观环境造成任何影响，具有相对稳定性，而当人类对景观环境的行为远远超出其容量所能承受的最大限度时，便会使景观生态环境遭到严重破坏。因此，在对人类行为对景观产生的作用进行判断时，需要充分考虑各种客观因素，包括社区可持续发展的客观要求、乡村景观资源的协调与保护、乡村景观的环境容量等。从根本上看，景观相容度评价的最终目的是促使乡村景观实现可持续发展，使乡村资源得到科学合理的开发与利用，而这种评价行为需要基于乡村行为可能性的评估，对每一种景观类型所能接受的行为加以选择，这些行为客观上既应当使乡村景观得到有效的保护，又可以发挥良好的社会经济效益。基于对34种乡村行为与30种景观类型的相容性进行的初步判断，可以大致从以下三个方面来确定乡村景观的相容度评价：

（1）通常而言，乡村景观具有多重性的价值功能特征，可以促使特定的需求结构得以满足。而通过景观满足城乡居民需求行为的能力与程度、乡村景观资源的合理开发与利用程度，可以促使行为与景观价值的匹配特征得以体现。

（2）一般情况下，彼此冲突的人类行为会对景观造成一定的破坏与影响，客观上使乡村景观包括美景度等因素在内的景观质量不断下降。此外，还会对原本的自然景观生态造成严重破坏，使其出现土地退化以及自然生产性下降等情况。在乡村规划中，相容度评价发挥着一定的积极作用，主要体现在对破坏性行为的杜绝或减少方面。

（3）一般来说，可以促进景观建设的行为，往往是景观建设性相容度较高的行为，它在一定程度上可以发挥许多积极作用，基于景观的自然生产性的有效保持，能够促使景观遗产得到有效保护与继承，促使可达度提高、景观日益多样化，以及促使效益更高的整体人类生态系统得以形成。而景观遗产保护率、可达度指数、类型与景观多样化、自然生产性、景观生态质量（环境破坏或生态污染）变化、美景度变化、满足城乡居民需求的程度、景观资源的合理开发利用程度均属于评价指标内容。

四、乡村景观敏感度评价

在满足特定景观功能前提下的乡村景观敏感度评价大致包括两个方面的内涵，即基于景观认知和乡村游憩产业开发的景观视觉敏感度评价、基于景观生态保护的景观生态敏感度评价。从我国乡村发展角度出发，乡村景观的敏感度评价大致包括三个方面，即古聚落建筑环境的敏感度评价、乡村景观的视觉敏感度评价以及生态稳定性和敏感度评价，具体内容如下：

（1）古聚落建筑环境的敏感度评价。通常来说，受都市景观影响较大的地区基本分布在都市周边，而位于偏僻地区的乡村，其受影响程度相对较低，因此，我国重要的文化遗产大部分是各乡村的古民居或者古聚落。近年来，我国传统景观环境分别受到主观因素与客观因素的双重影响，其中，主观因素是生活在乡村的居民，他们对于先进的现代文明的向往与追求，使他们保护与传承传统文化的思想被动摇；客观因素是社会经济产业的不断发展，以及现代文明的广泛传播。而作为现代景观中的珍惜景观遗产——传统民居与古聚落仅能借助文化遗产的保护法案得以保留。一般情况下，人们大多通过国家和地方的保护政策、城镇化水平和传统产业的就业比例、工业发展水平、现代建筑的普及程度与居民的认同感、旅游者或商人的进入特征、人口的流动特征、对外联系条件、地理环境的独立性、地方文化的继承保留程度与发扬程度等多个方面对传统民居与古聚落的建筑环境加以评价。而土地置换与房屋置换政策、古聚落翻新的建设政策、区域保护政策、城市化水平、工业发展水平、就业结构、传统建筑的修建与维修成本同现代建筑成本的比率、现代建筑的普及程度、游客的进入率、居民的向外流动率、交通的便捷程度、乡村聚落的边远性、地理环境的封闭性、居民对传统文化的荣誉感、地方文化的传播与发扬程度、继承与保留程度等是具体的评价指标。

（2）视觉敏感度评价。这种评价以观赏者通过移动位置、变换观赏角度的方式，对景观环境展开评价，其目的是以观赏者的视角对不同景观空间的作用加以感受，通过这种感受方式，能够在一定程度上促使设计者思考如何减少视觉污染或者环境破坏，并进行更加慎重的开发与建设，使景观的美景度得以增强，景观质量得以提高。通常来说，视觉敏感度较高的景观空间以及感知乡村景观的主要道路便是廊道，而进行视觉敏感度评价的重要空间感知依据便是廊道与观景台。在此基础之上，从景观的醒目程度、象形特征、空间感知距离、可视程度、吸引力角度出发，对所有观景点的视域景观敏感度展开评价，并在综合所有感知的前提下进行敏感度空间与观光路线的确定。而景观寓意的深刻程度、奇特性与创新性、色彩与对比度、含义的价值重要性、可视程度与可视概率、象形石的逼真程度、近景的景群比例、景域层次分化、可视景观面的大小、陡峭程度、动感特征、景观美景度、观景台的数量与分布特征、廊道、廊道曲率与密度等都是评价的主要指标。

（3）生态的稳定性和敏感度评价。一般情况下，乡村景观类型往往决定了乡村景观生态的敏感度与稳定性，其中，景观生态群落特征是决定景观敏感度的关键因素。景观敏感度与景观稳定性在一定程度上存在着相互依存、彼此影响的内在关系，乡村景观对于外界扰动的敏感度往往取决于景观生态的稳定性，后者越强，外部因素对前者的影响就越小；反之，当景观生态稳定性较高时，景观容量相对较大，稳定性也会相应变高。

五、乡村景观美景度评价

现代乡村景观质量评价，一方面要使景观的客观性得以突出、景观的主观性得以反映；另一方面又要使景观的认知程度得以突出、景观特征得以全面反映。由于不同的个体有着各自的个性化特征，同时存在着对景观的偏好差异，因此，即使面对同一景观，不同的个体也会产生不同的价值判断与认知感受，进而对景观质量的评价结果产生一定影响。

作为乡村景观环境的消费者与最终评价者，人对于景观的感受往往会超出其客观存在本身。故此，要想与绝大多数评价者拥有相同的审美感受，并得出具有代表性的美景度评价结果，就需要进行影响因素的综合考虑，包括景观客体质量、吸引力、认知程度、人造景观协调度、景观视觉污染等。

（1）客体质量评价。景观层次、景观变化、视野、景深；传统民居与古建筑的保存程度、建筑特色；形态、聚落规模；多种天象发生且集中程度、天象奇观、自然季节特征、天象变化；多种水体共存程度，水体的稳定性、质量、形态，水域景观面积比例；人工植被与自然植被的覆盖比例；植物造景、植物的地带区系特征等群落特征；草地、灌丛、森林等植被类型与覆盖度；包括平原、山体或其他类型结构在内的地貌区域组合，山地陡峻度；地形相对高差的变化程度、破碎度，以上均属于客体质量评价的主要指标。

（2）吸引力。社会风尚与个人爱好；宗教信仰、宗教活动、宗教圣地、传奇经历、名人遗迹、历史传说、民间节庆、风俗民情、景观的文化品位等，上述内容均属于吸引力的主要指标。

（3）认知程度。通常而言，景观客体的认知能力与深奥程度决定了认知程度。对于某一特定景观，因每一位观赏者拥有不同的认知角度与认知能力，从而使景观客体的吸引力具有多样性，同时，这也是同一景观能够产生不同评价结果的主要原因。其中，个体的意象认知、知觉认知、直觉认知、景观奥秘性、易解性都属于主要评价指标。

（4）人造景观协调度。景观整体协调特征往往通过景观的高度上的协调性、景观的集中性与隐藏性、景观环境与建筑特征、人造景观的色彩与形态、容积率与规模的协调等指标进行评价。具体来说，景观分布的隐藏性和集中度、通视走廊、景观的空间透视、用材的自然化、乡村化与自然化、色彩、形态（分维数）、容积率、扩散范围等都是主要的评价指标。

（5）景观视觉污染。视觉污染程度通常从六个方面进行全面评价，包括不文明行为、民间信仰、垃圾、广告、文字、空间。人们对乡村景观美景度的感知程度往往会受到视觉污染的影响而被误导和大大降低。其中，社区的友善好客程度和稳定程度、文明语言的普及程度、迷信建筑的多少和建筑物的迷信色彩；生活垃圾的即时性、清理率；随意书写的标语、通知、指示牌的制作水平、画面健康程度、广告语言以及在视域中的出现概率；错字率、空旷度与人流密度等。以上内容都是主要的评价指标。

乡村景观规划的理论和技术基础是乡村景观评价，评价指标体系大致包括乡村景观的美景度、敏感度、相容度、可达度与可居度，借助这些评价指标，可以最大限度地了解与认知乡村景观，并实现对乡村景观的合理开发、利用与保护、保存，从而促使乡村景观的多重功能与价值体系得以实现。随着城市化进程的不断推进、工业化程度的不断加深，许多具有鲜明特色的历史建筑正在逐渐消失，乡村景观的完整性受到严重威胁，因此，对乡村景观规划进行深入研究，可以在一定程度上解决这一问题，使统一的城乡发展体系、景观体系与功能得以建立与协调。乡村景观规划的每一个领域都可以将乡村景观评价的核心充分展示出来。故此，我国景观环境规划学和乡村研究的一个重要战略课题便是乡村景观评价与规划。总的来说，乡村景观评价战略大致可以分为三个步骤：第一步是促使乡村景观评价的理论基础研究与评价指标体系得以初步建立。第二步是基于第一步任务的完成，对景观评价的评价指标度量标准体系与模型进行确立，并通过典型类型乡村进行实证研究，促使技术的评价环节得以完善。我国地大物博，许多风景名胜和古迹分布在名山大川之中，景观类型多种多样，客观上为乡村景观的研究提供了丰富的实践空间。根据我国农村城市化发展情况，未来我国乡村景观规划的重要理论和实践领域，必定会是以乡村人居环境与国土建设为核心的园林绿化与景观规划，这也是乡村景观评价战略的第三步。

第三章
乡村景观意象与景观规划设计

第一节　乡村景观规划意象元素

一、乡村景观意象的概念与特征

乡村是人类活动的重要景观空间，它是人类居住和生产生活的地方，也是重要的目的地。当地居民感知中的乡村景观就是乡村景观意象，这一意象来自非当地居民的认同与感知，是乡村景观认知的两大主体。居民感知乡村景观是一个较为漫长的过程，当地居民出生、成长于当地景观环境中，对乡村景观环境的每个部分都十分熟悉，能从景观环境中发现并掌握社会特征与自然节律，能基于对景观之间关系的了解来进行景观逻辑推断，对环绕在自身生长过程中的乡村景观环境产生认同感与亲切感。将乡村作为目的地的感知指的是在人为的景观感知过程、特定的景观感知空间、特定的时间段中形成的乡村景观的景观意象。虽然这种景观意象是亲身体验形成的，但其表现出了个别性与表象性的特点，它代表着感受者感受乡村景观，与之建立联系时形成的想象与印象，缺乏在环境、经济与社会等方面形成的深入、全面的景观认识。因此，两大景观感知主体形成的景观意象通常大不相同，但在本质上，乡村景观的客观性仍对景观感知结果有决定性影响。

乡村景观意象指从感受、思想、信仰等多方面干涉认知过程，形成的具有个性化特点的景观意境图式（Mental Map）。从景观意象的来源与形成过程的角度来看，乡村景观意象可分成两种类型：一种是原生景观意象（Organic Image），指亲身感受乡村后形成的景观意象；另一种是引致景观意象（Induced Image），指通过各种媒介获得的景观意象。引致景观意象在日常生活中的应用较为广泛，如可通过风景画、小说或者诗歌等作品形成某一乡村的景观意象。在当今时代，随着科技的快速发展，人们可以通过信息技术、影像技术等获取景观意象。随着市场经济的发展，意象逐渐超越了质量与价格的竞争，成为商誉，并在塑造产品形象中发挥了关键作用，在这一时期，广告成为诱导产生景观意象最直接、最重要的途径。

乡村景观规划以形成乡村景观意象为基础，乡村景观规划的目标就是塑造标识性强、准确、适当的景观。在具有特殊保护价值与意象明确的乡村景观规划中，规划景观要遵循将传统景观和景观意象继承与保持下来的最高原则。在主体为现代景观或缺乏地方性景观的乡村景观规划中，应基于景观生态原则的指导，充分发挥人的创造性，规划最具生态性、时代性，具有较高美学价值、先进性的乡村人居环境。作为乡村景观规划的核心，乡村景观意象主要有以下几个特点：

（一）乡村景观意象具有个性化特点

不同的人对乡村景观产生的感受、认知与形成的景观意象都有所不同，这是景观认知主体在年龄、生长环境、职业、个人爱好、教育等方面具有不同的个性化特征导致的。乡村景观的个性化反映的是景观个人的感知过程，个性化的景观感知过程形成具有不同角度、重点和意境的景观意象，是不同主体感知景观产生的与众不同的享受。

（二）乡村景观意象具有地方性特点

感知主体具备的个性化特征会影响乡村景观感知的个性。乡村景观客体具有与其他区域乡村景观不同的特点，这就是乡村景观客体的地方性。不同个体感知同一景观客体，可能会形成完全不同的过程与结果，但在感知群体不具备较大差异的情况下，景观意象特征往往具有一定的相同点。而引导感知主体形成共同景观意象的源头正是景观的地方性。一定历史阶段的乡村景观，可以通过其社会化特点反映其共同的景观特征，它是整个社会乡村的特征。

（三）乡村景观意象具有的社会化特点

乡村是一个开放空间，乡村景观感知主体的社会化与信息的区际流动会推动景观感知过程逐步完成社会化改造。随着信息技术的发展，各种媒介全面展示了社会、乡村经济、生态环境，人们往往在对景观形成一定的了解后感受乡村景观，这些媒体传播的景观信息逐渐成为影响景观感知个性化的重要社会化因素。乡村景观意象感知的趋同性与感知过程的相关影响就是乡村景观意象的社会化。

二、乡村景观意象规划

乡村景观意象规划指从精神、灵魂、思想三个层面的最高境界对乡村景观进行规划，这不仅是乡村景观规划的核心，还有助于塑造乡村景观感知的心理图式。规划和实施乡村景观意象战略就是实质上的乡村景观意象规划，它代表的是对乡村景观形象实施的再造战略（Reimaging Strategies）。基于对乡村景观意象的认同程度与明晰程度，可将乡村划分为景观意象强化乡村、景观意象塑造乡村、景观意象重塑乡村三大类。

（一）景观意象强化乡村

景观意象强化乡村指的是经历了较长历史时期、具有明晰意象、明确景观特征且得到了广泛接受与认同的、具有高度可识别性和唯一性、完全具有景观地方性特征的乡村。这类乡村主要为古聚落、风景名胜区、文化历史名村名镇、经济名村名乡、人类文化的著名遗迹、传统民居等，这些家喻户晓的景观要素是形成和明确乡村景观意象的重要因素。

（二）景观意象塑造乡村

景观意象塑造乡村指的是不具备良好可识别性、意象不清晰、特征不明确、自身景观雷同于其他乡村的乡村。这类乡村景观不具备明显的环境特色，在乡村发展的漫长过程中未形成自身特色，故没有形成确定的、成型的景观意象。这类乡村景观以经过发展与建设，塑造明确、清晰的乡村景观意象为规划目标。

（三）景观意象重塑乡村

景观意象重塑乡村针对的是乡村景观长期以来受贬低性言语或行为影响，形成负面影响或景观遭到严重破坏的乡村。不安定的社会秩序、不诚实的经营行为、较严重的环境污染、落后的经济面貌、不良的社会风气等，都可能是破坏乡村景观意象的因素。一旦社会广泛认同乡村景观意象的负面效应，乡村生态环境、经济、社会的可持续发展与全面进步就会遇到重要阻碍。因此，重塑乡村景观意象是再造乡村形象战略的关键。

从乡村景观意象的规划目的这一角度出发，应对乡村景观的三个目标——可投资性（Investibility）、可居住性（Livability）、可进入性（Visitability）予以重点关注。这三个目标反映的是乡村作为生产地、居住地与游憩景观地的功能与价值。乡村的可投资性持续提高是改善城镇建设、乡村经济景观建设、基础市政服务设施建设的重要动力源泉，它能吸引当地与外来投资者，为乡村景观建设提供支持，要求乡村景观具备良好的发展预期与较强的吸引力。可居住性既是乡村景观规划的重要要求，也是乡村人居环境建设必须满足的条件和特点，要求改善居民的居住环境，推动乡村人居环境水平全面提高，使乡村成为居民永久性、重要的居住空间，同时成为城市临时性的第二居所。可进入性指的是对乡村的生态环境、经济、社会发展现状与存在于区际的社会经济壁垒进行全面衡量，乡村的可进入性可通过乡村游憩产业的发展体现出来。

乡村景观意象规划是基于未来景观规划支撑与一系列景观建设的乡村景观体系，是基于乡村景观建设折射出来的景观意象思想，需要乡村景观建设的软质和硬质景观要素作为共同基础。乡村景观意象规划的过程非常复杂，需要乡村景观的意象与其要素的意象全部落实。简而言之，就是乡村景观整体意象的形成既需要乡村景观建设实践，又需要乡村景观建设规划细分到各个要素，使乡村景观意象与景观特色相辅相成，共同构建景观感知体系。

第二节　乡村景观整体格局规划

乡村景观整体格局规划是指基于对乡村景观环境的调查与评估，在景观规划设计技术系统的支持下，在景观科学理论的指导下，围绕乡村人居环境建设这一中心，为了实现乡村的可持续发展，对乡村景观环境施行景观规划与景观区划，以在总体上明确乡村景观的格局、特征与发展方向。

一、乡村景观区划与乡村景观功能区规划

乡村景观功能区规划以开展乡村景观区划为基础和前提，是基于不同空间尺度，综合归并景观价值、景观资源开发利用的方式方向、乡村景观类型、景观演变趋势、人类的活动特征、存在的景观问题、景观问题的解决方式等景观特征，遵循建设乡村可持续景观体系的各项原则，将乡村景观划分成乡村景观的保护区、整治区、恢复区与建设区四大区域。这四大景区区域分别对应着人类活动对景观的不合理利用程度、景观区域的主要矛盾、乡村景观中景观区域的价值功能，是四大景观区域现状的划分标志。

（一）乡村景观保护区

在乡村景观中，乡村景观保护区具备重要的生态环境意义、较好的自然景观条件、较高的游憩景观价值等。确定景观保护区的目的是严格限定保护区内的人类活动的类型和强度，最大限度降低人类对保护区景观的扰动。在保护区内，应以自然景观的格局特征及其完整的演变过程为依据，维护生态系统的稳定性与动植物种类的多样性。保护区所具有的景观保护功能在自然环境脆弱地带尤为重要。乡村景观保护区有很多类型，包括乡村边缘的天然次生林景观、自然保护区、旷野景观、湿地景观、野生地域景观、低地景观、原始森林景观、自然奇观以及具有特殊价值的水域景观等类型。

（二）乡村景观整治区

乡村景观整治区发生在乡村景观已经被破坏的区域、人类活动对景观资源

的不合理利用而造成的乡村景观质量下降的区域、人类产业活动和建设过程与乡村景观环境之间不协调与不和谐的区域。景观整治与规划是依据景观科学理论揭示人类对自然景观的不合理扰动影响。由于时间短、扰动强度较低和扰动频率有限等，扰动没有超越景观环境容量，并没有造成乡村景观较大幅度的破坏。然而，乡村景观整治区就是对不合理和不协调的景观过程或景观格局进行科学规划与调整，建立与景观环境相容的生态规范下的人类活动体系。乡村景观整治区主要包括城镇景观、工业景观、水域轻度污染景观、坡耕地景观、坡地放牧景观、废弃物堆积景观、风景区内不和谐的建筑景观、乡村荒芜的耕地景观、园地景观、不合理的田块规模与形状、沟谷河漫滩的泄洪物堆积景观、乡村河道人为侵占景观、乡村围湖造田景观等类型。

（三）乡村景观恢复区

乡村景观恢复区的任务是重建破坏严重的景观区域，主要方法是通过生物或工程措施，以原有景观为背景，进行景观生态环境重建。自然景观在遭到破坏后的自然恢复过程是一个很长的过程，自然系统遵循由简单到复杂的生态系统演替规律进行恢复。人为的景观恢复是对自然景观恢复过程的加速，根据动植物的生境特征，通过人工直接建造复杂生态系统，恢复自然景观。由于乡村人文景观特别是乡村文化遗产景观是不可再生的景观类型，在古老的景观破坏后，人工的景观恢复已不再具备其历史文化价值和内涵。乡村景观被大规模破坏的原因主要有修建公路和水库、居民搬迁、开山取石、采矿特别是露天开采、树林火灾，还有人口密度大，在耕地少的地区的陡坡上砍伐林木、开辟耕地形成大面积滑坡地，在一些山区以林木为原料的造纸、烧制木炭等也造成对乡村景观的大规模破坏。乡村景观恢复区有矿区裸露景观、水库淹没地景观、矿渣堆积景观等景观类型。

（四）乡村景观建设区

乡村景观建设区主要有乡村城镇景观、工业景观、农业景观、游憩景观以及乡村独特的观光生态农业经济沟谷景观等。乡村城镇景观是由居民住宅、道路、街道、商店、公共服务设施、公共空间等构成的景观建设区。农业景观因农业资源的特点分别形成了平原区以土地集约利用为主的粮食、经济作物、蔬菜生产的农业景观区域，在山坡地形成了以土地粗放利用为主的林牧业农业景观区域。游憩景观主要是由乡村风景名胜区、民俗节庆旅游活动区、休闲农场、观光农园、田园公园等构成的。观光生态农业经济沟谷景观是农业景观、游憩景观和居民地景观共同构成的乡村景观综合区域。乡村景观建设区是乡村景观利用与景观价值功能基本匹配的正常景观，是由乡村基本的产业类型和行为构成的景观类型。

二、乡村景观规划设计实践——以福清市东壁岛山利村为例

（一）景村融合，协调发展

乡村是一个有机、整体的系统，它包括三个相互融合、彼此依赖的部分，分别为居住生活、经济生产与自然生态。乡村历史形成的物质遗存、古朴独特的文化，既是乡村魅力的体现，又是发展乡村旅游的主要产物。当前乡村旅游大多对短期利益抱有十分热切的态度，但往往会导致文脉断裂、景观环境遭到破坏、乡村传统"沦陷"、旅游核心资源受损等现象。美丽乡村的建设要求通过建设乡村的经济、政治、文化、生态与社会，达到"五位一体"。构建出富有诗情画意的乡村地域、富有社会记忆与历史记忆的乡愁乡恋。"景村融合"因此成为将建设旅游景区与建设美丽乡村融为一体的一种有效途径，按照建设旅游景区的标准，对美丽乡村进行建设，并通过建设和发展旅游景区带动乡村的经济、文化、生产、教育等发展，实现乡村景点化、景区化，以此达到乡村与景观相融合、二者协调发展的目的。

（二）景村互动，强化功能定位

福清市东壁岛对自身的渔村文化内涵进行了深入挖掘，对现有民居建筑进行了修缮，还基于对农业景观结构的优化与滨海旅游产品的开发，结合旅游度假区的总体规划要求，从整体上对山利村进行了综合性的改造，赋予了山利村宜居、宜游、宜业的特点，将其打造成集生态农业休闲、滨海休闲度假及渔村文化体验等多功能于一体的复合型旅游新村。在总体功能定位的调控下，遵循滚动发展、分期开发原则的科学指导，依托古民居、民俗文化、自然景观、海产资源、美食资源与耕地农田做出恰当的近期规划，围绕渔家乐的核心与渔村文化特色，将山利村打造成幸福渔村、魅力乡村。对东壁岛具有的海洋文化内涵进行深入挖掘，对黄官岛、东壁岛等景区的休闲度假资源做出合理整合，制定科学合理的中远期规划，在规划中，以山利村为东壁岛旅游度假区的核心板块，将之建设成福建省美丽乡村与旅游示范村庄，使之成为中国最美渔村，成为国际渔村乡村旅游景点。

（三）景村一体，优化空间布局

应在对村民的意见、意愿保持充分尊重的前提下，对山利村的土地资源进行全面梳理，对其空间布局作出科学优化，构建滨海休闲、幸福新村、文化体验与和谐人居四大板块，推动景村一体化发展。

（1）滨海休闲板块。规划应以海滨沙滩为依托，对耕地资源进行整合优化，在滨海休闲板块内建设户外运动区、滨海休闲区、浪漫休闲区与农耕游憩区四大特色区块，营造悠然自得的渔村休闲景观氛围，使游客获得良好的旅游体验。

（2）幸福新村板块。规划的目标应围绕改善村民居住环境，迁建老村，提供较为完善的配套设施，建设人人向往的幸福新村。

（3）文化体验板块。规划应对渔村文化、古民居、海洋文化等各种本地资源进行合理的整合开发，营造动态的体验景观与静态的视觉景观，将文化体验板块塑造成为具有山利村文化代表性的核心板块，引导游客感知、体验山利村的渔民生活、历史文化和渔民精神。

（4）和谐人居板块。规划要求先结合村庄实际情况，对其建筑现状、景观环境与村庄环境的功能进行重构，改建海鲜美食餐厅、滨海民宿客栈，配套卫生站场所、花园绿地、村民会所等，打造宜居、和谐的美丽新农村。

（四）以景带村，明确主题形象

结合山利村的功能定位，将渔村文化规划成为核心吸引物，对当地的"福"文化进行深入挖掘，基于当地的民俗文化资源与自然景观，明确"美丽渔村，幸福山利"的主题形象，之后再依据农业风景化、渔村景点化、全域美景化的建设原则与要求，打造主题为渔村文化的旅游村。

（1）渔村景点化。规划通过"一家一品""一户一景"来强化景观氛围，如以渔船实景、渔船花坛、波浪式铺装和渔网栅栏等再现渔民打鱼归来的场景，将渔村入口景点化；结合农业景观，将原有断墙、空地重构成渔村乡愁景观墙等景点；以渔村晒渔网的生活场景对旅游厕所进行设计，形成一道建筑景观。

（2）农业风景化。规划注重乡村"一场一景"的营造，将一个个"农景"串联成一道道亮丽的"风景"。例如，在滨海休闲板块，规划以"印象农耕""农地聆风""风筝草坪"等重塑农耕生活图景，让游客体验农事、追忆乡愁；结合山石草地资源，规划建设"花之教堂""花语野趣""浪漫剪影"等景点，让游客充分体验海岛的浪漫情怀。

（3）全域美景化。规划通过对村域范围内的村容村貌进行整治，提升景观功能，推进大地景观化、全域美景化，以开放性乡村景观资源促进乡村全域旅游的发展。

（五）农旅互兴，创新旅游产品

规划依托山利村的农业、渔业资源，积极创新旅游产品，构建新型农业经营体系，促进农业与旅游业互兴发展。

（1）文化体验旅游产品。规划在文化体验板块打造风情游览区、文化展示区和渔村休闲区三个特色区块。其中，风情游览区主要包括入口广场、游客中心、星级旅游厕所、特色小店、生态停车场和渔村耕地景观等；文化展示区主要包括文化公园、露天影院、文化站、渔村民俗博物馆和渔村文化馆等；渔村休闲区主要包括精品乡村酒店、乡愁景观墙、鱼旗小景和渔村民俗等。

（2）美食体验旅游产品。规划改造了部分原有民居，建设成为渔村美食街，设置乡村酒吧、海鲜大排档、咖啡厅与茶座、渔村特色餐厅等，充分利用本地的海鲜资源，开发渔村特色小吃或菜品，如酱爆墨鱼仔、海鲜煲、海蛎煎等，满足游客味觉上不断增长的体验需求。

（3）滨海休闲旅游产品。依托丰富的滨海资源，规划在滨海休闲板块建设滨海浴场、海上栈道和景观灯塔等，并结合采石坑因地制宜地开发滨海户外运动旅游产品，主要项目有攀岩、探险、滑草和山地骑行等，以满足游客运动健身的需求。

（4）滨海度假旅游产品。规划对现状部分民居进行有序的改造和利用，形成不同档次的滨海度假旅游产品，如龙山胜境精品乡村酒店、渔村民宿、渔村文化客栈和滨海露营地等。

（六）主客共享，完善服务配套

规划基于主客共享的理念，一方面完善乡村道路交通、给排水、电力电信、环境卫生以及消防与防灾等基础设施；另一方面配套乡村游览服务设施、商业服务设施、游览标识系统、住宿服务设施、休闲娱乐服务设施、餐饮服务设施等。在村民追求美好生活的愿望得到实现的同时，旅游的便利性也有了较大提升，为美丽乡村的可持续发展提供了强大的推动力。

三、乡村景观改造实践——以广西"第一村"鹿塘村为例

鹿塘村位于广西玉东新区"五彩田园"现代特色农业示范区，对外交通便利，水资源丰富，生态环境良好，因其毗邻玉林农业嘉年华、生态餐厅的资源优势，存在着巨大的消费市场。规划按照生态化、标准化、特色化、田园化、品牌化"五化"要求，围绕推进就地城镇化建设这一核心，推动产村共建，推动城乡一体化健康、协调发展。

（1）以乡愁为灵魂建设宜居乡村。规划秉承"不经意的讲究、低调的奢华"的设计理念，因地材、就地利、聚人和，让"广西鹿塘"显山露水，让居民望得见山、看得见水、记得住悠悠乡愁。最终打造生态宜居、乡韵浓厚、活力发展的"中国最美乡村"。

（2）以文化为先导提升环境识别性。乡村旅游景观需要文化的灌溉，没有文化的景观是不能存活太长时间的。所以，鹿塘现有的荷花、太极、书卷元素符号被应用在建筑、小品、景观、标识中，丰富了不同区域的文化景观，增加了整体环境的识别性。打造以朱熹文化为主题的逸事典故、雅舒依阁、诗情文意项目，以陈氏文化为主题的养生之道、模仿秀、健身体验项目，形成文武共

生的文化体验线。

（3）以生态为前提打造景观环境。美丽乡村建设要以保护生态建设为基本前提。鹿塘将荔枝、龙眼等乡土植物作为绿化植物，使用白墙、青砖、土瓦等主要建筑材料，打造以荷塘月色为主要观赏目标的景观视廊，运用栏杆、篱笆、镂空栅栏等自然的乡土材料建设院墙，将石质材料、木质材料、竹质材料作为标识系统材料，打造生态的乡土景观环境。

鹿塘美丽乡村的规划建设承载了广西人民的新期待，整体规划设计统筹城乡，依托农业产业经济发展，以农业嘉年华作为支撑产业发展的引爆点，以农业科技示范点带动农民创业增收，打造美丽乡村综合体，秉承高起点规划、高标准建设、高效能管理的理念，力争实现"现代特色农业出彩、新型城镇化出彩、农村综合改革出彩、农村生态环境出彩、农民幸福生活出彩"五个"出彩"，努力把鹿塘打造成为广西乃至全国的美丽乡村和城乡统筹发展的典范。

第三节　传统村落景观更新的方法

一、保护和更新建筑空间

（一）修整传统建筑和院落

应严格保护乡村景观空间中的古村道路、文物建筑等，做到将之原封不动地再现出来和将其所反映的建筑历史与村落的历史文化信息传承下去。例如，重建或再利用乡村中的祠、庙等，将祠、庙戏台的作用延续下来，将破败的主戏台修缮好，增加观赏性，吸引更多旅游人士前来观赏，使当地的风俗特色得到传播与发扬，避免被当作静止的文物孤立地保护起来。

乡村景观空间的特征是由传统村落文化景观与自然文化景观相结合所构成的传统村落景观空间，只有保护和更新乡村的景观空间环境，才能令乡村旧貌换新颜。乡村景观空间整治和修复，包括对建筑空间的保护以及修复，尽量保留原本的建筑材料，对附近道路墙体的铺设也要与整体风格一致，乡村中有一些现代建筑与村落中的古建筑群格格不入，将一些违规建筑尽快拆除，修缮其余破损严重的房屋建筑，让乡村内的建筑空间与外部环境协调统一。

（二）增加建筑功能的置换

利用传统建筑空间具有的功能性特点，改造一部分近现代建筑的空间使用功能，使乡村在满足人们居住需求的同时，还能满足其他需求。实现宅院与人和谐共处、相互扶持，保证住宅与人合理配备、住宅功能合理统一、人员正常居住，形成良好的循环机制。另外，还应修复原本的古建筑群，将其用作民宿，置换乡村建筑的居住功能和其他功能，对乡村内另一部分近现代建筑群进行适当的商业化开发。

现代文明的发展对乡村形成了一定冲击，乡村地区人口不断流失，甚至发生整村搬迁的现象，有些古村因此完全空心化。截至目前，长期无人搭理的老旧宅院已达到相当的数量，乡村内很多建筑因此不断破败，甚至已有很多发生倒塌。因此，在更新乡村传统村落景观空间的过程中，置换建筑的功能尤其重要，对于一些既没有历史价值，又不能满足现代人居住条件的近现代建筑，可置换更新成商业街区，从外观到功能上对其做出适当改造，增加当地的就业机会，留住原住民。

陕西的袁家村是当地最著名的乡村旅游地之一，位于陕西省咸阳市礼泉县烟霞镇。近年来，省、区、市斥巨资保护古镇（村）风貌，抢救历史文化遗产，袁家村在明清传统村落旧址上恢复重建的"关中印象体验地"，将关中民俗中的一部分还原再现，如传统手工作坊、古代民居、民间演艺、小吃等，在参与观光农业、设施农业的过程中，吸收大量关中地区传统、优秀的文化，发展休闲农业产业链，推动袁家村在人文、民族、建筑、饮食等方面形成特色鲜明的民间文化。此外，袁家村还重点建设了全省第一家村级高档次的关中戏楼，建设了村级文化健身活动广场，修建了村史馆，划出20亩地建设进柿（士）林生态停车场，还打造了一系列文化设施，引导村民及游客铭记历史。倾力打造文化名镇名村，使沉睡百年的古镇古村如沐春风，再现生机与活力。袁家村以其深厚的文化内涵和地域特色，吸引了国内外大批游客。

（三）公共空间的活化

乡村景观空间中的公共空间主要指古戏台、祭祀庙宇等村落开展公共活动的空间。现如今，在传统村落中，公共空间的使用性逐渐降低，一方面是因为劳动力不断外流，老人与幼童成为村落中的主要常住人口；另一方面是因为随着人们娱乐方式的不断丰富，人们对这些公共空间的关注被分散到其他事物上。由此，村落人气逐渐下降，古戏台慢慢荒废，这些原本村落中最热闹的空间逐渐沉寂下来，过去的繁华难以再现。这些公共空间作为逢年过节最热闹的空间之一，记录着村庄的发展演变历程，承载着村民的精神寄托，为村民集体活动、晨练避暑提供了好地方。活化乡村公共空间的一个重要方法就是复兴庙、祠等公共景观空间，完整再现当地居民的风俗习惯与日常生产生活活动，有效结合游客的兴趣与当地居民的活动，将村落中具有鲜明特色的风俗活动展现在游客面前，通过建设和经营公共空间，使乡村的传统民俗文化得到更好的保留与传承。

二、改造完善景观设施

在整治乡村街道的同时，还应推动乡村内基础设施建设得到进一步完善，在满足村民生产居住需求的同时，缩小传统村落与城镇间的差距，以避免未来因旅游开发而产生生产压力。从内部改造乡村，应先将重点放在村落道路与排水的治理和改善上，减少路面因降水变得泥泞不堪的情况，修建污水、雨水分流的排水体系，减少积水难排情况的发生。同时还应修整改造村落道路空间，合理规划村落中坑坑洼洼的小路与断头路，采用路线横坡和纵坡的形式保障雨水就近排入明沟渠，减少地面积水和水流污染情况的发生。

完善村内的公共景观设施，持续保护和改造更新传统村落的建筑与配套设施，完善村落内部的景观设施建设，提高传统村落的质量，建设多彩的传统村落。在此过程中，应注意在村落入口处增强对村落文化的宣传推广，结合周边风景与当地的地形地貌，可通过在入口处建设小型观景平台，将村落的历史文化与景观特色呈现在游客面前。

三、增加植物配置

目前，村落中的各项用地，如服务用地、农业用地、居住用地等都有十分明确的属性，所有用地都必须符合相关规范，村落保留了较为完整的农业用地，为打造并维系较大面积的田园风光奠定了基础，同时保障了村落居民的农作物种植需求，这一点是乡村有别于城市的最大特色之一，也是提升乡村地区对城市游客吸引力的一大基本要素。经济作物是农田中主要的栽种对象，一个区域只能栽种一定种类的经济作物，因此，经可展示度分析发现，农田作物种类的丰富程度在较大程度上决定了景观的丰富性。为了提升村落的观赏性和扩大其与城镇间的差异性，可适当规划出小部分经济作物种植区，改种观赏性植物，或在原有乡村布局基础上，规划出部分土地，如在村落入口处、村落内重要节点处等位置上，种植观赏性植物，营造特色植物景观、花卉绿化带、"花海"等，使村落更具辨识度。同时，村落还可以大规模种植特色品种植物，使其在特定季节形成红色、黄色、紫色等色彩交织的画面，形成强烈的视觉冲击效果，同时借助网络效应，将村落打造成网红打卡地，吸引游客前来参观游览。另外，还可以在宅前院后的零散空间或小空间中，适当种植观赏性植物，而非自发、任意种植可食用果树、蔬菜等。对于村落中的一些废弃荒地，也应合理利用，尽可能地绿化，不能放任其裸露泥土，成为游客及当地居民随意丢弃垃圾的场所。

具体植物配置实施方案：

（1）在村落改造入口处适当规划出一片空间，作为休闲景观绿地，配置丁香、枫树、牡丹、变叶木等植物作为绿化景观空间的配置。

（2）对村落道路进行绿化，在改造村落道路的过程中，可适当增加合欢、银杏、红叶李、木槿等景观植物的种植面积，以此更新村内景观空间，强化对植物系统的整理，将植物空间环境延伸到水域空间、院落空间、道路空间等，赋予传统村落景观空间环境更强大的活力。

（3）通过对村落植物配置种类进行合理的布局规划，不断对植物空间的色彩结构、季节性与观赏性进行调整，使村内形成具有一定辨识度、富有美感、有层次、有内涵、有深度的景观空间形式。

第四节　乡村环境景观规划设计发展趋势

一、我国乡村景观规划的主要研究方向

通过对前人研究成果的学习、梳理与总结发现，国内对乡村景观及与之相关的发展规划问题的研究大致可分为以下三个方面：

（一）传统农业或乡村地理学方面的研究

20 世纪 80 年代末，郭焕成就"黄淮海平原乡村发展模式与乡村城镇化研究"展开了一系列研究，对乡村在改革开放以来的经济发展状况及其在发展过程中出现的问题做出了总结，对区域乡村发展模式与机制做出了探讨。严格来说，这一研究仅从乡村地理学的角度围绕乡村景观的相关事项展开。

（二）景观生态学方面的应用研究

目前，如西北农牧结合带、山区、黄土高原、丘陵、土石等一些生态脆弱地区和城乡交错带的景观生态设计与景观系统分析是研究重点。在 1989 年与 1996 年的第一、第二届全国景观生态学术讨论会及 1998 年于沈阳召开的亚太地区景观生态学国际研讨会上，都集中反映了这一研究重点。其中，中国科学院沈阳应用生态研究所在组织和推动中国景观生态学的基础性研究和应用性研究方面起了重要作用。肖笃宁等先后出版了《景观生态学：理论、方法及应用》和《景观生态学研究进展》两本具有代表意义的系统性研究文集。景贵和、傅伯杰、陈昌笃、王仰麟和俞孔坚等在农业景观分析、景观系统分类、景观生态设计和布局等方面做了不少研究工作。一些研究成果在国内是具有开创性的，如景贵和的《土地生态评价与土地生态设计》、肖笃宁等的《沈阳西郊

景观格局变化的研究》、傅伯杰的《黄土区农业景观空间格局分析》、王仰麟的《景观生态分类的理论方法》等。

（三）乡村土地整理和乡村土地利用规划方面的研究

目前，在一些高强度土地利用区，乡村土地利用规划或乡村土地整理方面的研究与实践，将优化配置土地利用作为侧重点，对不合理的农业用地与乡村住宅用地进行调整和规模化合并，将土地资源的潜力充分挖掘出来，同时有效改善乡村景观面貌，但并没有深入到更系统、更具体的乡村景观或农业系统分析、生态规划与景观模型研究上。当然，这部分工作属于乡村景观规划所研究的内容。

总的来说，目前关于城镇化发展引起的土地利用问题与农村生态环境问题，已形成了多种不同方面的研究，同时，景观生态学的应用性研究也积累了一定基础，但围绕乡村景观规划系统的方法论与理论研究还应进一步深入。

二、我国乡村景观规划的现状和研究重点

（一）我国乡村景观规划的现状

20 世纪 80 年代以来，随着乡村城市化发展程度的日趋深入，我国乡村景观与农业发展都受到了较大影响。目前，我国大部分乡村正处于由传统农业景观转向现代农业景观的过程中，大量使用现代农业工程设施与工具，如农药、化肥、除草剂等，以及土地利用向均匀化、多样化、易变性方向发展是现阶段最主要的特点之一，这一阶段的发展结果是乡村景观的自然生态演变过程与人类活动过程相互交织，人为特征与生态特征的错综镶嵌分布。农村城镇化的不断推进与农村各产业的蒸蒸日上，加快了区域内乡村景观格局的不断改变，环境与农业资源之间的矛盾也日益凸显。因此，运用景观生态学原理，从整体层面对乡村景观进行设计规划已十分迫切。我国经济高速发展的大城市近郊区与东部沿海地区，成为近阶段规划乡村景观的重点地区。

（二）我国乡村景观规划的研究重点

乡村景观规划应体现出乡村景观资源三个层次的功能：一是提供农产品的第一性生产；二是维持和保护生态环境平衡；三是作为重要的旅游观光资源。传统农业仅能体现第一层次的功能，现代农业的发展不仅具备第一层次的功能，而且侧重后两个层次的功能。不同地区人口资源状况与经济发展存在差异，其乡村景观规划也会因此有不同的侧重点。

20 世纪 80 年代中后期，现代景观规划与景观生态学备受我国相关领域的重视，并得到了广泛发展，但对乡村景观规划做出强调是近十年来发生的事情。由此，乡村景观规划方面的发展与研究应以系统性探讨和完善方法论与理

论为焦点，强调一些重点区域的应用实践与典型研究。方法论与理论方面的研究主要涉及以下内容：①综合评价乡村景观的方法与标准，这为对乡村景观状况与演变规律进行研究和评价奠定了基础，为景观规划的开展提供了前提。景观评价应从多重价值的多个方面进行评定，需要面对和解决的一个十分复杂的问题就是要建立一套科学可行的量化评价方法与指标体系，它将作为重点研究内容存在于今后的研究活动中。②探讨建立景观空间模型的方法，景观空间模型可以用于描述乡村景观现行的空间格局变化特征，为建立未来景观规划模型奠定基础。③应用 CIS 技术与遥感技术从系统上分析和规划乡村景观。

在一些重点区域中，乡村景观规划主要涉及以下应用性研究：

1. 在城市近郊区进行的乡村景观规划

城市近郊区的乡村也属于一种区域生态系统，它往往具有不同于传统乡村的特殊形态，是空间、人口、产业结构逐步从城市过渡到乡村特征的地带，通常会表现出强烈的异质性；景观通常具有较高的镶嵌度，主要有引进斑块与残留斑块两种，随着景观用地斑块的增加，其他非建筑用地和耕地用地斑块不断缩小。都市农业是当今农业的主要成分，设施农业与园艺农业是都市农业的主要内容。因此，对城市近郊区内的乡村景观规划设计是今后的重点之一。

2. 生态脆弱地区的景观生态规划与建设

调整和重建景观单元空间结构是在生态脆弱区规划建设景观生态的基本手段，其目的是通过改善土地生态系统功能被破坏、受胁迫的情况，从整体上提高土地的稳定性与生产力。通过调整人类活动，使其对景观演变逐渐产生良性影响，并发展出良性的影响循环。对乡村景观进行美化与优化，从美学、经济与生态三方面提升人类生存环境的综合价值，使之与人类的生存活动更协调。例如，肖笃宁总结的我国平原农田区的防护林网络、荒漠化地区的林—草—田镶嵌景观格局、黄土高原的小流域综合治理等景观生态建设类型就属于生态脆弱地区景观的生态规划与建设。

3. 经济高速发展地区的乡村景观规划

受城镇化进程加快与长期高强度的土地利用双重因素的影响，乡村景观中剩余的自然植被斑块不断减少，人类用地的矛盾日益明显，越来越多"农村中的城市化"景观逐渐取代了传统乡村景观。因此，通过乡村景观规划建立自然生态系统与人工生态系统相协调的现代乡村景观十分必要。

三、我国乡村景观规划的发展趋势

（一）传承文化，发展特色乡村旅游

乡村旅游对传统文化起到发扬传承的作用，而乡村传统文化在一定程度上

是乡村旅游的基础，两者相辅相成。所以，推动传统文化与乡村旅游发展，就需要以文化特色推动旅游发展，以旅游发展传承乡村文化。

中国乡村资源和乡村文化丰富多彩，涵盖了旅游产业的各类要素。发展乡村旅游，要从当地传统文化和自然环境的差异性出发全方位凸显当地特色，要保证特色乡村旅游产品的质量，提高产品竞争力。乡村当地居民作为民俗与传统文化的载体，他们的参与能赋予乡村旅游强烈、鲜明、原汁原味的当地特色，在当地居民传承传统文化的过程中，游客与社区居民会逐渐受益，同时重视体验升级，使游客受到包括乡村建筑、乡村文化、乡村聚落、农事活动、乡村服饰、乡村民俗、乡村饮食等方方面面的人文资源特色的吸引。另外，乡村旅游还应与当地乡土风情、节庆活动、民居体验、传统节日等元素深入结合，深挖内涵，全面升级游客体验，要加强从业人员的业务素质，进一步拓宽专业能力，提档升级，形成综合型服务人才，创造令人意想不到的乡村旅游产品，从而促进乡村旅游的可持续发展。

（二）尊重自然，突出景观生态价值

乡村景观的建设与规划应遵循充分保持和展现当地自然特色的原则。一直以来，我国都有道法自然、天人合一等的传统文化理念，重视地方特色，在规划建设乡村景观时也应将地域所拥有的自然景观风貌最大限度地保留下来，推进乡村景观与大自然景观和谐共建，推动环境可持续发展。因此，在规划建设村庄时，应以当地村落的布局方式为基础依据，依据当地的风格设计建筑，在充分了解和尊重村庄现有植被、山坡、池塘等情况的基础上，因地制宜地设计人工景观，在不破坏乡村景观原有形态气质、风格特点的情况下，实现对生态环境的优化处理。

（三）发挥功能，提供丰富活动空间

村级活动场所的使用，应坚持兼顾管、建、用，对服务功能做出进一步延伸与拓展，将村级活动场所真正建设成为集党群活动、村级议事、文体娱乐、便民活动于一体的综合服务中心，将活动场所的作用充分发挥出来。村级领导干部应带头组织村民，在活动场所开展秧歌社火、歌舞表演、体育比赛等喜闻乐见、丰富多彩的群众性文体活动，在丰富群众文化生活的同时，持续强化农村精神文明建设。全面开放党员活动室、农家书屋、远程教育站点，订阅党报党刊和订购科技、文化、体育、卫生等方面的报刊书籍，不断增强村民综合素质和发展内生动力。

（四）因地制宜，发挥乡村土地的综合价值

土地利用总体规划是优化配置土地资源，协调各业各类用地规模、结构、布局和时序的核心手段，是实行土地用途管制、保障产业健康发展的重要依据。在乡村景观规划上，既要全面贯彻党中央决策部署，又要结合本地实际，因地制宜、因地施策，最大限度地发挥土地的综合价值。

一方面，土地利用总体规划应对公共服务设施用地与农村基础设施用地进行优先安排，优先做好创业园、科技园、农业产业园的用地保障，充分发挥农村地区布局分散、地域广阔的优势，给予地方一定弹性空间，允许乡（镇）规划预留小于 5% 的土地作为建设用地，用于建设可单独选址、零星分散的乡村设施、农业设施等。另一方面，应因地制宜对村内土地利用规划进行编制，从总体上对农村各项土地利用活动进行统筹，协调优化生态保护、耕地保护、产业发展、村庄建设等的用地布局，对土地用途管制进行细化处理，规划建设出农田集中连片、生态环境优美、村庄紧凑布局的田园景观风貌。

第二篇　规划设计

第四章

乡村建筑景观规划

第一节　乡村居住景观设计

一、乡村住宅建筑设计

建筑作为乡村聚落的主要成分，承载着乡村聚落物质空间，是乡村整体风貌的一种反映形式，蕴含了深厚的艺术与历史价值。在设计建设新农村住宅建筑时，应注重对建筑功能空间的完善，以现代人的生活方式为依据，增加新的功能，同时保留地方传统建筑所蕴含的文化特征，利用先进的建筑方式与技术，创造出能使人生活需求得到很好满足的乡村住宅建筑。

（一）建筑选址与布局

要建造好住宅，必须首先选择好宅址，中国古人在住所的选址上，无论是村落还是房屋往往都选在"负阴抱阳""背山面水"之处，"依山造屋""傍水结村（舍）"。通常情况下，好的宅基地选址能够满足地势高、环境干燥、水源畅通、向阳情况良好等要求，坐北朝南、冬暖夏凉，这样的理论一直沿用到现在。规划布局乡村住宅建筑主要是为了组合住宅建筑群体。这要求从人性化角度出发，对建筑组合的间距、通风与日照等的影响做出全面考虑。乡村住宅群体的布局组合，应保证群体中的各个住宅之间及每个住宅内部都能获得充足的日照、良好的通风，且能保证居民与邻里之间有足够的交往空间与场所，为形成良好的住宅区氛围奠定基础。另外，乡村建筑在布局规划道路用地时，应将其与人的走向结合，便于人们生活、生产、出行。

（二）建筑外在形式与内在功能

无论是建筑的外在形式，还是其具备的内在功能，都是相互依存、共同存在的建筑基本要素。形式是外在体现出来的功能，功能是内涵，只有将功能转化成一定的空间和平面形式，才能使其真正发挥出应有的作用。所谓"设计"，指的就是设计者为满足使用者在各方面的需求，依据功能意图设计出最科学、最恰当的表现形式。人们往往会被建筑优美的外形所吸引，但是不管多么优美的建筑外形，都必须满足建筑物的使用功能，所以，建筑物外形和建筑功能之间存在着某些固定的关系。建筑都有自己的功能属性，在决定建筑设计方案时，要考虑建筑的使用功能，建筑外形是功能的附属，应当使建筑外形满足建筑使用的要求，要以此来评选建筑的设计方案。

（三）建筑材质及体量

传统乡村建筑的营建材料来自大自然，使用后均可自然降解。受地域、经济、建造主爱好等影响显示出很大的差异性。一般来说，石、土、砖、木是最常用的材料。现代化的推进，不少乡村需要对居住环境进行改造，按照现代的风格来进行拆旧建新。从乡村环境景观规划的角度来讲，新建建筑在选择材料时，应将乡土材料作为首选，遵循生态化、环保化两项原则，展现出简洁、朴素、自然的风格特点，避免城市化倾向，打造出完全不同于城市社区的祥和安宁的生活氛围。这要求乡村建设使用现代建筑材料，应用现代建筑技术，建造能表现出浓厚地方特色的建筑。从风格上看，应在对地方文化充分理解的前提下，着眼局部进行创新，不能完全照搬历史，更不能割断历史，应通过营造带有风格特点的环境氛围，强化居民对环境的归属感，认同感及其对传统文化的亲切感，在保留乡村建筑的乡土特色的同时，赋予其鲜明的时代特征，使其成为传统与现代和谐互融的新载体。从建筑体量上看，应根据高低、大小等的变化，使人产生不同的心理与视觉感受，并通过对建筑的高低变化进行合理设计，使景观展现出更丰富、有层次感的轮廓线，使其同时满足人们使用与审美两个方面的需求。

（四）建筑生态

通常情况下，在对民居进行建筑设计时，可以采用室外生态厕所、太阳能热水器、太阳房等生态节能设施与技术。一些乡村使用生态旱厕，不仅能达到一定的卫生标准，而且还能降解粪便，成为肥料。可通过将集中的太阳能集热器把太阳能转化成方便使用的能量，将使用太阳能加热的水输送到地板采暖系统提供房间暖气，与其他的采暖设备相比，太阳能的节约能效大约为80%。太阳房是根据对周围环境与建筑朝向合理布置和巧妙处理，恰当选择建筑结构和材料的结果，太阳房可以起到分散和聚集室内热量的效果，有助于强化乡村建筑物的采暖和降温功能。这些环保节能的设计都与建设新农村的要求相符，不仅能降耗节能，而且有助于营造环保、宜居的人居环境。

二、住宅庭院景观设计

在中国传统乡村建筑中，庭院空间一直占据重要地位。庭院空间是一种结合了浓厚的自然气息与人文气息的私密空间。在我国乡村地区，很多人家在庭院中进行起居、生产、休闲、餐饮等活动。

（一）庭院的功能空间

庭院从室外到达室内的入口空间，可以分成五个区域，每个功能区块的设计如下：

1. 公共空间

这一块可以设计成场地入口的感觉，它是场地的沿街展示面。

处理手法：

可以通过矮墙、围栏或植物使前院形成围合感。

2. 半公共空间

这个区域是行车道及沿车行道两边的区域。

这块地的用途：停车及行人两侧通行。

处理手法：

（1）车行道。①可以在车行道一侧或两侧设置一个步行道。让人在两侧行走时，不会刮到车，或走在草地上。②围墙，植物都应该远离车行道边界。防止干扰开车门和人在车行道边行走。

（2）人行道。①为了让人识别出步行区域，它的材料及图案应该区别于车行道。同时它们的标高应该齐平，不应该有台阶。②可以用一些低矮的植物来强调步行道的边界，让它和相邻空间分隔开。

（3）人行入口。①对于直通前门的入口步行道的位置，可以有明显的指示。在平面中到达的地方最好是类似漏斗的形状，便于让人识别，也能把人引导到步行道的入口上。②这个区域是车停靠的位置，人会直接走到步行道，所以这个位置不能设置台阶。③上下车位置，可以设计一些有特点的元素，如观赏树、有季节性颜色的植物、灯饰等。可以吸引人注意，也更容易识别。

3. 过渡空间

这个区域是入口步行道。

它的功能：容纳并引导人从车行道（半公共区）到室外门厅（半私密区）之间的活动。

处理手法：

（1）可以设计曲线步行道，这样可以沿步行道变化的视野创造一种愉快的感觉。

（2）沿路可以种植观赏树，设计时花、雕塑、流水等。

（3）矮墙、围栏或植被也可以和步行道相结合，起到一定的引导作用。同时也起到使人产生一定围合感的作用，让人感觉自己是在走过一个空间。

（4）步行道合适的宽度：1.2~1.8米，以便让两个人可以轻松并行。

（5）如果有需要，可以在入口步行道中设置台阶，来消掉高差。

4. 半私密空间

室外门厅，这个空间类似于入口门厅。它是步行入口和室内门厅之间的过渡空间。

它的功能：作为过渡空间使用，用于聚集。在室外门厅中，顶面可用来形成私密空间，如果是实体，在烈日和雨雪天，还能形成保护。

处理手法：

（1）在尺寸上它要比步行道大，这样才感觉出到达了目的地空间。这个空间能容纳一群人，又不影响开门。

（2）地面可以设计和入口步道不同的材质或图案，来暗示这里是专门用来集散的场所。

（3）要把室外门厅布置得有围合感，可以考虑三面的围合。利用垂直面来控制室外门厅的视线，同时可以把门厅和前院周围区域分隔开。如利用观赏树，可以装饰，同时也是障景，还可以引导人转入前门。

（4）室外门厅要表现出"好客"的意思，还可以用盆景树、雕塑等元素，来布置这个空间。设置长凳，提供休息处，也是主人好客的一种体现。

5. 开敞空间

在前面4个空间都设置好后，它是前院最后剩余的区域。这块区域会根据场地的大小而有所不同，它的尺寸影响着它的最佳使用方式。

处理手法：

（1）小场地。可能就是和一些其他区域相结合，简单种植植物，可能也不设计草坪，或者设计成室外的休息空间，和室外门厅的功能区相结合。

（2）大场地。最后一块区域一般设计成草坪区域、地面铺装等，它是前院的一个前景。这一块的结合程度怎样，就是设计的一个选择的问题了。有可能被明确地分隔开，或者和其他区域相融合。

（二）庭院构造设施

乡村庭院作为村民日常生活的室外活动空间，也是乡村景观中必不可少的组成部分。可选择一些具有朴素气息的设施，如栅栏、凉亭、装饰物和家具等装点庭院。传统庭院中通常设有多种具有人文历史色彩的景观要素，如水井、供人休憩的石凳石桌、铺装等，这些景观要素共同构成了富有生动趣味的农家生活景观，能将当地的风土人情充分体现出来。庭院内的石凳石桌通常就地取材建成，具有耐用、实用、简洁大方等特点，能为村民纳凉、聊天提供合适的场地。对于以往常见于乡村庭院的家畜家禽饲养场地，如猪圈、鸡舍、鸭舍等，鉴于对居住环境卫生等因素的考量，通常予以改建或拆除，以保持村庄整体有良好的卫生环境。另外，院落还可以根据村民的季节性需要，用作谷物、农机农具的储藏间，未来还可以改为车库。

（三）庭院绿化景观

现阶段，对乡村住宅庭院景观进行绿化设计，可采用将绿化景观与发展庭院经济相结合的模式，即在同一庭院中同时种植观赏型植物与经济型植物，在美化庭院景观的同时，还能在一定程度上增加村民收入。例如，在住宅房前种植枇杷、柑橘等果树，搭配一些低矮的盆栽与灌木等，可形成具有层次感的庭院景观。还可以在屋后栽种一些高大的花卉树种，如广玉兰、桂花等，通过这些植物绿化村民的居住环境，同时还可以利用这些植物遮挡屏蔽的作用，提升村民居住环境的私密性。在房前庭院内的活动场地上与通道两旁，可搭设棚架，种植葡萄、黄瓜等藤蔓植物，还可栽种观赏瓜、扁豆、牵牛等各种蔓生植物，利用枝条与绳索的简单牵引，就可以使藤本植物快速爬藤生长。村民可根据个人喜好，每年对绿化材料进行更换。在植物的衬托下，这些棚架不仅可以给人提供荫庇，而且创造出了一个布置灵活、清新凉爽、舒适方便的休闲场地。另外，住宅的墙体也可以被绿化，通过种植炮仗花、蔷薇等，形成院落垂直的绿化景观。甚至可利用这些爬墙植物与栅栏的结合代替墙体，作为界限分割相邻两家的庭院。绿化建筑阳台，可通过陈列造型优美、色彩鲜艳的盆景，如三角梅等。条件充分的庭院，还可以设计屋顶花园，这需要结合建筑荷重、植物重量、根系长短、植物成长过程中对阳光的喜好程度等对植物类型做出综合考虑，从而构成立体、有层次感的庭院景观，真正实现庭院美化，居住环境得到良好改善。

三、住宅外部景观

住宅外部景观不仅将建筑本身表现出来，而且反映了其所处环境具备的景观艺术特征。营建住宅外部景观的目的是增强当地的乡土氛围，使其特点被更突出地表现出来。目前，很多乡村住宅仅对营造内部景观比较关注，对住宅外部的景观设计关注不多。很多住宅由于处于农田旁，没有进行绿化设计，缺乏景观上的衔接与过渡，与农田地形缺乏关联性，显得房屋与周围环境不协调。因此，乡村住宅应重视对景观的空间序列进行合理安排，做好外部景观设计。景观空间构成包括三部分，分别为"点""线""面"，空间序列安排要求重视功能性、清晰性与系统性。入口、建筑空间景观等符合"点"的结构。人的步行空间、通道空间等符合"线"结构，在"线"结构景观空间的设计中，应充分考虑其宽度，包括行人观赏视线的宽度、步行人流密度、救护车及消防车等特种车辆通行的宽度、两侧建筑之间的日照空间等。空间转换的枢纽、供居民交往互动、休闲娱乐的场所都符合"面"的结构，设计"面"结构的景观空间时，应满足人们发生"随机行为"与"必要行为"的需要，可以用纹理、色彩、绿化景观等对整体景观空间环境进行调节，使空间序列得到统一和延续。不需要绿化处理覆盖住宅周边的全部区域，应对当地地形条件、自然环境进行充分了解与利用，将住宅内部的庭院绿化与外部高低错落的植物景观结合起来，构成和谐的住宅周边景观，再使其与周边的农业生产景观相互映衬，共同构成清新自然的乡村田园风光，满足村民交流活动的各项需要。

四、居住环境生态设计

人类的居住环境也是大自然生态系统中的组成部分，在设计人类的居住环境时，应对自然生态环境的功能结构对人类的影响做出充分考虑，并充分利用和改造、调整自然资源，创造与生态环境相和谐的、舒适宜居的人居环境。在设计中可先对乡村住宅需要的土地资源和空间资源做出合理安排，同时发展农村庭院经济。例如：应用雨水管道收集技术与高等低耗处理生活污水的先进技术，可以回收利用雨水与生活污水；应用沼气技术对有机废物进行环保处理，同时产生燃气能源供村民使用，这样的设计处理方式，有助于优化能源结构，降低能源消耗，提升能源利用率；应用生态环保的出行方式，打造生态健康的乡村社区；等等。

第二节　乡村公共建筑景观设计

经具体研究，公共建筑景观应具备景观性与公共性这两种属性。景观性要求公共建筑景观首先展现出其作为景观的特点。在现实角度上，目前社会上很多公共场所与设施都不具备景观属性，不属于景观，因此不被划分到公共景观中。公共性要求景观必须满足大众公用这一属性。在实际生活中，一些景观因其所处位置被赋予了私有属性，因此，由于不具备公用属性，即便它是景观，也不能作为公共景观。总的来说，明确公共景观的具体内涵，对景观的双重属性进行详细分析，有利于对景观做出准确的分类。

在一定性质上，村民的公共活动行为决定了乡村中一些公共景观的属性和基本形态，这些公共景观也因各种方式最终融入村民的公共生活中。乡村的公共景观不仅为乡村居民开展各种公共活动提供了相应的环境和物质条件，而且会在一定程度上推动或阻碍活动的开展，或者提升活动的开展效果。村民组织开展主要公共活动的场所就是公共活动空间，它由人工、自然、建筑设施组成，是一种相对围合的空间，它作为乡村风土文化的一种重要载体，为发展多样化的乡村生活提供了支持。公共活动空间有着很强的公共性，早期主要用于宗教、政治、商业等方面的活动，具有很强的功能性。而到了近现代，随着人类活动形式的不断变化，这种公共空间不再具有那么强的目的性，在功能上，大多做到了集娱乐、休闲锻炼、聚会等于一体，越来越多样化；在形式上，也在摆脱了目的和功能的制约后，变得更具开放性和民主性。

相较于大城市，乡村公共活动空间能表现出鲜明的自然乡土情趣，很多乡村公共活动空间承载着乡村的文脉，记录着乡村的历史变迁，本就是一种具有历史气息的独特景观。因此，在规划设计乡村公共活动空间时，应将乡村客观实际作为出发点，将空间环境具有的独特气质面貌充分挖掘和展现出来。本节主要围绕休闲交往、健身运动等空间，对乡村公共活动空间的景观规划设计展开一系列论述。

一、休闲交往空间

从类型上，可将乡村现有的休闲交往空间划分成交流、活动广场，公共绿地，亲水活动空间，民俗活动空间等。

（一）交流、活动广场

交流、活动广场作为休闲交往空间，是乡村居民娱乐、休闲、聊天的地方，在进行规划设计时，应对场地的位置、空间功能、尺度、材质等因素进行综合考虑。

（1）要将乡村场地的因素作为重要考虑对象，交流广场的尺度设计应做到大小适中。鉴于服务对象以广大村民为主，因此在规划设计时应充分考虑和迎合村民的生活行为习惯。考虑到当前很多乡村人口外出打工、经商，乡村中常住人口主要为妇女、儿童、老人等，因此在规划设计时应将这几类人口的使用需求作为重点，还应注意规划建设无障碍性场所。在实际设计中，还可以通过适当且必要的布局、铺装和绿化等，使空间得到合理安排。在铺装上，一是要以本土石材为首选材料；二是要具备良好的防滑性，便于幼儿、老人等活动；三是要具备一定的可识别性，方便行走不便的人与老人等。

（2）一般在村庄的中心位置建设交流广场。在位置的选定上，应在乡村中间选择一片开阔的位置，在布局时充分考虑共享性与可达性原则，将交流广场的位置与主要道路做出合理布局，方便村庄中绝大部分村民到达广场参与公共活动。在规划设计交流广场空间时，在充分考虑其功能性的同时，表现出鲜明的村庄特色，可使用当地具有代表性的传统符号、材料等，以质朴的手法进行设计，将乡村独有的人文与自然风貌展示出来，同时将景观的地方性、实用性、艺术性结合起来。

（3）很多乡村开始出现老龄化现象。近年来，我国很多地区开始面对老龄化问题，一些乡村的老龄化问题尤为严重。对此，可以结合乡村本地的条件，建设一些运动健身的好场所，为老年人提供充足的活动空间，如老年人门球场等。鉴于乡村中老年人的实际情况及土地的使用条件，门球场应建设在交流休闲广场附近，且建设尺度不宜过大，应便于乡村老年人健身休闲。在规划过程中，可用植物、隔离网等将运动空间适当分隔开来。在运动场地的周围，还应布置好必要的休憩设施与建设休息区。同时，在一些有较大运动量的地方，如篮球场等地的周围，可规划设计一些绿化景观，以便人们在运动过程中吸收有益于身心健康的气体，可种植玉兰花、桂花等。可以在老年人门球场地周围的隔离网附近种植炮仗花、凌霄花等爬藤类植物；也可以从整体上对运动健身空间进行绿化美化，可通过种树的方式，使其与乡村的环境相互协调。需要注意的是，在乡村建设健身运动空间，应结合不同年龄层次的运动需求，选择不同的健身设施。健身方式上，可考虑中老年保健运动、全龄有氧个体运动、中青年专项运动、小型器械运动、儿童康体运动、青少年康体运动等。

（4）在对交流广场进行绿化设计时，应利用铺地与植物的交融体现立体层次感，可通过种植小灌木作为广场的对景；还可以通过规划种植低矮的灌木、小型观赏植物或布置小型花架等将空间分隔开来，营造出错落有致的小场地，供小规模人群活动交流使用。也可以在小广场的铺装周围铺设草皮，为乡村居民提供短暂的休息场所。乡村广场作为一种全开放的空间，应建设一定的乘凉荫庇场所，如建设凉亭、种植小乔木丛或单独的大树等，以此满足夏季天气炎热时，村民在树荫下下棋、打牌、聊天、休息的需求。这就要求种植的树种都有较大的树冠，有茂密的枝叶，有一定的通透性，能形成良好的遮阴通风效果。此外，绿化设计应考虑到乡村地区缺乏专业的维护管理人员，到了后期很可能会因为缺乏管理而产生大量杂草，甚至荒废。所以，在植被设计上，应将易养护物种、本土物种作为优先考虑对象，以降低后期维护成本，也可以选择种植一些具有一定食用价值或药用价值的乔灌或花草，如麦冬、核桃树、忍冬草、柿子树等，调动村民参与村庄绿化的积极性。

（5）将路边荒地改造成小型活动空间，为其赋予聚会宣讲、文化展示、纳凉休闲等功能，在展示乡村积极向上村风村貌的同时，为周围村民就近娱乐健身提供合适的场所。在实际设计中，应保留原有的高大乔木，在树下设计儿童嬉戏的场地或休息聊天的座椅，再使用混播花草与红叶石楠等装点周围环境，可以形成人与自然和谐共处的美好村景。

（二）公共绿地

乡村的绿化与城市地区的小区绿化及公园设计不同，前者更注重经济性与实用性，然后才考虑观赏性，要把握好环境居住条件与周围绿化的共享性和均衡性，努力将绿化景观融入村民生活，为村民提供良好的居住和休闲空间。

乡村绿化景观建设应将公共绿地作为重点。现如今，很多乡村地区仍保持着比较单调的公共绿地设计方式，主要为平铺草坪，加以灌木或小乔木点缀，没有形成好的景观效果。再加上这些公共绿地大多疏于管理，于是很多乡村公共绿地逐渐荒草丛生，被人们遗忘。因此，对乡村公共绿地的设计应与当地的实际情况相结合，基于对村民行为习惯与活动需要的充分了解，在村民住宅区附近的位置合理规划和布局绿化区域，设置公共绿地，为人们就近娱乐提供合适的场所。也可以将公共绿地规划布置到村委会等公共设施周围的空地上，在搭配种植绿植时，应考虑以下几点：

第一，应结合当地土壤、气候的具体特点，在设计树丛时，将各类植物有层次、有疏密秩序地布局在整个绿化场地中，打造出立体、灵动的景观效果，要避免各类树种在整个场地中没有次序地均匀分布，更要处理好每株植物或每种群落之间的关系，如乡土品种与外来品种、不同季相植物、慢生树种与速生树种、骨干树种与基调树种等。景观绿化应大力开发和主要种植应用乡土物种，如草坪、灌木、乔木等，还应适当种植外来物种，将各类植物和谐搭配起来，在嗅觉、视觉、心理等方面，给人以美的体验与享受。在进行绿化设计的过程中，还应利用园林美学的原理，结合植物的香味、色彩、高矮等特点进行科学合理的配置。

第二，乡村绿化景观不仅要具备美化、绿化环境的自然属性，而且要充分考虑乡村居民休闲娱乐的需求。在配置乡村绿化景观的系统时，应关注不同层次、不同年龄、不同性别居民的休闲娱乐需要，在布局上应适当满足各个居民群体的使用需要。例如，在乡村公共绿地内设置公共座椅、凳子等，为居民休息、聊天提供合适场所，还可以在凳子旁种植适当常绿乔木，如香樟等，为休息者提供荫庇和营造出相对幽静的环境氛围。可以在坐凳背后设置花台，装饰高绿篱笆等作为分隔，还可以移植开花灌木，对周围环境进行美化，打造并保持相对安静的绿地环境。同时，选择适当的铺装材料在这片绿地空间中分隔出部分硬质空间，可以选择适当的活动设施、园林景观小品，如石桌、石椅等安置在其中，为村民休闲活动、娱乐交流提供良好的环境。在园林景观小品的选择上，可以通过建设景墙、景亭等，在提升景观情趣的同时，改善乡村居民的生活品质。此外，在功能建设得到满足的基础上，园林景观小品的建设还应注重外观设计，应结合当地的人文背景、文化氛围等进行外观设计，使之与周围环境相互呼应。

第三，利用各种公共环境小品对景观空间格局进行合理创建，使乡村公共活动空间得到完善和丰富。应在不破坏乡村原有文化、自然景观的前提下，增设标识、照明灯具等公共景观小品，同时注重景观的实用性与和谐度。在乡村公共景观小品中，照明灯具作为不可缺少的一部分，主要安装在道路两边、交流广场、公共绿地等地方，能够为乡村居民组织开展和参与各种夜间活动提供必需的灯光照明条件。通过控制公共绿地中灯光的强弱、色彩等，可以创造出不同的环境氛围，再根据灯光环境对空间区域做出适当的局部划分，有助于为村民参与夜间活动提供良好的场地。路牌、公共设施标志牌等都是公共绿地中常用的标识，乡村标识则强调可识别性、特点突出，能使大部分村民轻易明白标识内容与标识对象的空间位置和方向。围绕色彩、材质、外观、摆放位置等合理设置和美化这些标识，不仅能为居民的活动、出行提供方便，而且能发挥装饰作用，美化乡村环境。

第四，加强植物景观的医疗作用。为了强化健康理念在乡村公共绿地中的实际应用，应对要种植的植物精挑细选，可选择利于防病、可杀菌的植物；能净化空气、吸附粉尘的植物；具备吸收有害物质（如重金属）的能力的植物；有良好降噪功能的树种；能释放大量负氧离子的植物等。很多种植了名树古树的公共绿地十分受村民喜爱。例如，南靖县云水谣古道就种植着一棵千年古树，古树根深叶茂，苍劲有力，枝条舒展，姿态优美，令人惊叹，营造出了一幅具有无限诗情画意的意境，成为能体现当地乡村特色的亮丽风景线，这是城市绿化无法复制的。这些古树一方面为村民乘凉避暑提供了好去处，另一方面成为村民日常休闲、沟通情感、交流信息的重要场所。需要注意的是，人们在享受古树带来的舒适生活和惊叹其魅力的同时，应加大对这些古树的保护力度，对这些能展现乡村特色的标志性景观做好保护与维护。

（三）亲水活动空间

水作为重要的景观要素，能体现乡村的多种特征，如生态型、生产性、生活性等。对很多乡村公共活动来说，亲水活动空间都是其重要组成部分，如池塘、河流等水体，遍布在大部分乡村地区。在很早以前，村民常在乡村的溪流岸边洗菜、洗米、洗衣服，同时闲话家常，这种边交流边劳动的场景，别有一番风趣，很能体现乡村景观的自然与和谐。随着科技不断进步，村民的生产生活方式逐渐发生了深刻变革，人们逐渐不在溪流岸边洗菜、洗米、洗衣服，但这些水体的生态美学价值与休闲交往功能一直很好地保留了下来。乡村亲水空间为不同年龄、不同人群提供了休闲交流的场地，在对乡村亲水空间进行景观设计时，应充分考虑乡村的自然条件，将池塘、河岸等水体作为主体设置水泵，在保证安全性的重要前提下，可以采用自然式驳岸布局的方式，利用自然山石、树桩等材料设计和处理驳岸，在设计中要突出乡村特色。在设计处理驳岸时，应使其与水面贴近，在平地面积充足的情况下，设立亲水平台，再基于儿童、老人等人群的安全需要，在亲水护栏上安装护栏，可设置观景亭与座椅等设施丰富亲水活动空间。例如，在空间开阔、地势平坦的岸边种植可供踩踏的草地，设置疏林地带，开辟步行通道，为村民娱乐交流、休闲散步、观赏景色创造了良好的休闲空间。

（四）民俗活动空间

不同地区、不同乡村有着不同的风俗习惯，很多民俗活动空间表现出了鲜明的民俗特色。民俗活动空间开展的各类活动大部分与传统节日密切相关。很多地方还因民俗交往活动频繁而开辟出专门的场所。每当到了相应的传统节日，村民就会共同举办形式丰富的文娱活动，不仅可以丰富村民的文化娱乐生活，扩大村民的交往范围，而且有利于松散、混沌的乡村公共空间环境越来越结构化、有序化。还有一些交往场所或依附于寺庙，或与宗祠相结合，无须每逢节日便专门开辟场地，如乡村中的庙宇、宗祠等，这些场所不仅是乡村居民举办祭祀、节庆等传统活动的重要场所，而且是维持村民交往关系的纽带。这些交往空间作为村民传统风俗习惯的重要反映，不仅承载了乡村的特色文化，而且为乡村历史的传承延续提供了保障。在对这类场所进行景观设计时，应以重点保护为主，严禁无故拆除，在建设改造的过程中，应遵循不改变其基本原貌的原则，对其景观价值进行充分挖掘，从而使更多人了解、维护和发展乡村及其地方特色景观。

二、沿街住宅的外立面设计

村民大多采用自建的方式设计并建筑自己的宅基地。受审美不同、经济状况不一的影响，宅基地的沿街立面各不相同，看上去比较杂乱，因此可以通过统一粉刷的方式，保证建筑景观有相一致的色彩，使乡村呈现错落有致、干净整齐的面貌形象。在对墙面进行文化宣传设计时，应将其与乡土特色充分结合，遵循因地制宜的原则，通过建筑立面改造与彩绘相结合的方式美化村落传统生活场景，使人在情感上产生共鸣。在日常生活中，村民习惯三五成群围坐在村中心、道路旁、家门口等空地上休闲乘凉、聊天，以往村民常选择席地而坐或坐小板凳的方式。现在，可以在村民家门口附近建设花坛，并设置完成高度为550~600毫米的木饰面花坛座椅，供村民落座休息。

近年来，墙体宣传画极大地改变了村容村貌，同时给乡村营造了良好的文明新风氛围，更增添了幸福美好家园的气息，有效推进了乡村振兴的工作步伐。墙面的美景提升了乡村的"颜值"，感觉整个村庄都亮了。营造出一幅"画中有景，景中有画"的美好乡村景象。

（1）村容村貌焕然一新。之前村庄多是土坯砖墙或墙体破烂，现在画上墙画，特别好看，墙面的美景提升了乡村的"颜值"。

（2）乡风文明深入人心。一幅幅以乡土文化为主题的彩绘作品跃然墙上，以图文并茂的形式，传递正能量，展示新气象，让原本"冷冰冰"的墙面充满了文明的气息，彩绘所传达的寓意，更是让精神文明建设在潜移默化中融入百姓生活。

（3）幸福指数大幅攀升。一面面墙体，经过精心装扮后，成了"会说话"的宣传载体，反映村民的幸福生活，让群众在共建共享中增强获得感、幸福感。不仅为村民们创造了一个舒适、优美的人居环境，也让更多的群众参与到美丽乡村建设中来。

例如，在陕西省汉中市宁强县汉源街道办七里坝村，一幅幅鲜艳的墙体彩绘惟妙惟肖，有农耕文化、自然风光及富含本地特色的宁强羌绣、宁强矮马等，令人不禁驻足欣赏，一起回味和感受看得见的美丽乡愁。

三、观光园景观设计

（一）基本概念

观光园是利用农业景观资源和农业生产条件，以本地文化为特色，开展农业旅游活动的场所。观光园景观是以农业资源为基础，融农业观光、文化体验、养生、休闲、购物、度假于一体的农业和旅游业相结合的一种乡村景观形式。

（二）设计要求

1. 观光园景观分类

按观光园种植作物的不同，可分为观光果园、观光菜园、观光田园、观光中药园、观光食用菌园、观光茶园等。

2. 观光园景观的特点

（1）观光性。观光园是乡下的农业观光园，具有泥土的芳香、厚重的果实、黄昏的热闹、夜晚的静谧，这里空气清新宜人，田园风光迷人，乡情淳厚感人，行走在这样静谧的环境中，心境自然会平和下来，使被工作压得喘不过气来的游人在这里得到释放。

（2）体验性。观光园内种植有蔬菜、瓜果、茶、食用菌、中药材等作物，游客可以体验亲手采摘选购无污染、无公害的绿色农作物产品的乐趣，感受收获的快感，这更是令人难忘的回忆。

（3）趣味性。观光园可玩、可看的项目有很多，可以玩上一整天。具有农家饭庄、民俗饭庄等多种多样的餐饮服务，特色浓郁的绿色饭菜能让游客一饱口福。清净温馨的绿色客房、临水而建的别墅村、坐落在花果飘香的"桃源木屋"，也会让游客圆一个甜美的绿色之梦，体验淳朴的生活。

3. 观光园景观设计原则

（1）观光园景观规划设计原则。①突出旅游观光主题，从观光园整体到局部都应围绕采摘、体验、旅游、观光、休闲相结合的主题。②保留本土植物，以农业生产为基础，以原有绿化树种、农作物为植物材料进行乡村景观的营造，根据不同地块、不同植物的观赏价值进行安排。观光园主要展示的是农业生产景观，以生产农作物为主要依托，其景观环境、旅游观光活动、相关配套活动的展现完全依赖于农业生产。③知识性、科学性、体验性和趣味性相结合，观光园具有生产、科研、文化、科普、体验、休闲等功能，应尽可能地把观光园的一草一木都变成知识的载体，使游客能得到全方位的农作物知识及农产品文化的熏陶，要尽量提高乡村景观规划设计的科技含量。在进行农作物科学管理的同时必须兼顾其艺术欣赏性，将形态美、色彩美以及群体美、个体美有机结合，把农作物当作工艺品来生产，使其科学性和体验性得到充分体现，在时间和空间上实现完美统一。④保护环境、保持生物多样性。只有果园、菜园、中药材园、食用菌园、茶园而没有优美的观光景点与自然环境就不能称之为观光园，因此，保护自然环境和园地的生物多样性，构建良性循环的生态系统尤为重要。在景观规划设计中，应遵循生态学原理的科学指导，对生态环境、农作物开发以及建设景点三者之间的可持续发展关系做出合理处理，严禁大兴土木、乱砍滥伐等严重污染环境、破坏植被的活动。实践证明，良好的生态环境既可以为无污染、绿色农作物的生产奠定良好基础，又可以吸引大批城市游客前来参观，获得一份观光收入，为生活增加一份保障。观光园不仅能向人们贡献"口福"，还能为其贡献"眼福"。⑤乡村景观美学应根据园区的地形、地貌进行改造和塑形，并根据农作物品种特性进行选择和配置，使人造景观（如观景台、雕塑、桥梁、假山、喷泉、绿廊、果坛等）和自然景观（如动物、植物、矿物及其自然环境等）和谐统一。

（2）观光园景观设计的主要内容。观光园作为一个集合了艺术美、社会美、自然美的生态系统，具有复杂的属性，在对其进行规划设计时，应遵循整体协调的原则，做到细部着手、内部协调、整体规划，为农田景观的可持续发展创造条件。观光园景观的设计涉及景观、人文、农业、生态等学科，其自身的综合性要求必须在关注内部协调性的同时，做好整体统筹规划。整体协调原则能够为设计规划和建设农田景观提供可靠、科学的指导。

1）园地规划。①生产用地规划。观光园以因地种植农作物为重点规划内容，将农作物资源作为基础产业，将整个园地划分成若干个大、小区，其中，小区是规划的基本单位，其规划面积取决于功能与地形地势。②除了一般的观光规划，还应将绿地与休闲观光的最高点规划在内，要因地制宜地将一些休闲场所，如亭台楼阁、荷池鱼塘等规划成为乡村景观小品。

2）观光园道路设计。观光园结合生产需要，设计道路的交通功能，主要用来出行或者运输物资等，所以在设计的时候要满足车辆通行，设计类型有主要次干道和游步道。

3）景观小品设计。观光园内可设计游客接待中心、宣传墙、道路标志、座椅、垃圾桶等景观小品。

4）观光园植物设计。观光园区内的植物以农业植物为主。

第三节　乡村生产性建筑景观设计

一、乡村生产性建筑景观概述

乡村生产性景观包括观光农业和现代农业两种发展模式。这种发展方向是基于乡土气及规模化、现代化的农业生产和独特的风景，构成旅游景点，可以使游客参观及参与相关活动，令其知识、技能、趣味、精神等各个方面获得极大的提升。作为乡村景观的重要部分，农业生产景观能在综合水平上体现乡村农业类型、农业的发展阶段与水平、农业地域差异、农业生产模式、农业地域组织等。现代科学技术的不断发展，加速了农业生产方式的更新，无论是作物的品种开发、种植技术、加工流程、灌溉方式，还是农产品的销售管理、市场化组织等环节，都是现代乡村农业生产景观必不可少的部分。这些乡村一般位于城乡结合地区，通行方便，在农业园区发展的基础上，土地利用率高、公共设施齐全、空间布局合理、功能齐全、边界明晰。例如，福建省宁德市三都镇、河北省秦皇岛市北戴河集发观光园、北京市大兴区庞各庄镇、山西省阳城县皇城村、新疆生产建设兵团新天冰湖旅游园区等。

二、乡村生产性建筑景观的分类

农业生产景观的合理规划设计，对于改善乡村生态环境具有重要的现实意义。农业生产景观可分为农田景观、林地景观、果园景观、茶园景观及农业工程设施景观等。

（一）农田景观

1. 农田景观的形状与位置

受乡村机械作业的便利性与田间管理的需要影响，绝大部分农田有较为规整的格局，田间常见的农田形状以平行四边形或长方形为主，其位置设置则取决于当地的光照、水分、土壤等因素。通常情况下，农田的布局方式以连续、大片的形式为主，这样的布局方式对农作物成长有利，有利于劳动生产率的提高。农田里作物的生长方向就是农田朝向，农田朝向能直接影响作物的水土保持、采光以及通风等。实践表明，南北朝向的农田种植作物能比东西方向的农田增产 5%~10%。所以，通常情况下，农田朝向都被设计为南北方向。

2. 保持合适的景观结构与空间尺度

农田景观规划设计应注意空间尺度的适用性，可通过控制农田景观的格局达到控制空间尺度的目的，避免景观产生单调感。可通过有序化表现人类对各景观要素的组合关系的认知，如景观各成分大小比例失调、结构不均衡，就会导致局部空间无序、过分拥挤，或者发生浪费土地资源的情况等。在设计规划农田景观时，应坚持将有序与无序两种空间适度、合理搭配，以此赋予景观更多活力。也就是说，基于整体有序的情况下，保留少量无序因素有助于达到更好的景观规划设计效果。

3. 合理配置作物群体

维护景观格局安全、稳定是当前农田景观规划建设的首要任务。一旦放弃了乡土自然，这种良性的干扰过程就会被中止，会导致一些生物物种由此灭绝，从而使乡村生态环境系统的能量和物质循环遭到破坏，导致乡村生物多样性与乡土自然环境遭到破坏。因此，应按照合理比例配置农田景观中的不同作物群体，将农田景观打造成生态环境稳定的整体，从而打造出丰富的景观效果，同时创造更高的经济效益。通过维护农田景观生物多样性打造乡村农田的自然生境条件，有助于创造更稳定、更安全、层次结构更丰富的景观。

4. 提升美学价值

受季节性特点影响，农田景观的发展直接受各种自然因素的影响。通常情况下，农田景观除了提供农产品这一功能外，还有促进景观农业得到最大化发展的功能，有利于从经济价值与美学价值两个方面提升和发展农田。在尊重自然规律与保证生产的前提下，通过调节地形空间层次、合理搭配各部分色彩的方式，可以打造出极富美学观赏价值的农田景观，如大片的紫云英、金黄色的油菜田等，甚至可以将一些常见的野生花草地被植物种植在农田空隙地带，与周围农田景观相互呼应，相得益彰，增加乡野情趣。这些农田景观独具魅力，能为乡村发展旅游业提供重要条件，同时还能为农田经济效益的提高提供重要支持。

（二）农业工程设施景观

农业工程设施景观包括沟渠、水车、喷灌、防护林、堤坝、地膜等农业生产设施景观。例如，在农业生产景观中，沟渠作为廊道能起到阻抑、过滤与传输的作用，对生物多样性的打造与维护有利，还有助于水资源利用率的有效提高。田间地头主要建设的是土沟渠，沟渠周边应适当种植植被，避免日光直射水分流失和增大昼夜温差，影响农作物生长和生态的健康发展。一般情况下，沟渠两侧种植的主要为灌木和树木，用阴影缓和水温的变化，为生活栖息在水体附近的野生动植物提供适宜环境。另外，还可以采用植物覆盖沟渠的方式，对工程设施景观进行美化、柔化处理，发挥美学与农业生态学功效。

这些农业工程设施景观不仅能满足农业生产需要，而且对其进行的艺术处理能有效改变农田设施以往的单调呆板，使其被赋予特殊的美学效果。例如，可搭设横跨水系沟渠的网架，或者在水体两岸栽种花草与时令蔬果，使瓜果或爬藤鲜花悬挂在水面上，使工程设备的科技性与花草蔬果的观赏性完美融合。另外，在农田中还可以使用移动喷灌设备，为农业工程设施景观赋予动感景观效果。

（三）林地景观

在农业生产景观中，林地景观也是重要组成部分之一。乡村林地景观具有防风固沙、调节气候、保证农业生产景观生态系统平衡的功能，建设并维护乡村林地景观，具有促进农作物的增产增收、改善农业生产条件、维护农业生产景观生态安全等效果。

1. 林地景观的位置

在充分考虑当地自然条件的基础上，应坚持因地适树的原则，在垂直于主要污染风向的位置设置林地景观，并将其与河道沟渠、果园景观、农田景观等合理搭配起来。通常情况下，林地景观的位置应设置在道路、沟渠、农田、河道两旁。在实际建设中，应充分发挥土地的作用，将其设置在田边地线与路、渠、沟之间的空闲地，这样做既能节约用地，又能增加植被的覆盖程度，对农田设施形成一定的保护效果。由防污染隔离林等构成的生态屏障，与自然保护区、生态果园等生态建设主体、农田林网、道路林带等网络，共同构成形式多样、功能丰富、景观优美、布局合理的乡村环境景观生态体系。

2. 选择和搭配合适的树种

在选择林地景观的树种时，应对当地农作物的生长要求、自然条件等做出综合考虑。遵循"因地适种"的原则，选择与当地地形条件、气候、光照、土壤相适应且不易使农作物感染病虫害、成林速度快、易成活的乡土树种来建设林地景观，同一林带中可以只种植一种乔木树种。例如，防风林带应以具有优越抗风性能的树种，如小叶榕、夹竹桃、高山榕、香樟、垂叶榕、印度胶榕、天竺桂等为首选，形成具有自然群落且厚实的防风林带。可以种植细柄阿丁芬、木荷等防火物种来防范山地起火。在选择树种时，不仅要关注生物学特性上的物种互补共生，而且要尽可能避免种植可能危害到农作物生产的树种。在搭配树种时，应注意在风力较大的地区，通过搭配种植灌木与乔木，形成较远的防风距离和良好的防风效果，避免农作物倒伏。在风力较小的地区，可通过种植乔木形成透风型结构，使风能从树干间吹过。另外，应多采用灌木与乔木结合种植的原则，将防护性速生乔木与乔灌木结合种植在沟渠、道路旁，将具有较高经济价值的灌木和小乔木种植在田埂旁边，以此兼顾生态效益与经济效益，同时打造出空间错落有致的景观。

3. 林地边缘景观

为了创建出和谐、优美的林地景观，应对林地边缘地区加强美化处理，形成色彩绚丽、层次丰富且具有季节性的林地边缘景观。在优先选取当地乡土树种的前提下，可以选取具有较高观赏价值的植物种类，如有花、枝、叶、果的灌木、阔叶树、地被植物、花卉以及乔木等。在布局上应注意符合自然，在上下竖直的方向中保持层次错落，平面疏密结合，避免种植过于规整。

（四）果园景观

在传统意义上，果园是从事生产、经营果品的主要场所，产业链较短，且没有较多附加效益，无法形成能体现地方特色的果园景观。现如今，时代的进步与农业理念的革新逐渐引起了人们对果园景观建设的关注。

景观建设总能创造出妙趣横生、令人心驰神往的现代果园，在增产增收提高果园原本经济效益的同时，实现果农创收。果园景观在当今时代已不再是只种植果树、生产果品的场地，而是作为主要的农业景观。其基于原有生态系统的基本规律与原则，经人工改造后形成生态系统。通过合理的设计建设，对乡村果园景观进行科学建设，有助于为乡村旅游经济的发展提供动力，真正做到为村民创造福利。

科学设计和建设的果园不仅能取得良好的生态效益与经济效益，而且在对其景观功能进行充分挖掘后，可以建造观光果园，实现农业经济与旅游经济的完美结合，同时通过发展旅游业为乡村景观建设提供推动力量，进一步缩小城乡差距。在设计规划观光果园时，应遵循以农业生产为基础的原则，坚持对农业资源进行合理利用，为果园配备园林景观要素，利用多种景观元素对果园进行景观设计。

需要注意的是，果园景观的设计建设，应充分考虑当地生态环境的承载能力，在不对当地景观的生态与风土特色造成破坏的前提下进行。需要重点强调的是，在设计建设中，应对乡村的乡土特色进行充分挖掘，并在始终保持乡土特色这一重要前提下，使人们体验到完全不同于城市生活的田园气息。

（五）茶园景观

茶文化在中国传承千年，茶已成为中国人日常生活中必不可少的精神饮品与健康饮品。茶园景观是我国重要的茶叶生产地区，也是一种独具特色的农业生产景观。防止水土流失是建设茶叶生产景观的重要要求。

山地茶园的建设应因地制宜，从总体上做好规划设计。在具体建设上，应注意山地茶园的建设地点要分散，不能连片大面积栽种茶，要避免水土流失。另外，应对茶园的排水系统进行科学设计，可将山地茶园开垦建设成为等高梯层的形式。同时，应对山地茶园进行科学管理、合理耕作，以科学有效、环保的方式提升土壤的抗蚀性。为了缓和地表径流，应实行横向等高耕作的方式。另外，可以通过在园边路面上种植草木的方式，保持茶园水土，改善茶园生态气候，使茶叶的品质与产量都有所提高。

应充分开发农业产品与农业景观的观光旅游价值，通过合理的设计将艺术产品加工、农业生产景观、游客参与农事活动等有机融合起来，打造出充满情趣的茶园景观。

三、乡村生产性建筑景观的特点

（1）参与互动性：为人们提供劳动体验的条件，体验播种、施肥、管理、收获等农耕活动。

（2）生态自然性：乡村景观不是表面上的"自然、生态"，而是更有活力、魅力，更能拉近人与自然的距离。

（3）娱乐教育性：通过乡村元素进行创作，让人们在体验的同时进行科普教育。

（4）地域文化性：每个地区的气候、土壤、水文、地形条件都不同，相应地，不同土地上出产的农作物也各不相同，这些不同的农业景观都在展现着土地的魅力。

四、乡村生产性建筑景观的设计手法

（一）调研及分析

对地域生态环境有一个全面且深入的调研，包括气候、地形地貌、水文、土壤、植被等。

（二）挖掘地域文化

了解当地地域文化时，应该着重了解当地的农耕文化、手工业文化、物质文化遗产和非物质文化遗产。

（三）列出生产性景观的要素

在全面了解乡土生态环境和地域文化的基础上，全面挖掘生产性景观要素。

（四）加工和升级

原本风光无限的乡村景观可以保护和保留，可套种高大的开花植物或者有色叶植物，增加艺术装置烘托田园风光的意境。将生产性景观的元素进行整合、再创造，打造出能凸显本土文化的乡村景观。

生产性景观来源于生活和生产劳动，融合了生产劳动和劳动成果，包含了人对自然的生产性改造和对自然资源的再加工，是一个有生命、有文化、有长期传承、有明显物质输出的景观。乡村生产性景观是创造乡村生活的关键因素，乡村生产性景观的应用让乡村建设更具乡土气息。

第四节 乡村文化性建筑景观设计

打造乡土特色要保护能呈现出空间形态的地理存在和不能呈现出空间形态的人文精神，即保护乡土生境与特色文化氛围。简单来说，就是立足于乡村文化与自然两个方面进行保护和维持。

一、对乡土文化特色的保持和延续

保护和延续乡土文化特色是为了保护民间文化，将村民的真诚勤劳与朴实无华的精神传承和发扬下去，这既是保护历史，也是保护未来。要求对乡村人文内涵的传承予以重视，加强对乡土文化的继承、研究与发扬，对其发展过程中表现出来的历史特征深入挖掘，尤其要加强对乡村非物质文化景观的保护，创造有文化底蕴、有鲜明乡土文化特色、优美和谐的乡土景观。

非物质文化景观涵盖乡村的风俗习惯、意识形态、价值观念、宗教信仰、生活方式、道德观念与审美观等各种无形的景观。在历史长河中，不同乡村有着不同的发展历程，逐渐形成了能体现本地区文化内涵与特色的非物质文化景观。这种景观深刻影响着乡村的气质和给人的印象。当某人身处陌生的地方，偶尔听见来自家乡的方言时，就会产生浓厚的亲切感，双方的距离迅速拉近，这就是对家乡的认同感与归属感的具体体现。在日常生活中，村民们会围坐在村庄的休闲区、街道旁下棋、聊天等，这种生活方式展现出来的现象，也是乡村生活中精彩生动的非物质文化景观。

很多乡村文化景观都具有保留和传承下来的价值，是人类文明中的宝贵财富，因此在设计时，应尽可能地将这些历史文化遗产保护好，仔细研究乡村的乡土、风俗文化，并逐渐落实到乡村的景观规划设计、空间布局与建筑风格中，通过科学合理地规划设计乡村景观，使乡土文化的积极作用得到保护与延续。

二、对乡村文化性建筑景观的合理开发和建设

不仅要对乡村的民族宗教与历史文化展开深入研究，而且要加强对乡村的原有格局、文物文化、传统街区等的更新与保护，保持和强化乡村在局部风貌与总体布局上的文化特点，使地方文化的生命力得到有效延长。

合理的开发本身就是在保护乡村文化性建筑景观。对乡村文化性建筑进行科学合理的开发和挖掘，有助于其生命周期的有效延长。这类建筑包括装饰华丽的寺庙、特色宗教祭祀建筑、气派恢宏的祠堂等文化古迹，应将这些建筑作为重点保护对象，对其进行有效的保护和修复。可充分利用乡村民风民俗等，开发乡村特色景观，如社区公园、村庄活动中心、雕塑广场等，通过塑造新的乡村文化性建筑景观，为村民提供更大的精神文化场所，同时减轻乡村文化古迹的客流压力。这样新旧结合的乡村文化性建筑景观开发使用方式，更能凸显乡村历史文化和内涵精神的传承与革新，突出"乡魂"的传承与发扬。同时对人文景观资源，如乡村居民的生活习惯、民俗文化等进行重点收集与整合，通过有形的形体将无形的观念传达出来，达到情景交融、触景生情的目的。

因此，必须基于对乡村文化性建筑景观内涵的充分挖掘和拓展，以良好的物质基础将乡村的历史文化内涵充分体现出来。同时，将村民的农作习惯、生活习惯、历史遗产等与现代生活和行为方式结合起来，去粗取精，不断传承和发扬我国乡村优秀的传统文化。

第五章
乡村农业景观规划

农业景观，作为世界上最为广袤的景观，是指在农业区域内，由各种要素构成的、能够成为人们审美对象的、农业外在特征和内在特性的总和。

农业景观作为建造在农业领域的景观包含多个元素，常见的元素有生活场景、农业生产以及最重要的农作物景观、其他自然生命类景观，整个农业景观并不是为彰显某个要素所具备的美感，而是要展现多个元素的综合效果。农业景观规划最关键的一点就是从宏观层面合理分配"景观"这种特殊的"资源"，将景观具备的自然特性和过程与人类的实际需求紧密联系在一起。

第一节　农田景观规划与生态

农业景观是我国农业土地利用的基础，对其进行合理的规划和设计，是实现可持续发展农业的关键。农业景观的生态规划既要考虑生态单元内的组合，又要从整体着眼；既要考虑自然属性，又要兼顾生态效应和人文效应。

一、农田景观规划与生态设计的原则

（一）整体协调原则

从本质上讲，农田景观属于生态系统的一种，属于集自然美、艺术美、社会美于一身的有机体，所以想要设计农田景观就必须遵循整体协调原则，具体来讲就是在设计时要从整体出发、宏观规划，同时注重每一个细节，保证内部和谐，只有这样才能保证农田景观的可持续发展。农田景观的设计与一般的设计有一定区别，它是在农业基础上完成景观设计，涉及人文、生态、景观、农业等多个方面，具有极强的综合性，也正因为这种性质使我们在设计时需要遵循整体协调原则，既要考虑整体，又要保持内部协调。从这个意义上看，整体协调原则对农田景观的设计和形成有极强的指导意义，这也恰恰符合德国著名哲学家谢林曾说过的"个别的美是不存在的，唯有整体才是美"。

农田景观的设计属于整体化设计，要保证整体的协调，绝对不能过分凸显某一单独要素。在进行农田景观设计时要以"天人合一"思想为指导，遵从自然规律，在肌理、形态、色彩等内容的设计上要充分使用所有设计要素，重点关注这些要素之间的和谐关系，更要重视这些要素协调组合在一起时所呈现的整体效果。同时，还要注意农田景观的组织排列、要素表达及空间构建，重视农田所处地域的文化和特性。在进行整体规划时，首先要了解、分析、梳理原景观格局，协调"点、线、面"关系，保证各个景观要素合理分配；其次要严格遵循场地精神，合理安排农田、道路、植被、农作物以及农村的位置；最后要加大力度修复景观的肌理片段，实现设计理念和构成要素的和谐统一，凸显景观的整体风格。

此外，农田景观设计还要了解整个景观中各个要素的组成和消耗，如景观中包含生物的类型、生命周期，土地的流失，资源的污染、消耗等，构建整体绿色核算体系，控制生态价值；全面把控农田景观不同作物的生产时间和生产过程，分析其产出是否浪费能源和资源；协调景观的整体效果，协调其本身的自然结构和组成来构建自我组织和自我设计能力。

（二）保护优先原则

农田景观设计必须遵循保护优先原则，以确保农田景观能在保护中不断发展，在发展过程中保护不中断。所谓的保护优先原则，指的是尽可能地保护农田景观的整体性、原真性以及客观真实性。

众所周知，农田景观是在当地自然环境的基础上建造的特殊景观，不仅需要集中保护，也需要动态保护。农田景观中需要集中保护的元素有古桥、古树、古建筑、景观小品等，它们不仅蕴含深厚的文化内涵，还具备特殊的历史意义，必须进行保护，尤其是要保护它们的肌理和形态。农田景观需要动态保护的有农田景观的设计内容、设计过程以及设计结果，这种动态保护需要多阶段、循环往复式实施。农田景观作为一种由多种农作物相互搭配形成的美丽景观，必须具备连续性和完整性，所以其设计必须符合生态规律，必须保护景观所用农作物品种的多样性，保护生态生境和对应的循环系统，同时避免在耕地上建造景观，禁止一切可能对景观土地造成破坏的行为，提升农田景观的环境承载力。尊重土地、保护土地，在确保农产品生产安全的基础上，实现生态环境保护和经济发展的和谐统一，在保证不会破坏生态安全格局的情况下拓展其功能。农业景观的保护并不意味着只保护农田景观的表面，其他与景观有关的方方面面也要得到保护，如环境、经济、管理、社会、法律等，根据内容的不同，保护方式也不相同，但必须保证保护的整体性和真实性。保护农田景观需要当地所有人的共同努力，能以主人翁的身份对农田景观进行管理和保护最好。农田景观所在地的人地和谐关系已经存续了数千年，其设计绝对不能打破这种关系，必须尊重自然，将农田景观打造成集生态支持、文化承载、产品生产、环境服务等多项功能于一身的复合型景观系统。

（三）特色突出原则

特色突出原则是农田景观设计需要遵循的重要原则，完整的农田景观在长时间的发展过程中必须在色彩、肌理及形态等方面显露出特殊性、差异性、地域性特色。从人类发展角度来讲，农田景观属于人类文明不断发展的产物，所以其设计必须以当地特色为基础，通过恰当使用各种设计要素实现本土特色的升华，展现其具备的显著环境特色。农田景观设计要以当地现有资源为基础，通过合理的布局、规划以及功能分区使整个设计充满浓郁的乡土气息，增强农田景观对外地人的吸引力。农田景观在环境设计上要充分利用现有资源，保证农田景观的基础肌理不会出现较大变化。农田景观不仅场景优美，还具有丰富的文化内涵，这些都建立在农田基础之上，所以设计应借助农田营造的场景和文化内涵的提炼来凸显其内在精神，使景观具备更多显著特色，被更多人认出。农田景观设计应重视其与周边环境的连接程度，通过运用各种设计要素、划分功能区及设计定位等凸显当地的景观特色，切忌直接照搬其他地区的景观设计。

如今，全球一体化趋势越发明显，具备显著特色恰恰是脱颖而出的关键。而且，随着各种外来文化与当地文化的交流和融合，农田景观设计更要凸显当地文化与资源的多样性、差异性、地域性，借助这些突出特性来增加价值量，吸引更多人参观，同时整合不同文化之间存在的异质和同质点，大胆创新。

（四）文化延续原则

农田景观不仅是单纯的景致，也是当地人们生活、劳作的场地，与当地人息息相关，它是当地居民、民族或区域的生活方式、社会意识、人文气息等内容的间接体现，是人类生命的圣洁之地，更是人类文化繁荣发展的根源。

农田景观文化的延续在一定程度上承载着农民的精神寄托，是建设和谐社会、推进生态文明的重要基石，更是其本身发展的重要因素。想要实现农田景观文化的延续，首先，要从宏观出发，围绕乡土特点使用独特性延续、可读性延续、循环性延续等多种方式实现农田景观文化的最大化保持和发展。其次，积极创建文化环境，促使人与农田之间形成和谐统一的关系，凸显当地民族的社会凝聚力，为现代人了解当地农田及其历史增加新的有效途径。最后，对当地的历史、文化及当地人的经验保持绝对的尊重和遵从，构建一个和谐的农田景观新文化体系，规范当地的共同意识及秩序，合理利用其文化资源并促进其本身的可持续发展。

　　如今，农田景观出现在我国的各个角落，每一处农田景观都是当地无数代人民和土地关系的见证，都蕴含着独特的文化内涵。农田景观文化的延续不仅为现代人深入了解当地的文化、风俗、特色及行为开辟出一条有效的路径，也能大大丰富其精神生活。全国各地的农田景观必须保证形态、特征的完整性、原真性，这是农田景观保存中最关键的部分，也是后人享受祖先遗产的重要路径。

（五）科学创新原则

　　农田景观设计绝不是简单的复制或模仿，而是在保护农田的基础上进行大胆创新，通过设计理念、生产技术、设计工艺、审美情趣的创新让参与者清楚感受农田景观的原型，同时在视觉上、文化上表示对其的认同。科学创新原则是农田景观设计在全球文化一体化趋势下的抵抗和融合，是科技飞速发展、旅游全球化等多种因素共同影响的结果。

　　农田景观设计要遵循科学创新原则，可以有效避免各种急功近利现象的出现。在设计农田景观时，应在保护基础的前提下进行创新，利用平日生活和生产的相关技巧对其进行修缮或二次创作，使其具备新的功能。在保证当地精神新颖不变的情况下，充分利用人类长久以来积累下的趋吉避凶、与自然和谐相处的伟大智慧，在现代农事生活中融入传统的历史文化。对于不同地区景观之间存在的差异性和统一性给予高度重视，重点强调景观的场所精神和空间意向，同时科学、灵活地应用设计材料，恰当地使用多种设计方法。在设计过程中要充分应用现代先进的能源、理念、技术及材料，保证其与时代发展相匹配，呈现出全新的、符合时代特征的面貌。从当地实际情况出发，以现代技术为依托，充分参考和借鉴国外优秀的设计经验，并进行大胆的科学创新，全方位提升农田景观的审美情趣和视觉品质，彰显其对人类的巨大意义和丰富价值。

（六）可持续发展原则

　　农田景观设计要遵循可持续发展原则，将人文与自然有机结合在一起，形成自我调节、自我更新的能力。如今，农田景观的可持续发展早已成为全世界无数人都在关注的重要课题，与人类的根本需求和切身利益息息相关。

　　农田景观设计绝对不能只注重眼前，应将眼光放长远，而想要实现这一点必须要走可持续发展道路，所以可持续发展原则是农田景观设计的重要原则。农田景观的设计绝对不能对当地的生态环境造成任何破坏，绝对不能做出任何可能对后世产生重大不利影响的行为，所以景观设计需要在有限的范围内开展。设计还要保证农田能够实现可持续发展，保证资源、材料能够进行循环利用，从而形成新型旅游方式——循环旅游，推动经济发展。由于因素不可控，必须保留一定的余地，或者说留出一定的"弹性"范围，既能保证农田景观空间的开放，也能保证其未来发展不受影响。由生态学相关理论可知，保护自然环境已经成为当前必须考虑的内容，同时在保证农田生物多样性的基础上增强景观的异质性，突出景观个性，构建较为完善的农田循环系统。在修理农作物时尽可能不使用任何的除草剂和化肥，同时充分利用阳光、水、风等能源及各种各样的自然条件代替水、土地等有限资源，通过稻秆回收、太阳能发电等方式提升资源的使用效率。设计要从宏观角度出发，立足现在、放眼未来，所有行为都要具备前瞻性，尽可能做到资源再生、节能环保，实现局部服从整体、当前服从长远。

二、农田景观规划与生态设计的要求

（一）关注"环境"

农田景观是当地居民为了更好地适应当地环境设计出来的一种生产性质的景观，是当地自然生态环境的根本体现，所以，当地的气候环境、自然环境和地理环境直接影响农业景观的设计和发展。农业景观设计必须以当地实际的自然环境为根本，重点关注当地的气候、水体、农作物、土壤等关键要素以及其他非物质要素，更要注意保持不同元素间的相互作用。从广义层面来讲，重视"环境"必须重视农田景观与地球生态环境之间的和谐关系。从狭义层面来讲，重视"环境"必须重视农田景观与当地自然环境之间的和谐关系。只有保证农田景观与环境之间的和谐关系，才能保证设计出的农田景观集文化、历史、自然于一身，具有艺术性、互动性、乡土性、生态性等特点。

农田景观作为一种建造在环境之上的景观必然是与环境融合在一起的，对周边的生态环境有一定的维护和促进作用。为了充分发挥农田景观的作用，我们在设计农田景观时必须合理处理其与周边环境的关系，在保证景观能够平稳、有序、健康发展的基础上，保持周边环境的自然属性，营造健康宜人的生活氛围，延续乡土的生态性。

农田景观设计属于生态设计的重要组成部分，生态设计的前提是尊重环境、关爱环境，农田景观设计也不例外。无论是谁设计农田景观都应牢牢铭记：人类只是生活在大地之上，大地并归人类所有，自然环境更不是人类的私有财产。

（二）关注"生态"

农田景观最根本的特性是生态，这个生态并不单单指绿色，还指农田景观所使用的材料、能源是生态环保的，利用率较高，而且农田景观的设计和建造对周边生态环境基本没有影响。如今，农田景观设计所追求的生态并非一纸空文，而是要确切落实的责任和使命，对自然、生态的关注度奇高，属于"天人合一"的直观表达。

农田景观设计必须保证其发展符合"生态"要求，要充分利用当前环境的种种条件，保证农田景观系统中物种、群落、生态系统的多样性和空间异质性。对自然资源和环境容量的利用要符合生态规律，尽可能避免农业生产活动出现浪费和污染现象，逐步向生态化转变。同时对农田景观的路网、沟渠、林网、农田以及自然生境和半自然生境进行合理分布，为农田景观构筑一个生态的屏障，营造一个独立于城市之外的绿色开放式空间，为农田景观的生态提供更强的保护，实现"双赢"。农田景观设计关注生态，应对参与者加强环境教育，让其了解环境教育的意义，尽可能保证生态环境的完整性，更重要的是要让所有参与者清楚：世界上本不应该存在垃圾，它们只是被放错了地方。此外，农田景观中的各种设施也应该凸显生态特色，所有的农产品应注重绿色环保。

（三）关注"经济"

有句古话是这样讲的："民以食为天。"简单来讲就是人类的生存和生活不能离开食物，也就是人们常说的粮食。我国是人口大国，人口数量约为世界总人口的18%，我国也是一个农业大国，但我国的耕地数量只占世界总耕地量的7%，人类想要生存和生活需要农田的支撑。农田景观设计是建立在农田基础上的，必须重视其"经济"属性，因为这种经济性是农田景观生产性的基本表现，是它与其他景观的显著区别。

根据可持续发展理念，农田景观设计必须重视农田景观的生产模式和产业发展及其本身存在的巨大价值，将形态肌理与农田的经济发展有机结合在一起，保证农田景观的生物量和生产力都能维持在较高的水准，优化当地的经济结构，提升当地居民的生活质量，既能节约成本，又能实现和谐发展，推动经济可行与乡土保持融合，形成高度循环的经济体系。我们无论是想要挖掘农田景观潜藏的经济效益和文化内涵还是保护农田景观，都应遵循整合思想的指导，对其内部蕴含的独特活力进行深入的探究，以乡土资源的充分利用为基础，通过少量的资金、人力投入，实现农田景观的生产、生活发展。

（四）关注"情感"

农田景观设计与当地人的生活息息相关，所以必须从当地的民风、民俗、民意以及当地人的生活习惯出发，重点关注当地人的亲和性、生命性、精神性，构建良好的人文环境，实现当地历史文化的优化，在美丽的农田景观中开始"艺术的生活"，营造出"久在樊笼里，复得返自然"（陶渊明著《归园田居》）的独特农事生活意境。农田景观情感诞生的主要原因是人类与自然、农田之间频繁的交际，包括农田场所蕴含的精神对人感官的刺激等。农田景观设计必须保证与农田景观的情感相匹配，彰显其尊崇乡土、关注乡情、重视当地人真实感受和质朴情感的本来面目，服从其发展的最高要求。对当地人来讲，他们已经在这片土地上生活了很长时间，形成了独特的文化意识和社会习俗，这些独特的内在为农田景观赋予了更深厚、更广阔的意义，更让农田景观具备了其他类型的景观所不具备的朴素之情。正因如此，设计者在设计农田景观时必须以当地文化、情感为根本出发点，让农田景观中的所有事物乃至意蕴都带有独特的情感。在农田景观设计中融入情感，融入农民对农田的认知，再充分利用当地的地形地貌、水文条件、历史文化、民风民俗等关键要素，使农田景观的空间序列、场景节奏紧密融合在一起，凸显农田景观的叙事性和象征性，使其具备集体的精神意义。

（五）关注"表达"

农田景观设计必须高度重视"表达"，要做到"张于意而思于心"，既要关注设计的表达，也要注重表现设计理念的方式。农田景观设计与其他景观设计不同，它以为当地人提供生活必需环境和物质的场所——农田为对象，设计的最终结果就是农田景观的全貌，这就要求设计师主动和当地人深入交流，了解居民的态度和情感，并在农田景观中呈现出来。

农田景观设计的表达方式需要设计者认真思考，这种方式不但要能展现当地农作物"播种"和"丰收"的内在规律，能揭示农田景观蕴含的"自然"和"人工"的并存特性以及"刹那"和"永恒"的精神内涵。农田景观设计最关键的内容是设计是否恰当、设计操作是否符合人们的需求，这些内容也是农田景观表达最根本的体现。一个成功的农田景观设计不仅要方便表达和操作，更要充分展现其自身具备的独特价值。

此外，农田景观设计还要对自然、文化、人性、空间、尺度进行更精准的掌控。首先，农田景观设计一般是朴素的，但这并不意味着农田景观的肌理、形状、色彩等都被设计成简单的造型，此"朴素"指的是风格、个性、内涵的朴素，即充分应用当地的现有条件，对当地给予绝对的尊重，尽可能保留农田景观的原色。其次，当地人是农田景观设计的最终服务对象，所以在设计时要遵循以人为本的原则，以当地人的真实需求和体验为根本出发点，切忌只从技术和美学角度设计。这里需要注意的是，农田景观设计需要以人为本，并不等于将人作为设计的绝对核心，而是构建一个人与景观及其中生物和谐共处的环境，在尊重自然的前提下坚持以人为本。这就要求设计师在设计之前多和当地人交流、沟通，真正了解他们的需求，保证设计出的农田景观被更多人认可，与人们的生活完美融合。

三、农田景观规划与生态设计的目标

（一）活力

一般情况下，农田景观应该是充满活力和生机的，这就需要设计师从农田景观与当地的环境、周边生产形态的匹配着手，实现农田景观与人类的生活、生产以及自然的完美融合。农田景观的活力指的是农田景观可以主动进行自我完善，方便人类在其中开展相关活动，包含人与农作物、人与农田之间相互交织的过程。有活力的农田景观不但能够清楚揭示人类与其中各种要素的交织关系，而且能让人类亲身参与其中。

农田景观"活力"的主要表现有农作物的自然生长，各种动物的自由鸣叫，人们开心地从事生产活动，景观的多样性、丰富性，景观缺乏清晰的边界，景观空间的动态化、立体化，整个生态系统良性循环的运转等。正如辛弃疾（宋朝著名词人）在《清平乐·村居》所言："茅檐低小，溪上青青草。醉里吴音相媚好，白发谁家翁媪？大儿锄豆溪东，中儿正织鸡笼。最喜小儿无赖，溪头卧剥莲蓬。"这些内容是农村生活的真实写照，质朴、平凡，却充满活力，对那些一直居住在城市的人们有着无穷的吸引力。此外，有活力的农田景观能更清楚地展现当地居民热闹的生活环境，揭示当地人从事农事生产的朴实勤劳，还能进一步展现乡村的风貌特征，显露出农耕文化沉甸甸的历史厚重感，加深人与自然、人与农田的亲近感，散发出强大的吸引力。

（二）美丽

对设计师来讲，保持农田景观的美丽是最基础的要求之一，因为这种美丽的外貌是当地人感知自然和农田的主要路径，所以设计师在设计时应以生态绿色为基底进行大胆的艺术创作，形成多元化的、美景度极高的景观空间。农田景观中的万物都是美丽的，值得人们认真欣赏，这种美丽主要表现在生态环境优美、农作物颜色五彩缤纷、布局和谐、景观空间基本不存在污染等方面。农田景观所呈现出的生态美、朴素美等都带有独特的意境，属于"物境—情境—意境"的有机结合体。美景度指的是某个人或群体按照某种审美标准对农田景观的质量给出综合评价，简单来讲就是让人根据自己眼睛看到的景观外貌给出它是否美丽的评价，这属于风景美学质量的量化因素，一般用美景度评判法（SBE）来确定其具体的数值。农田景观的美感分为多个级别，具体的级别由审美群体根据自己的感受得出。想要保证农田景观的美丽，最重要的一点是保证设计能够充分展现农田景观所蕴含的文化、精神等内涵，同时将功能美和形象美紧密联系在一起呈现出景观的生态之美，尤其是绚烂、蓬勃的野草之美以及健康、丰满的"大脚"之美。今天，农田景观的美丽不仅是经济追求，而且

在经济基础上更加注重韵律、意境、气氛、情调等。

（三）循环

农田景观根植于自然界，所以其变化、发展、存在都要遵循相应的自然规律，更重要的是它随着四季的流转不断循环变化，周而复始。要知道，农田景观中包含了各种各样的生物，其生老病死也是循环出现的，它们还在这种循环的生死之间不断抒发自己珍视生命、执着自然的特殊情感。

因此，农田景观设计必须重视"循环"，从"源"出发经"流"后最终"汇"在一起，其发展要具备"资源—产品—再生资源—再生产品"的反馈过程。农田景观的循环主要表现在以下几方面：农作物的生长、生产，循环化的农产品加工系统，农村品的重复利用，农田景观的四季变化，高效、高质量的生态系统，景观层出不穷的生态流，景观巨大的承载力和生命力，废弃物的循环利用，城乡一体化系统等。

（四）发展

农田景观属于生态系统，这个系统并非一成不变，而是处于动态发展、时空交融的状态中，无论是形态还是内部要素都在不断发展，显露出生态逻辑和历史进程不断融合的发展趋势，在一定程度上具有生态逻辑的结构及历史过程中美的生态范式。

如今的农田景观设计应从发展的角度开展，在保证设计不破坏农田生态且符合现代特征的前提下转变农田景观的生产功能定位，结合新时代、新形势进行设计，而非直接放弃传统的"高消耗—高污染—高增长"设计模式，简言之就是既要保留、承继传统，也要顺应时代发展趋势。当然，如果继续维持传统消耗极大，那还不如积极地发展，使农田景观具备新的生机和内涵，发扬其发展特性，走上正确的发展道路，呈现出"山清水秀稻花香"和"桃花流水鳜鱼肥"的美景。

四、农田景观规划与生态设计的方法

（一）建立生态安全的必要性

生态安全的定义包含广义和狭义两个层面，狭义层面的生态安全指的是生态系统的安全，它包含三种类型：第一种是海洋、湿地、荒漠、草原、森林等自然生态系统的安全；第二种是社会系统、经济系统、城乡系统等人工生态系统的安全；第三种是微生物、动植物等生物链的安全，这种生态安全也是我们在平常所说的生物安全。生态安全的基本内涵早就被国家发展改革委确定，指的是能够支撑一个国家生存和发展的不会被威胁的、相对完整的是生态系统以及解决各种生态问题的特殊能力，它的特征是动态性、区域性、综合性、整体性。

从上述内容可以看出，生态安全极为重要，与经济安全、军事安全、政治安全有着同等重要的地位，直接影响国家安全和国家大局。随着时代发展，我国对生态环境有了更深层的认识，同时大力开展生态文明建设，在一定程度上印证了生态安全在我国安全领域的重要地位。

国务院于 2000 年公开发表了文件《全国生态环境保护纲要》，文件中明确提出"维护国家生态环境安全"的宏伟目标。2002 年，党的十六大召开，在会议报告中肯定了生态安全的重要性，将其与经济安全、国防安全放在同等重要的地位，认为它是维持生态平衡、构建和谐社会系统的关键基础。2004 年12 月，第十届全国人民代表大会常务委员会第十三次会议召开，会议对《中华人民共和国固体废物污染环境防治法》进行了修订并一致通过，我国首次将保证生态安全以立法宗旨的身份写入国家法律，确定了其重要的法律属性，该法中第一条是："为了防治固体废物污染环境，保障人体健康，维护生态安全，促进经济社会可持续发展，制定本法。"

2018 年，全国生态环境保护大会召开，会议提出在生态文明建设过程中要积极构建五大体系，其中就包含生态安全体系建设，即"以生态系统良性循环和环境风险有效防控为重点的生态安全体系"建设。

综上可知，生态安全早已是国家安全不可或缺的重要组成部分，是我国经济安全、军事安全、政治安全的重要承载者，与社会的长治久安、经济的可持续发展、人民的幸福生活有直接关系，是国家安全体系的重要基石。至此，生态安全理念在理论层面与实践层面达成了共识。

（二）加强生态安全的策略方法

1. 建立生态安全格局

农田景观只有具备优秀的生态系统才能实现循环、持续、稳定的发展，所以农田景观设计必须构建生态安全格局。所谓农田景观的生态安全格局，指的是由农田景观生态系统中的各个关键要素、空间布局以及空间关系构成的稳定的基础性生态结构，是人类、生物、社会、自然等驱动因子在空间、时间层面上交织后形成的独特格局，最显著的特性就是异质性、多样性。党的十八大报告明确提出"构建科学合理的生态安全格局"。党的十九大报告指出"实施重要生态系统保护和修复重大工程，优化生态安全屏障体系，构建生态廊道和生物多样性保护网络，提升生态系统质量和稳定性"。

建立生态安全格局是农田景观设计首先要解决的关键问题，需要从宏观角度对农田景观中存在的众多关键要素进行分析和判断，充分运用景观生态学和设计学使农田景观格局得到进一步保护、重建和恢复，最终形成"点（斑块）＋线（廊道）＋面（基质）＋体（空间结构）"一体化布局，保证农田景观中的所有生态系统都能充分发挥自身的作用。在农田景观生态安全格局中，耕地是先决条件和背景，村庄、绿林、养殖场、观光园等是斑块，道路、沟渠、树篱、林带等是廊道，将这些元素通过适当的集中、分散，形成合理的网络布局以及保持景观连续，最终融合成一个复杂的、富含多个层次的空间网络。在这个空间网络中，斑块是功能载体，廊道变成了空间通道，基质则成为空间依托。农田的大小决定了农田景观中应包含斑块的数量，通常情况下，每公顷土地包含3~10块斑块为最佳，如果农田位于丘陵、山区时，这个数量要适当增加。平原地区的农田多为方形和长方形，长度和宽度都能精准测量，而山区的农田宽度需要根据坡度来确定。通常情况下，农田景观中应包含3条或4条廊道，其中，存在于农田之间的道路的宽度应保留4~6米，沟渠等辅助道路的宽度应保留2米，林带的宽度与树木的数量有直接关系，一般保持在2~20米，乔木防护林带的行距一般为2~4米，株距1~2米。此外，农田景观还要具备隔离绿化带。由此可见，农田景观的生态安全格局不仅让其具备了基础的生产功能，也具备了旅游、教育、观光、文化传承、生态服务等价值功能，消除人地之间不均等的矛盾，在保护过程中实现增长，成为国土规划和城乡规划的重要依据。

农田景观的生态安全格局应立足农田景观的异质性，即借助先进的设计理念对当地的环境、气候、生物等基础条件进行改造，改变现有景观的基质以及斑块的大小、形状和镶嵌方式，构建新的廊道，实现土地的充分利用，从而形成稳固的空间形态。保持农田景观的生态平衡，避免注入过多的新思想而出现负面反应，破坏生态安全格局的稳定，重点关注农田景观的质量和所有要素的比例关系。充分考虑农田的承载力、环境容纳力以及开发程度，严格控制外来物种的种植和应用范围，更不能无限度地扩张。此外，在设计时要对农田景观的边缘地带和田埂区域提起重视，营造农田景观野生的生态生境，保证动植物的正常繁衍和迁徙，综合评价环境污染。在农田景观生态安全格局内部要实现农林牧或农林果的综合经营与发展，保证生态安全格局与其功能的辩证统一，农田景观的这种功能是建立在生态安全结构基础之上的，这也是其最直观的反映，能够提高农田景观的生产力，创造更大的经济效益和生态效益。

2. 合理利用地形地貌

当今社会的和谐发展离不开人地关系的和谐处理。一个民族的信仰和认同感都建立在该民族的土地基础上。地形地貌是农田景观设计的关键部分，它决定了景观中农作物、水体、气候、生产技术等因素的具体效果，能激发空间的内在潜能，不仅稳定，还具有极强的亲和力。对土地的使用其实就是人们常说的农业，人们只有对土地的变化、作用及与地表生物的相互作用有充分的了解才能抓住景观的本质。合理地利用地形地貌，有利于农田景观设计中空间的分隔、视线的控制及美学的表现等①。

在农田景观设计当中，绝对不能为了让农田显得平整而对农田进行"破坏"，而应在尽可能保留当地地形地貌完整的基础上进行合理的改造，尤其是不能影响其基本功能。通过对当地山势地形的改造，充分挖掘其中蕴含的内在潜能，呈现完美的空间形态。土地是有生命的，绝对不能破坏土壤的内部结构，否则会大大影响农作物、景观等关键要素的生存周期，应根据适地化原则采用正确的耕作方法"培育"当地的地形地貌。农田景观设计应结合当地的地形地貌构建出各种各样的田埂，既能让整个景观空间显得更开放，视线、道路以及水域都具备极强的可达性，也能让整个空间更加生动，如弯曲的田埂给人以蜿蜒、灵动的感觉，竖直的田埂给人以刻板、沉稳的感觉。农田景观设计的景致、布局和功能都要立足于当地的地形地貌，保证各个景致都与当地的情况更为契合，具备极强的视觉稳定性，同时要做好排水措施，以防出现积水。绘制当地土地利用图，结合当地土地的位置高低、土壤特性合理设计景观的造型、肌理、大小和面积。

具体来讲，可以在那些地形起伏不大或是小型土丘上种植相对高大的乔木，在相对低洼和凹陷的区域种植草本植物或小型灌木。四川的部分地区会将低洼区域挖成池塘，以此形成鲜明的高低对比，更显错落有致，如江南地区的"桑基鱼塘"。可以将地形开阔、高耸的区域打造成高台，专门让人登高远眺，高台以下应种植各种植被，不显突兀，如哈尼族的梯田景观，这种景观是哈尼族充分利用当地的地形地貌结合先进的养鱼、灌溉技术形成的。此外，可以在农田的拐角处或中部凸起处设立展示牌，主要记载地里所种植物和土壤详情，既能让孩子们在此玩耍，也能让他们接受趣味教育，从而激起他们对农田景观的热爱。

3. 准确调配农田作物

农田景观设计还有一个重要作用就是"培育出具有生命的绿"。景观多样性是根植于大地的自然地理与生态特征之中的，反过来，这样的多样性又反映了陆地环境功能的差异性②。

在农田景观设计当中，农作物是最主要的景观，作为农作物基础的土地的特征和风景会随着耕地方式以及土地用途的变化而变化，在设计时要对农作物景致进行合理布局和分配，尽量实现农田景观"三季有花，四季常绿"。这就

---

① 俞孔坚，李迪华，李海龙，等.国土生态安全格局：再造秀美山川的空间战略［M］.北京：中国建筑工业出版社，2012.

② 威廉·M.马什.景观规划的环境学途径［M］.朱强，黄丽玲，俞孔坚，等译.北京：中国建筑工业出版社，2006.

要求设计师对当地的土壤、气候、水体以及农作物等有充分的了解，结合当地的实际条件，合理地分配、种植农作物。这里需注意，农作物处于不同海拔、不同纬度时可能出现变化。设计师要结合农田景观的整体规划以及具体的功能合理选择农作物，注意其与果树、绿林等植物以及石头、道路、水域等景观的搭配，构建关系和谐的、层次分明的、结构完善的作物群落组合构架，同时要符合季相、空间、色彩、质地、线条等美学特征。农作物的颜色、花期、大小、高低以及落叶应与周围其他植物在季相上的变化形成和谐的关系，让人的"五感"获得美的享受，生出探索的精神。应借鉴画理、诗歌以及"比德"的美学理念，使用恰当的设计方法合理配置植物，同时参考农业景观管理粗放的特质使农作物充分发挥其衬托主题、改造环境、分割空间、营造意境、表现时空的作用，从而使农田景观呈现出多样美。农作物的种植应高度注意色彩、品种和行距，常采用间种、套种、混种、单种等栽植方法，搭配穴播、撒播、条播、机播等造景技术。为了保证农作物的健康生长，呈现出与设计相符的生态、生产及景观效果，在种植农作物时应适当搭配相关的技术和举措，如生草覆盖技术、天敌利用技术、生物防治技术及病虫害防治、形态修理、节水灌溉、土壤改良等。此外，农田周边还要种植一些浮水植物、挺水植物等，将景观空间打造成一个绿色的空间，充分展现它的美丽，既能传承文化，还能有效防止水土流失。

农田景观设计不仅要重视农作物与其他植物的配合，还要重视其与动物的配合。首先，收集生存在农田景观空间范围内的动物的详细信息，如种类、分布、习性等，方便对症下药。其次，如果空间内动物的种类和数量都不多，可以在专家指导下或结合生态学相关理论适当增加。最后，不要盲目引进其他动物种类，维持空间内的物种平衡。

4. 灵活运用乡土材料

在农田景观当中存在大量生活化的、可以直接取用的资源，这些资源就是我们所说的乡土材料。目前，乡土环境污染情况较为严重，这就要求我们充分、灵活地运用这些乡土材料，打造出极具地方特色的景观，这样还能大大节约建筑费用，一举两得。当然，想要将乡土材料制作成美丽的景观，必须具备发现美的眼睛，找到正确的使用方法，顺应天时，衡量地利，保证事半功倍。

在农田景观设计当中，乡土材料的选择应由设计内容、创意及定位决定，这样才能保证乡土材料的材质美得到充分挖掘和应用，结合其特性选择恰当的加工技艺。简言之，因艺施材、因料施术。设计不仅要使用乡土材料，还要在不破坏环境的前提下实现乡土材料的升级，从而完美诠释农田景观蕴含的乡土文化。设计要充分应用现代先进技术发掘乡土材料的新形态和新特性，通过抽象、简化、变形、转化等方式实现现代和历史的融合。对于农田中存在的废弃材料，也不能置之不理，可以通过循环再生及时转变为其他物质或能量，如将枯枝败叶转变为肥料。此外，设计还要参考古典园林的"诗格""画理"理念，利用农作物构筑美妙意境，展现美妙的乡土气息。

在农田景观当中，小麦和水稻是最常种植的农作物，这些农作物在收割后产生的秸秆、地中的茅草以及山石、土地、水体等都是农田景观特有的乡土材料资源。通常情况下，秸秆在收割后会散落放置，然后经过时间的沉淀变成土地肥料重新用于农田。可以将收割完的秸秆卷成捆放置，这样既能用作饲料，也能充当景观小品的材料。还可以将秸秆和茅草综合使用，制成草席、草鞋、稻草人或者搭建茅草屋等，这些方法十分常见，是人类智慧的结晶。更重要的是许多城市人从一出生就被困在钢筋混凝土筑成的围墙内，与自然接触少，更是几乎看不到稻草人、茅草屋等自然野生产物，它们具有非凡的观赏价值和极深的教育意义。在农田景观当中，水体资源最为灵动，这就要求设计时将其与道路、河流等景观要素紧密联系，展现其自由、随性的特质，形成拓扑分形的灌溉系统，展示其"四喜"，即一喜环弯、二喜归聚、三喜明净、四喜平和。同时，要结合水体的深度搭配种植各种乡土植物，如沉水植物、浮水植物和挺水植物等，充当人们观赏景观的视线过渡。在农田景观中，山石、土地都带有浓郁的原始气息，潜质巨大，合理分布不仅能让人们视野中的景象更加美丽，还能起到画龙点睛的效果，当然，也可用大量碎石和泥土构筑农田的围墙和道路，既美观又实现了多重利用。如今，乡土材料早已脱离农田被运用到各种城市景观当中，最具代表性的景观有芝加哥北格兰特公园用玉米打造的艺术田、厦门园博会用甘鹿打造的鹿园以及沈阳建筑大学用水稻进行的校园规划建设等。

5. 营造趣味景观小品

在农田景观当中，由不同材质打造、具有多样化结构和造型的景观小品直接冲击着欣赏者的视觉器官，完美呈现景观蕴含的内在文化，那些可称之为优秀的景观小品更是成为了文化的载体、设计的关键表示。因此，设计师在设计景观小品时要精益求精，赋予其超强的趣味性和视觉冲击力，吸引欣赏者的目光，让欣赏者享受更长时间的视觉效果。

景观小品类型多样、题材万变，可以是棚架、戏台、井台、打谷场、石碾、草垛等常见物，也可以是观景台、指示牌、亭台、风水树、神龛、土地庙、稻草人等带有寓意的物品，还可以结合周围的景色、雕塑等，既有淳朴、精致之感，也带有极强的趣味性，使整个农田景观更有特色。比如，在观景亭中不能只摆放单独的桌凳，还要搭配一些带有意蕴的特色箩筐，在增强趣味性的同时又能追忆往昔的生产、生活。

对设计师来讲，首先，景观小品设计要找准定位，切忌打造传统景观，要深挖其潜藏的观光、休闲潜力，为简单的景观穿新衣，使其成为蕴含社会经济价值、景观价值以及生态价值的综合体，为来者服务。其次，设计造型要带有趣味性，要与周边环境匹配，如家禽、小猪、簸箕、箩筐等，严禁私搭乱建、乱扔垃圾，同时所使用的标识应是规范的、一致的，确保游客获得美妙的视觉效果。整个景观的大背景是绿色，所以使用的搭配颜色要以此为核心，同时要结合游客的心理以及颜色的象征意义等进行选择。再次，设计者要善于换位思考，在游客可能需要休息的区域修筑休息区和相关配套设施，所用材料应坚固、耐用、便于更换，尽量使用带有当地特色的材料。整体设计应极具创意，符合生态美学和视觉美学理念，最关键的一点是要与休憩主题相吻合。考虑到小孩、老人等特殊群体的需求，地面要防滑，周边植物应无毒无害、无杀伤性。最后，整体设计要符合社会大众的心理和审美意识，能让游客直接接受，切忌使用带有歧义或容易引起反感的设计。设计要使用独特的造型方式和艺术表现方式，使景观整体呈现极具高度的美感。配套设施要完善，如指示牌、解说栏等，尽可能消除安全隐患，同时将观光旅游与科普教育有机结合在一起。

6. 鼓励广泛参与互动

农田景观设计并不能完全依靠政府，因为它将来面对的是周边的居民和无数的游客，所以需要全体人民积极参与。从这一点来讲，设计师的设计要从全体民众出发，借助政府的力量鼓励人民广泛参与，这符合"以人为本"这一重要的设计理念。《中国 21 世纪议程》指出："公众、团体和组织的参与方式和参与程度，将决定可持续发展目标实现的进程。"

在农田景观设计中鼓励民众广泛参与可从以下几方面着手：第一，政府要逐步完善相关法律法规，通过各种方式宣传农田景观，让所有民众都意识到保护和发展农田景观的重要作用，从而主动参与；领导者要仔细斟酌民众提出的意见，选择性采纳；设计要以城乡居民实际需求为出发点，重点关注生态、生产和生活方面的功能，从而更好地为当地的环境、经济和民众服务，加快城乡一体化建设。第二，以居民的切身利益为根本出发点，设计的每个环节都要征求当地居民的意见，充分发挥其主观能动性；大力宣传农田景观，让民众对农田景观的新理念有更多的了解，设计师要根据当地居民的实际情况设计景观特点和标识，借助大众思想改进自己的设计理念。第三，对当地的儿童加强生产劳动教育，使其树立"劳动光荣，劳动最美"的理念；对来游玩的游客进行环境保护、文化保护知识讲解，增强其保护意识，尽可能避免出现影响甚至破坏农田景观整体美的行为，严禁一切有可能改变农田景观原本价值取向和生活方式的行为。

（三）加快建设生态安全体系的对策建议

生态安全体系是一项极为复杂的系统工程，我们只有克服重重困难、持之以恒才能顺利构建。生态安全体系作为国家安全体系的重要组成，其建设进度在一定程度上决定了国家安全体系建设的推进程度。以这次新冠疫情为例，我国的国家治理体系和治理能力经受住了实践的考验，从体制、机制上进行了大胆的创新，出台了一系列疫情防控措施。要知道，生态文明建设离不了制度的保障，所以加快建设生态安全体系迫在眉睫，可以从以下几方面着手：

第一，加强顶层设计。我们应结合我国当前生态安全的实际情况制定一套符合国家发展目标和发展战略的制度规划。整体性是生态安全体系的显著特性，所以我国生态安全体系建设应从宏观角度出发，为长远发展做打算。动态性和区域性也是生态安全体系的重要特性，所以，我们要统筹规划，统筹考虑各个地区的生态环境和生态主体，如资源开发者、社会普通民众、生产企业、领导者等。总而言之，在解决生态安全问题时坚持"整体理念"，构建因地制宜、人与自然和谐相处的治理模式。这个过程并非一蹴而就，需要不断增强认知、不断反思、不断提高，通过顶层设计进一步完善生态安全体系建设各个环节的任务、目标、措施等。

第二，加强科技支撑。随着时代的发展，生态安全问题越来越复杂，治理离不开先进科技。比如，我国人口越来越多，环境污染越来越严重，人口—环境—资源的矛盾越来越大，现代生物技术可以有效缓解这方面的压力。所以，我国应通过给予经济补助或政策支持的方式鼓励企业开发绿色、生态技术。当然，科技发展也会衍生出新的生态问题，这一点需要我们高度重视。如今，人类为了满足自身日益增长的物质需求不断开发新技术，也引发了一定的生态安全问题，如工程技术、能源技术、转基因生物技术等，这些技术同样是生态安全体系建设的重要内容。

第三，加强监测与预警。我国虽然建立了生态安全监测预警系统，但系统并不完善，如对非法猎杀、销售野生动物的监管力度不足，所以我们应大力加强不同监测层级间的联动，搭建应急网络，制定应急预案，完善管理体系，对生态安全核心领域加大监测力度，及时应对突发生态问题。

第四，加强生物安全。以《关于全面禁止非法野生动物交易、革除滥食野生动物陋习、切实保障人民群众生命健康安全的决定》为抓手，完善保障生物安全的制度体系。以保护生物多样性、维护生态平衡为根本目的对现有法律法规进行梳理，废除其中不合理的制度。在各地创建监管和执行体系，落实权责、经费和编制，保障指法监督的权威。加强对生物技术开发应用的监督管理，严防有害物泄漏。在社会上大力宣传人与自然和谐相处的生态理念，开展保护野生动物、生物安全的法规、知识普及活动，在中小学阶段开设生态文明教育课程等。

第五，加强国际合作。随着全球一体化进程的不断推进，全球各国早已命运与共、休戚相关。生态问题并不是某一个国家的问题，而是全球所有国家共同面对的问题，人类可谓是一荣俱荣，一损俱损。无论是以往的埃博拉病毒还是这几年的新型冠状病毒，只有全球各国齐心协力才能将其战胜。所以，生态安全体系建设需要创建合作机制，在国际生态环境治理中大胆贡献中国方案。

遵循自然规律，是人类发展永恒的主题；与自然和谐共处，是需要每个人一生学习的必修课；做好生态安全体系建设，是人类发展过程中的关键课题。

第二节　乡村研学基地景观规划与设计

一、乡村研学基地与景观叙事的耦合性

后经典叙事学对人与作品之间的关系以及历史语境、社会意识形态对作品的影响极为重视，既关注作品的历时性，又关注作品的共时性，这一点其实就是景观设计所遵循的"人本"原则。根据《中国研学旅行发展报告2021》，全国的中小学生人数接近两亿，这是一个多么庞大的数字，而且我国人民有10%的消费支出都用在了教文娱领域当中，开展研学旅行有着无法想象的巨大前景。随着乡村振兴战略的持续推进，教育部先后成立了大量与农业相关的研学基地，这些基地配合各个中小学校对中小学生、儿童及亲子开展了学农教学和学农教育。

无数知名学者在研究如何教育中小学生、儿童及亲子时进行了大量的实验，最终得到了一个结论，内容如下：使用插叙、倒叙等叙事手法或开展与叙事学相关的主题性学习能有效帮助儿童成长，帮助中小学生接受教育。基于此，乡村研学基地的景观设计能以景观叙事，更便于儿童和小学生与环境进行友好交流、沟通，有助于实现教育目标。此外，设计师还要深入挖掘当地的历史和文化，应用景观叙事理论和手法增强景观的表现力，增强体验者的感受。

二、乡村研学实践教育基地特征需求

研学教育发展离不开教育基地的支持，所以创建研学实践教育基地刻不容缓。我们从研学实践教育基地的自身条件、规划设计、教育性与体验性、设施

服务、安全管理五个方面对基地建设提出建议。

（一）基地优越的自身资质条件

研学实践教育基地的建设必须具备各种优越的条件，如交通便利、经济发展良好、社会知名度高、信誉良好、经营资质和服务能力完备等基础条件，环境优美、研学价值高、有专业的研学实践教育人员和服务人员、充足的研学场所等为基地建设增光添彩的丰富性条件。通常情况下，研学实践教育基地的规模都比较大，既能容纳更多的学生，也能为学生提供更广阔的教育活动空间；基地内必须配备大量的专业服务人员，如安全人员、指导人员，以便于满足学生的所有需求；在建设基地过程中要深挖基地的教育内涵，保证所有的实践设施都有相应的教育意义；基地要保持整洁、干净、卫生。只有具备以上所有条件的基地才是最符合研学实践教育活动需求的基地。

（二）基地的规划要有一定的针对性

为了保证研学实践教育活动的质量，基地建设必须制定合理的、详细的规划，这种规划应以实践育人目的为核心。基地应包含室内研学教室（场所）和室外研学场所，室内研学场所可以用于开展研学实践教育活动、开发研学产品，室外研学场所一般只开展研学实践教育活动，所以还需要注意其交通规划是否合理、是否与研学路线相匹配，能否保证研学过程的连贯和游览过程的便捷。基地的研学路线应根据基地内存在的景观资源来规划，即借助基地特殊的景观资源（如景观小品、道路、水体、建筑等）开展实践课程，挖掘教育内涵。这就要求设计师的设计要多样化，保证景观与研学主题相吻合，为研学实践教育活动提供丰富的内容，提升基地的创新性和整体性。

（三）研学课程的开发与体验

在基地规划过程中，开发相应的研学课程同样至关重要。所有的研学课程都要与基地主题相吻合，且保持一定的特殊性，不同年级的学生接受的研学课程应各不相同，每个课程的时长和讲解也应如此。对于小学生来讲，开设研学课程只是为了让他们在实践中增长见闻、提升认知，为未来的成长和全面发展奠定基础。对于中学生来讲，开设研学课程不仅能增加他们对自然的了解，更重要的是能锻炼他们的体力，增强其观察能力，使其养成团结协作的精神，属于综合性培养。此外，在开展实践教育活动过程中要按照一定比例为学生配备专业的指导教师和服务人员，在保证课程质量的同时让研学过程顺利进行。

研学课程的设计不仅要具备完整的课程规划，还要构建相应的研学教育体系，保证教学的规范，防止部分学生"只游不学"。研学实践教育活动需要在专业指导教师的引导下开展，但实际情况是社会中并没有足够的研学实践教育专业指导教师，为了解决这个难题，基地需要主动对基地现有指导教师和服务人员进行专业化培训，提升其专业能力，增加其专业储备，从而在研学实践教育活动中充分发挥其作用，展现基地的教育价值，让学生学到知识。而且，研学指导师在教育过程中的主要作用是引导和指导，帮助学生养成自主观察和思考的能力。此外，指导师可以在课后组织学生交流经验、分享心得体会，既能让学生巩固自己学到的内容，也能推动基地建设不断发展以及研学实践教育不断深化。

（四）规范设施与服务，建立健全的研学实践教育与基地评价体系

基地规划要根据相关标准为研学实践教育活动的开展配备相应的设备，如各种教学工具、多媒体、电脑等教学辅助设备，位置图、全景图、标志牌、安全警示牌等引导学生有序开展研学实践的设施，这些配套设施要定期检查，一旦出错要立刻更换。基地还要为学生提供各种方便休息和娱乐的场所，如亭台、阁楼、商超、餐厅等，让学生在劳逸结合过程中学到知识，提升自身素质。基地还要构建一套完整的评价体系，每当研学课程结束都会让学生、游客对基地的规划、设备、研学服务及产品等提出针对性建议，基地根据人们的反馈及时修改，不断提升课程质量。

（五）安全第一，管理制度健全

任何行为都应以安全为先，基地规划也不例外，所以，建立一套完善的安全管理制度、组建基地安全管理队伍必不可少。在成立安全管理队伍后，要定期为安全人员进行专业化培训，提升其安全知识储备，形成安全意识，要求安全人员定期检查基地所有设施。落实安全责任机制，构建安全保障体系，在学生和游客到来后及时开展安全教育，教授他们如何应对突发事件，如何保护自身，以防万一。此外，基地要设立质量监督和投诉处理制度，及时发现问题、解决问题，对学生和游客提出的投诉进行及时、严肃处理。

三、乡村研学基地景观设计的策略

（一）打造知行合一的田园课堂

1. 构建研学情境

乡村研究基地景观设计的主要目的是构建研学情境，实现知识、空间、身心的有机融合，让儿童通过感受环境了解相关知识。"知识情境化"的过程是"主题挖掘—体系构建—空间叙事—行为引导"。

（1）阶段一：主题挖掘。

乡村研究基地景观设计要以当地特色文化为设计核心和主题，同时要尽可能避免所构建的研学情境出现同质化现象。在确定主题后，设计师可以对其进

行适当的拓展，并与景观空间中的艺术装置、交通道路、景观小品等关键要素的外观设计、空间设计有机融合在一起，为其赋予空间内涵，完美诠释乡土故事，展现地域文化。

（2）阶段二：体系构建。

1）分学段知识体系。以场地主题为核心的乡村研究基地景观设计所构建的知识体系应与学校教育课程逻辑相匹配，不仅要足够详尽，还要做到逐层深入，从而保证每个阶段的研学情境和校内课程都能一一对应，这一点在活动场地规划设计中体现得更为明显。设计师在规划活动区域时应将可能出现干扰的活动以及学段相差过大的活动分布在不同区域，确保双方互不干扰，更重要的是确保儿童的心理不受影响。比如，应将最基础的用手工、绘画的方式描绘自然形象的区域与较高层次的通过亲身感悟场景或聆听指导师的讲解以体会其中内涵的区域，以及更深层次的通过测绘、实验等方式得出环境具体数据的区域完整地分割开。

2）多学科复合设计。可以将多门存在内在联系学科的知识整合到一起，再将其与相应的空间要素有机融合，经过反复优化后实现空间的多元活化利用，这样可以有效防止知识内容以及知识和场地之间的对应关系太过单一，借助学科知识融合升华课程内涵。比如，在农业课程开展过程中讲解二十四节气常识，在讲解国防军事知识时穿插丛林 CS 课程，在植物迷宫课程开展过程中增加趣味知识问答。

（3）阶段三：空间叙事。

1）故事化引入。所谓的故事化引入，就是用一些乡村故事或故事化内容作为辅助，合理安全规划空间，引导儿童进入研学状态，这个方法的重点是串联场地、窥视体验和悬念解密。

一是串联场地，通过加强儿童对地图路线的认知程度，使他们发现各个场所之间存在的内在逻辑关系，减少走重复路线和迷路的情况，提升其空间表征能力。乡村研究基地景观设计可以将不同场地用诗词歌赋或四季时令串联在一起，并将场所设计成对应线索的模样。

二是窥视体验，通过幻想意象和窥视体验来激发儿童的兴趣与积极性，使其主动寻找、探索所有研学场地。乡村研究基地景观设计应多构建神秘空间，让儿童对空间产生期待和好奇，主动探索、发展空间的秘密，同时在研学体验中融入儿童以往的记忆图式，使其空间想象能力得到显著提升。

三是悬念解密，通过在景观中遗留线索、提示、谜团、问题吸引儿童带着悬念寻找答案，不仅能激发其想象力，调动其情感，还能诱导其做出一系列行为。通常情况下，儿童根本无法抵抗这种解密的吸引，会积极寻找，也必将收获惊喜。乡村研究基地景观设计应将一条或多条线索分布在不同场所，形成无数的悬念，只有将所有线索串联起来才能找到谜底，不仅能激发儿童的兴趣，使其注意力集中，还能大大提升其空间知觉和空间思维能力。

2）艺术化再现。空间是乡村研究基地景观设计的核心，通过设计艺术化再现诗词歌赋的意象空间，不仅能让儿童对空间场所产生更多的认同和尝试，还能激发其产生无限的遐想。在审美理念当中，想象的作用和地位至关重要。艺术化再现重点关注的是景观意蕴的可理解性以及在短时间内给人留下强烈印象。在艺术化场景中不仅充满了理论知识，还给人以如沐春风的感受，能激发儿童主动学习的强烈意愿。场景者存在的错觉和幻觉不仅能凸显幻觉特征，产生鲜活、特异的景观氛围和瞬时印象，还能使儿童产生积极的情绪，在脑海中刻下深深的印痕。

当然，并非自由文学艺术等文科知识能够进行艺术化再现，实验过程、科学结构等理科知识也可以通过恰当的空间设计让人深刻体味。比如，"乙未园"，这是一个位于贵州乡间的儿童乐园，由傅英斌工作室设计，主题是环境教育，工作室在构建该乐园时使用的材料都是一些常见材料，如纸张、金属、玻璃等，还专门建造了一个资源回收中心，不仅直观阐释了材料的循环利用，还在不知不觉间完成了环境教育。

（4）阶段四：行为引导。

1）多感官体验。感官器官是接收景观信息的主要载体，如嗅觉器官、视觉器官、听觉器官、触觉器官等。所以，乡村研究基地景观设计应注重多感官体验，可以使用各种互动式活动单元（声光电设备和非动力设备等）与儿童进行身体互动，让儿童在亲身实践过程中学到知识。在嗅觉方面，种植带有特殊香气的植物，引导儿童前行。在视觉方面，景观所用颜色应偏向于绿色和暖色，营造和谐、生态、愉悦的生活环境，引导儿童亲身感受田园生活。在听觉方面，景观应配备各种发声设施，如传声筒、木琴、哨子等，引导儿童感知、探索。在触觉方面，每个功能都应采用独特的材料，将带有不同肌理和质感的材料进行综合对比，引导儿童探索。比如，蜜桃猪农场在沙地上搭建了一个障碍赛赛道，所用材料只有轮胎和围栏，不仅能增强儿童与小猪的互动行为，还能让二者互动前行。

2）互动式单元。自古以来，儿童景观都是互动行为的显著代表，所以，乡村研究基地景观设计应规划各种各样的互动式的单元，不仅能使景观变得更加丰富，增添更多趣味性，还能消除儿童对景观的生疏感，解放儿童天性，引导儿童行为。比如，在非动力活动区域建造各种互动式单元，方便儿童进行种植、画画、歌唱、奏乐、泥塑等活动，做出钻洞、攀爬、跳跃等动作。

2. 协调信息行为

在实现"知识情境化"后，研学情境也需要结合研学活动的实际需求进行优化升级，确保能与儿童开展更好的互动。研学活动可以分为以下三大类：

（1）导师主导类活动。

1）空间围合。导师主导类活动指的是由导师主导的研学活动，常见类型有知识讲解、仪式引导、规则宣读、交通集散等，这类活动对活动的纪律性极为重视，学生必须保持注意力高度集中，紧跟导师的教学思维，同时尽可能消除其他任何活动和可疑声音对活动的干扰。从心理学层面上讲，儿童的身体意象宛如一个不断变化的"空间气泡"，其边界并不固定，而是随着活动发生不断变化。导师主导类活动发生的场所应尽量保持安静，防止儿童无法集中注意力。所以，设计时应对此活动区域进行单独设置，或用墙体、植物与其他相对活跃的区域间隔开，尽可能消除声音，提升空间的围合感。

2）辅助措施。如果因为某些空间问题无法进行围合，可以搭配声光互动、插画、广播等形式来帮助导师进行解说。比如，使用植物科普牌、室内电视、语音播报系统等进行实践体验解说、视听传媒解说和文字解说。

（2）团队实践类活动。团队实践类活动是研学旅行经常开展的教育活动，导师主要负责组织和提供指导，常见类型有团队合作体验活动、团队合作竞技活动、团队合作调研活动等，这类活动对活动的秩序性、趣味性及合作性极为重视，需要空间辅助活动秩序并提供教育资源来支持多团队交流实践活动。

1）辅助活动秩序。在设计景观时可以将空间划分成多个区域并用特殊符号或元素来标记，保证活动有序开展。比如，无数团队都想采水样，可以在取样平台的地板上画出多个云线，表明不同区域，然后用虚线引导人们排队，能有效减少拥挤。

2）提供教育资源。在设计景观时可以高度关注环境可提供的活动单元和活动机会，增加互动性和动态性。比如，将蜜桃猪田野农场中非动力活动区域的1/3草坪划分为弹性空间，留给人们开展临时性的研学活动，各种活动道具可以存放在位于草坪一侧的"田野课堂"建筑当中。当然，可以将许多活动单元布置在非动力活动区，如木桩桥、音乐装置、垂钓平台等。

（3）轻松休闲类活动。轻松休闲类活动指的是基本没有导师参与、基本由儿童主导的研学活动，常见类型有集体野餐、课间休息等，这类活动对活动的互动性和休闲性更为重视。这类活动并不只发生在同一学段的儿童之间，也可以发生在不同学段的儿童之间以及儿童与村民、游客之间。所以在设计景观时应重点关注儿童的实际需求和心理感受，既要保证空间私密性、舒适性，也要方便儿童进行各种社交行为，如观看、参与、退避、隐蔽等，可以在空间边缘设计一个配备成套休闲娱乐设施的平台。

1）观看。当儿童需求与景观界面吻合时，儿童身体意象的边界和边缘空间就会融为一体。儿童可以在边缘空间的保护下进行"观看"社交，既保持了有效的社交距离，又满足了儿童保护自身私密性的心理需求，对儿童后续社交行为做出鼓励。

2）参与。儿童在不断"观看"后必然会进行尝试，通过在活动区域的一系列尝试行为试探其他人是否接纳自己，这个过程比较复杂和漫长。所以在设计景观时要设计一个特殊的缓冲区域，专为这种特殊尝试服务，距离以两百米为限。比如，在蜜桃猪田野农场中，中心活动场地周边分布着各类座椅，人们可以自由落座观看活动，在不同活动设备旁边还散落着许多轮胎，它既能充当儿童观看活动的座椅，又能充当儿童的缓冲区域。

3）退避。因为参与轻松休闲类活动的儿童来自不同的年龄段，这就使该活动的活动设施类型多样，即使是同一个活动设施也不一定适合所有儿童，因为每个儿童都是独立的个体，个性、能力、体力都各不相同，出现无法适应活动挑战的现象十分普遍。但每个儿童都有强烈的自尊心以及个人神话、假想观众的心理，太过看重周边同学和教师对自己的评价。因此，在设计景观时必须为儿童设计更多体面的、从容的退避方式，便于儿童在活动过程中光荣撤退，保护自己的身体和心理。

4）隐蔽。通常情况下，研学旅行都是以团队形式活动，但这并不意味着不尊重个体和小团体。所以在设计景观时应设计一些特殊的隐蔽式空间，这些空间规模不一，能遮风、挡雨、遮阳，与公共空间相距甚远，十分安静，适合儿童惬意独处。这些空间的位置虽然要远离公共空间，但必须处于人员可看护的区域之内，可以在公共空间和隐蔽空间之间构建专门的看护空间。为了保证隐蔽空间的隐蔽性，可以用灌木、墙体、栅栏阻挡儿童视线，但绝对不能阻挡看护人员的视线，要保证儿童生命安全。

（二）共建充满趣味体验的乡野家园

1. 共建乡野家园

（1）乡野家园共建体系。人与场地之间的关系是相互的，人使场地有了温度和感受，场地反馈给人美好的回忆和牵挂。乡村研究基地景观设计应注意多"留白"、齐"共建"，让更多主体参与到建筑过程当中来。比如，位于贵州乡村的"乙未园"，它是由傅英斌工作室设计建造的儿童乐园，主题是环境教育，在建造过程中不仅有村民参与，还有许多儿童参与其中，村民负责筑墙，儿童负责制作水泥砖块。墙体筑造完成后，村民在上面刻下祈求平安的民俗符号，儿童写下稚嫩的笔画，印上手印、脚印以及经过精挑细选的植物叶子。

1）儿童。对研学儿童来讲，要通过各种方式促使儿童主动参与到乡村研究基地的建造过程当中，实现身份从"使用者"和"被研究者"到"共同建设者"和"研究者"的转变，这样不仅能让儿童对乡村研究基地有更多的认同，还能刺激其产生主人翁意识，还可以有效防止出现一些不适合儿童观看和使用的设计。此外，可以举办参与设计类活动，为基地增加一些参与式景观，如"为基地做雕塑"活动。

2）导师。对研学导师来讲，要创建设施规划委员会和使用评价委员会，了解导师的教学目标、教学理念以及具体的课程安排，确定导师对教学目标和活动场地之间存在的关系有清晰的认知，防止其出现一些违背场地预期目标的强迫行为。

3）村民。对村民来讲，他们是乡村研究基地主要的建造者和运营者。如今，乡村社区发展的主流趋势就是多元主体参与的社区共建模式。乡村研究基地建造能让儿童对乡村生活和田园社区产生积极的情感，村民的生活习惯、行为习惯以及参与程度直接影响儿童的研学质量。所以，村民参与基地的设计、建造、使用、管理、运营、活动等环节，既能增强自己对基地的认同感，形成主人翁意识，也能对研学旅行以及自己在其中扮演的角色有正确认识，共同构建和睦友好的社区氛围。

（2）乡野田园共创活动。乡野田园共创活动能让儿童正确认识自己与园区、集体以及他人的情感，它主要包含两种形式，分别是共创体验的营造和文化仪式的运营。

1）共创体验。共创体验的营造关键是让儿童在乡村研究基地的研学情境中和他人共同进行创造活动，取得相应的成果。这个成果一般是带有田园色彩和地域色彩的、个性化的、能够带回家或放在基地共创展示空间展示的。常见的共创展示空间有展览馆、博物馆、研学田或研学林。例如，陕西省首家中药材研学旅行基地——黄龙县中药材研学旅行基地，森林资源丰富，在基地内，学员可以在趣味学习中体验中医药的魅力，传承中医药文化。这种直接接触大自然、接触中药植物的过程，受到了大家的热烈欢迎。

2）文化仪式。文化仪式的运营重点是将乡村研究基地与研学儿童、研学学校以及研学旅行业态有机融合在一起，结合当地特有文化制定特色节目，成为真正的"第二课堂"。例如，横渠书院·张载祠被省教育厅、省旅发委、省文物局评为"陕西省中小学生研学实践教育基地"。横渠书院·张载祠研学将围绕张载关学文化，通过体验传统礼仪文化活动、关学讲座等，让广大中小学生了解张载，传承关学文化，学到知识，开阔视野，提高社会实践能力。

（3）田园共享空间。田园共享空间能借助团队互动和场地互动让儿童更快融入田园生活,对生存的土地产生更多的认同感。田园共享空间的营造以处理流线和丰富空间为主。

1)流线交汇。在营造田园共享空间时,应主动梳理各个主体活动流线,如游客亲子休闲类活动流线、研学儿童轻松休闲类活动流线、村民日常娱乐休闲活动流线,将各个主体集中到田园共享空间当中,确定共享空间和功能分区的边界,进一步刺激公共空间的生机,使不同主体形成内在联系。

例如,玉燕山蝴蝶谷位于凤翔区范家寨镇,是以蝴蝶文化主题园为主,配套了餐饮住宿、休闲娱乐(水上竹筏、素质拓展区)、农耕体验、林下养殖的综合科普休闲基地。以亲近、认识自然为核心,以热爱自然为根本,通过研学活动、实践体验、科普探究多样化教研,让旅游与综合实践教育相结合,实现寓教于乐,立德树人。

2)空间丰富。在营造田园共享空间时,要高度关注景观元素、视线体验、空间层次的丰富程度,明确区分研学儿童、游客、村民所属的活动区域,借助空间感知引导各个主体进行视线交流。比如,设计师在改造西安老菜场市井街区时将整个空间进行了破碎和重组,打造了上下贯通、串联的立体交通体系,使空间感知更加广阔,视景层次也得到了极大的丰富。

2. 优化互动体验

(1)田园美学意象。人想要和景观进行友好交流、沟通,离不开景观意象这一关键载体,它包含三个部分,分别是个性、结构和意蕴。想要将地域文化打造成 IP 形象,需要多个步骤,首先要做的就是收集信息,从信息中提取文化内涵,将其转变为元素,以此元素为核心进行符号创作,最终得到 IP 形象,在这个过程中用到的方法有典故场景化、图案雕塑化、文字图案化等。在确定田园美学意象后以此为核心品牌形象,在儿童"自我"与"田园"之间画上连接线。

1)个性:原真性。景观意象的个性指的是景观场所具备的能被人识别和认出的特殊性质。景观意象主要包含两类,分别是原生景观意象和引致景观意象,其显著特性有社会性、地方性和个性化。通常情况下,不同乡村的景观意象各不相同。所以,乡村研学基地景观设计应深挖当地特色文化,发掘其人文特性和物理特性,展现特色地域文化和潜在场地能量,保证景观的原真性、独特性、叙事性不受影响,防止出现"景观失忆"的现象,同时营造恰当的景观氛围,合理搭配颜色,严禁过度娱乐化、商业化、低阶化。

2)结构:情景化。景观意象的结构指的是景观与体验者以及景观元素与整个景观空间在形态、布局、体验等方面的关联。所以,乡村研究基地景观应尽可能多样化,既能满足儿童的感性需求,给予其丰富的感官刺激;又能防止景观环境太过单一导致儿童感知失衡。在分布景观元素时要将儿童这一"参与者"的角色考虑进去，选择情景化的景观结构。比如，在使用多个 IP 形象雕塑塑造卡通形象让儿童进行自主研学的场景当中，要提前预留儿童所扮演的可以参与其中的角色，通过情感刺激，激发儿童研学的积极性。

3）意蕴：IP 化。景观意象的意蕴指的是观察者通过客观物体获得的较为实用的或是在情感上有帮助的意蕴，即人与景观之间形成"双向"交流、沟通、互感。人与景观意象和 IP 形象的深入交流，使景观体验变得动态、流畅而统一。根据田园美学理论，使用形态重构、旧物展示等方法构建一个极具亲和力的场地意象，不仅能刺激儿童产生创新意识、爱护大自然意识，还能引发儿童的情感共鸣，与景观产生情感互动。此外，场地形象拟人 IP 化能让儿童产生丰富的遐想，在想象的空间中与其成为伙伴并进行友好交流。

（2）乡野趣味互动。

1）自然互动。根据景观元素类型的不同可以将自然互动划分为动物自然互动、植物自然互动和水文地质自然互动等。所谓动物自然互动，其实就是让儿童多与动物进行亲密互动，可以适当增加动物种类，更重要的是儿童与动物之间的关系已经不再是传统的"投喂和被投喂""观赏和被观赏"，而是变成另类的"同伴"，这就要求导师多传授儿童饲养动物的理论知识。比如，日本母亲农场经过多年的培育饲养了多种动物，如驴、兔子、鼹鼠、奶牛、山羊、绵羊以及日本稀有动物，也根据这些动物制定了许多趣味项目，如骑马、挤奶、小猪赛跑、绵羊秀、鸭子大游行、绵羊大行军等。其中，"小猪赛跑"就是让儿童和小猪以小组的形式参加锦标竞赛，两人的关系是"伙伴"。园区还为这种竞技性项目推出竞猜彩票，增添人气和娱乐气息。

在植物自然互动方面，也要通过增加植物物种类型，打造多样化农业景观，除了传统的采摘互动之外，也可让儿童欣赏景观在四季的不同变化。仍以日本母亲农作物为例进行介绍，该农场不仅有绣球花田、油菜花田，还有牵牛花田，组成四季都有景的奇特景观。

在水文地质方面，应当尽量为儿童提供各种可以变形的自然材料，如砂石、泥土、水等，激发儿童的创造力和想象力。如今，很多乡村研学基地都围绕湿地、溪流、湖泊打造了水岸空间，虽然方便了儿童玩水，但存在巨大的安全隐患，需要严格规范区域，水深最好维持在 35~40 厘米，还要雇用专人看护和引导，使用的水源应经过净化，材料应防滑，同时在场所设计和空间互动过程中应用雨水花园、水质调研等方面的知识，鼓励儿童认真观察环境。

2）场景互动。根据互动载体不同可以将场景互动分为两类：第一类是非动力设施互动，即根据当地自然地形搭配非动力设施，得到凹凸不平、形状不规则的地面，打造成洞穴、山谷或山坡等，要保证景观与周边环境相匹配。这些景观不仅能激发儿童探索一番的好奇心，也能让儿童集中注意力。第二类是声光电互动，即通过使用彩色透明片、重叠片、万花筒、棱镜、反光镜、放大镜等特殊介质或复杂的声光电设备让儿童获得沉浸式互动体验，既有趣味性，又有教育性。比如，唐山的皮影儿童乐园，该乐园的主题是"皮影兔的低碳一天"，通过使用绘本底图技术、投影技术搭配声光电设备创造出有别于传统刻板说教的"冰屋体验""魔幻森林"等互动项目，让儿童获得沉浸式互动体验，是集环保理念、IP形象、互动娱乐于一体的全新产物。

3）团队互动。乡村研学基地鼓励儿童组成团队在场地情境中进行探索和互动，所以，研学情境必须具备儿童团队开展各种活动的相应条件，儿童团队最常开展的交流互动活动有角色扮演、捉迷藏、团队追逐、团队会议、团队交流、探索解密等。儿童团队在进行互动交流时所需的空间并不大，但必须足够温馨，以用一些低矮软质、尺度不大的、暖色调的弧形围成一个空间，搭配自然光，营造出一个安静、祥和的交流氛围，既能让儿童保持自由感、私密感和安全感，还能激发儿童的主观能动性，通过相互沟通增进团队的感情。

第三节　中药文化体验园景观规划与设计

一、中药文化体验园景观规划设计的原则

（一）尊重自然，保护环境

尊重自然、保护环境是我国生态文明建设的重要理念，所以中药文化体验园景观设计必须保证设计出的景观不突兀，与周边环境十分和谐，宛如一个整体，这恰恰符合中医药文化的整体观，切忌为了景观而大兴土木，对周边生态环境造成严重破坏。设计师可以根据中医药文化中的五行理论来设计园中的植物景观，既能保证景观的连贯性，也能体现园内景观的和谐统一，使其呈现整体统一的风格。

（二）文景并举，地方特色

中药文化体验园景观设计要注重地方性，尽可能多地彰显地方特色。所以，设计师需要认真翻阅地方志，了解当地的发展历史，对当地独特的、具有巨大景观价值的人文资源、历史资源、自然资源有全方位的把握，借助景观设计展现出来，实现文景并举，彰显中医药文化和当地的特殊魅力，吸引更多人欣赏。

（三）相地合宜，因地制宜

中药文化体验园景观设计要善于应用辩证思想，既要充分应用自然景观，还要适当搭配人工景观，保证景观的和谐统一。设计师可以根据当地的土壤、水域、气候以及现有植物等条件，结合整个园区的风格栽种恰当的中药植物，因时造景、因势造景，使整个园区的景观呈现出多层次结构，同时根据各种植物的季相特征设计出相应的季节性景观，彰显动态美，吸引更多游客到来。

（四）文化体验，人性设计

中药文化体验园景观设计要增强文化体验性，配套设施的分布要人性化，不能一味地阐述中医药文化，单调、枯燥，还缺乏新意，更重要的是可能会引发游客反感。设计师可以根据游客年龄不同进行分流，为不同群体的游客设计不同的娱乐活动，如为中老年人提供中药药浴、养生讲堂、制作药膳和药茶等活动，为年轻人提供中医药辨识、中医药趣味问答等活动。

二、中药文化体验园景观要素设计的方法

（一）自然景观的设计

（1）地形要素设计。一般情况下，景观都是依托地形建造的，尤其是人工景观，恰当地利用地形能让人工景观与周边环境融合得更完美，使园区成为和谐的整体，营造出带有不同感受的景观空间。如果园区地形起伏太大，景观设计只能因势造景，如那些坡势陡峭的区域可以种植红高粱、薰衣草、杭白菊等开花的药用植物，打造成梯田花海；那些地势平坦的区域可以通过对土壤、气候、水体的人工调整构建成一个适合中药材生长的生境，专门种植中药材，既能形成药材生产景观，也能使整个园区多样化、层次化。景观设计注重地形处理不仅能得到多样化的植物景观，还大大降低了排水系统积累的压力，如上海辰山植物园的岩石和药用植物园，在辰山上种植了很多药用植物，这些植物和山体都是景观造型，既彰显了景观的多样化，又能通过山体的坡度实现快速排水。

（2）水景要素设计。在中药文化体验园中，水景是重要的景观内容之一，它不仅是调节园区生态环境的重要工具，还能使整个园区呈现勃勃生机。优秀的设计师能将水景设计成透明的水线，成为景观的画龙点睛之笔。水景既是静态的也是动态的，静态的水景和静谧的空间融合在一起会给人以宁静、祥和之感；动态的水景和运动的空间融合在一起会给人火热、兴奋之感，水景的静态和动态就好像是太极的阴阳，时刻处于动静平衡中。水景也具有可以被人感知的特殊美，合理的水景设计能让游客获得非凡的感官享受。

水体的具体形态取决于设计师对地形的处理，水体一般都是曲折的，形成

一个精致的水面，也可以用旱喷、喷泉的方式呈现出想要的效果。比如，杭州植物园百草园中就有一个形状类似"L"的水体。

（3）植物要素设计。园区的植物景观设计要从整体出发，既要具备观赏性，也要节约成本。当地极具观赏性的植物或树木是最好的选择之一，或者选择一些带有经济效益的植物，如红花油茶、果树等。既然是中药文化体验园，那种植一些药用植物就很有必要了，可以将其设计成药用植物景观。设计师在设计时必须对种植的药用植物有足够的了解，明确其颜色、开花等内容，然后搭配一些常见的观赏性植物构成多层次的植物景观，既有观赏性，又能长久存续。药用植物的种植可以根据中医药文化的"四气五味"药性理论和"阴阳五行"学说进行。以具备保健养生功效的植物为例，可以参照植物的五行属性、药效以及文化内涵等分区种植。比如，将桂枝汤、人参白虎汤等药方中包含的药用植物进行趣味种植，搭配景观小品介绍其功效，真正的寓教于乐。

（二）生产景观的设计

农业观光园具有特殊的生产性，中药文化体验园也不例外，所以设计师可以运用恰当的设计手法将景观、生产、文化有机融合在一起，生成生产景观。中药文化体验园中的生产景观主要包含以下三种类型：

（1）游憩型生产景观设计。所谓游憩型生产景观，其实就是让游客游览、休憩的生产景观，如经济林景观、采摘景观、药圃景观等。中药文化体验园必然会种植大量的中草药植物，以此为核心打造出多个易于识别的、极具代表性的药圃花海景观，在药圃周边也能种植一些生态林和彩叶乔木，既能充当背景，也能体现景观层次感。比如，"浙八味"中的杭白菊在开花时不仅能形成花海，还会散发出浓郁的香味，具有一定的芳香疗效。

（2）体验型生产景观设计。体验型生产景观指的是以体验为主的生产景观，娱乐性更强。为了增强游客的体验性，中药文化体验园可以组织游客开展一些与中药有关的活动，如中药采摘、炮制药膳、体验药浴等，同时搭配研钵、药臼、药碾等景观小品增强游客的体验性以及景观的趣味性和多样性。

（3）科普型生产景观设计。科普型生产景观指的是以科普教育为主的生产景观。在中药文化体验园中，可以在游客游憩、体验间隙宣传中医药文化理论知识和历史文化，寓教于乐。

（三）人工景观的设计

（1）建筑要素设计。园区当中存在着各种建筑，如温室大棚、购物中心、文化馆、茶室等游客出入的场所，员工食堂、员工宿舍、设备间、杂物房等员工和管理人员出入的场所。这些场所必须建造在交通便捷的区域，且不能对园区景观和园区整体风格造成影响，其外观和风格要与园区整体保持统一，要能彰显园区的地域文化和核心主题。

建筑景观设计应遵循中医药文化整体观思想的指导，设计出的园区建筑景观无论功能为何都要保持统一的风格。通常情况下，建筑景观的风格都是自然的、古朴的，颜色也偏向雅致。要统筹规划园区的景观建筑，除了展示中医药文化的展览馆之外，还要建造中医药文化体验馆、养生馆，还要在恰当的位置建造廊台和亭台，以便于游客休息、娱乐。建筑景观不单单包括建筑本身，还包括周边的植物，这些植物可以是药用植物，也可以是纯观赏性植物，增强园区景观的多样性。

（2）景观小品设计。景观小品的体量一般都比较小，有着新颖的外表，功能一目了然，能诠释当地独特的文化。景观小品设计所用材料以石料和木料为主，既自然又朴实，针对材料设计出典型的轮廓，然后上色，颜色要与园区整体相匹配。此外，景观小品的功能要人性化，能让人一眼便知最好，如具备好用、实用、舒适等特征的造型特殊的桌椅。

中医药文化必然涉及中药的采摘、存储、加工、炮制等环节，药葫芦、药罐、药碾、熏炉、戥子都是中医药文化元素，这些都可以用雕塑小品艺术性地再现。这些特殊的雕塑小品与药用植物景观放置在一起，更能彰显园区景观的文化底蕴。

（3）道路铺装设计。园区道路全部用砖石铺就，不仅凸显出每个景观的主题，还将园区景观的各个细节刻画得更加显著，是景观要素设计的重要内容。而且可以在这些砖石上刻下与中医药文化有关的元素或符号，成为中医药文化广泛传播的重要载体，如在养生广场和相邻道路所用的砖石上刻下"五禽戏"的相关动作，能让人们对五禽戏这一养生运动有更多的了解，推动五禽戏广泛传播。

第四节　食用菌主题农业观光园规划与设计

一、食用菌主题农业观光园规划设计的原则

（一）经济性原则

建造观光园的根本目的是获得更多的经济效益，所以在规划设计时必须重点考虑园区建设和经济生产的关联性。农业观光园区规划设计必须充分利用现有土地资源，在保证基本农业生产的前提下，不断开发其他可以产生经济效益的项目，实现经济效益最大化。

（二）生态性原则

农业观光园区要大力发展旅游业，但要时刻警惕随之而来的各种环境问题，如环境污染、资源破坏等，园区在自身的生产和生活方面也要严格注重生态方面的要求，创造出舒适、恬逸、生态、自然的生产、生活环境①。

（三）参与性原则

当前，农业观光园的主要项目是让游客亲身体验园区的生活、生产，亲身感受农村的生活乐趣，体味淳朴的乡村文化。

（四）特色性原则

农业观光园想要吸引更多的游客必须具备自己的特色，特色越明显，竞争力才会越强，发展潜力才会越大。所以，农业观光园要充分利用当地的地理环境、历史文化打造特色主题，创造独特的产品形象。

（五）文化性原则

园区当中的景观是当地文化的集成，其生命与文化深度有直接的关系，所以必须深挖当地文化内涵，将园区打造成一个拥有生活文化内蕴的区域，实现园区的可持续发展。

二、食用菌主题农业观光园规划设计的思路

（一）食用菌主题农业观光园景观整体设计

食用菌主题农业观光园景观整体设计应严格按照景观规划学进行，主要包含四个方面，分别是食用菌的生长环境分析、食用菌生态、食用菌文化以及食用菌设计艺术，充分展现食用菌主题文化特色，再结合创造食用菌生态环境、认知人与自然关系、引导观光园中游客的行为等形成以食用菌为主题的特色景观。从景观设计学角度分析，农业观光园的景观规划可以分为以下三个方面：

1. 整体景观布局设计

农业观光园景观的整体布局设计可以采用经纬式这种中国传统园林最为经典的设计形式。自古以来，我国传统文化就有"天有天象，地分经纬"的认知，这种认知为我们提供了明确的参照物，让我们清楚知道自己所处的空间位置。在整个观光园的中心构建完整的食用菌主题景观，再在其周边搭配其他食用菌景观呈现出独特的效果，好似点点繁星镶嵌在广袤的银河当中。食用菌具有自然属性，所以在景观设计时可以采用自然构成形式，在中心景观周围的草丛中、坡地上点缀一些小型的食用菌景观，这些景观和地形在中心区域有机组成统一的、整体的大型食用菌景观体。对于盆栽蘑菇盆景、灵芝盆景等隶属同

---

① 张雯. 食用菌主题旅游农业观光园的规划设计［J］. 中国食用菌，2019，38（2）：105-107，117.

类的食用菌景观，在景观设计时可以采用并列构成的方式，将其与自然形态结合分布，展现食用菌和自然绿地的有机融合；也可以将同类食用菌景观进行组合，设计成组合造型，再与景观墙搭配完美地融入周围的环境地形当中。这样体现了食用菌景观绿色、自然的属性特征，更重要的是，以中央核心景观为中心的景观布局，给人以清晰的定位和景区向心力，让景区的道路指向性和景观的空间节奏变化更加有层次，秩序感得以强化，从而形成观光园的整体印象，指导游客在观光园中的浏览走向和目标。

2. 食用菌主题文化设计

食用菌主题文化设计应充分利用地形地势，将位于中心位置的大型景观作为轴线，其他景观分景区作为轴线的定位点，呈现错落有致的、类型多样的食用菌景观特征。为了保证景观效果，农业观光园的入口一般设在地势最低处，而中心的核心景观最好建造在地势的最高处，两者之间形成天际线互动意象，散落在中间的其他食用菌景观则会成为标志性景观，实现中央景观与周边环境的完美融合，整个空间处处祥和、宁静。设计师还可以设计一些其他非食用菌类的景观，如音乐喷泉、休憩广场、水景、绿植等园林景观，既能让人们休憩、娱乐，还能对食用菌主题起到衬托、辅助的作用。当然，观光园可以多举办一些民俗文化展、食用菌盆景展或者开放食用菌文化博物馆，让人们更清楚地了解当地独特的食用菌文化和民俗文化。更重要的是观光园入口地势低、食用菌景观地势高，游客在进入观光园后会一直向上走，随着地势的上升，游客会看到各种各样的景观空间，对食用菌文化内涵的认知越来越深刻，实现认知的升华。

3. 空间规划设计

农业观光园空间规划设计必须强调空间的公开性、开放性，把握好食用菌景观和游客之间的距离，尤其是要充分展现中央景观和其他景观既集中又分散的空间效果，充分诠释观光园集旅游、观光、休闲于一身的特质。在观光园中合理的位置处建立食用菌休闲广场，广场中配备一些可以让游客休息的长椅，在长椅下可以种植一些食用菌或放置一些食用菌盆景，既提高了空间利用率，也能让游客亲身近距离感受食用菌的生长过程。而且长椅下的空间多为背阴，是食用菌理想的栖息地，既体现了食用菌与周边环境的密切关系，又增强了游客和环境的互动感，更展现了观光园公共、开放的空间形态。

（二）食用菌主题农业观光园的生态学设计

随着生态化设计思想的深入，利用生态化的思想进行景观设计越来越受到人们的重视。食用菌主题本就属于生态类主题，所以该主题观光园的整体规划和景观设计也必须以生态设计为基础。生态学设计主要包括食用菌生态材料设计、食用菌生态文化主题设计和食用菌生态环境主题设计。

1. 食用菌生态材料设计

农业景观的生态化设计前提是生态化景观制作材料，即要使用能够加强地上和地下生态联系的景观设计材料。

景观所用材料必须具备优质的透水性和透气性，这样能有效避免在雨天出现大量积水，进而产生发霉、破损现象，这类材料可以在被雨水淋湿后持续将雨水渗透到地底，与花盆底部排水效果相似。而且，材料具备极强透水性能实现水资源的循环利用。如今，许多景区的台阶、道路以及部分建筑景观等使用的材料都是透水材料。

2. 食用菌生态文化主题设计

食用菌类在上千年之前就出现在了我国的餐桌之上，历史悠久、文化底蕴深厚，如今也因健康、美味、营养价值高深受无数人的喜爱，食用菌文化成为中国饮食文化中不可或缺的重要组成，这在一定程度上推动了我国食用菌产业的发展。当代人不仅将其视作食物，还通过研究发现其蕴含了巨大的药用价值，有一定的保健功能，更是以其为原型设计出可以做装饰的盆景，食用菌文化在当代的传播也在一定程度上保护了传统文化的传承。食用菌生命力极强，可以进行人工培育，这个过程是中国人民智慧和勤劳的直观体现，而且拥有顽强生命力的食用菌也是无数中国人自立顽强的真实写照，这种独特的文化价值才是食用菌文化的源泉。以食用菌文化为主题的景观，也是这种主题文化的具体体现，通过各种食用菌题材的应用、艺术表现手法的改变等，对食用菌文化进行宣传和展示，突出食用菌的文化特性，是观光园景观设计的重要主题内容[1]。

食用菌创意景观设计就是保持食用菌景观与周边环境和谐统一，形成静态视觉场域，从而在农村优美田园风光的反衬下展现食用菌主题的独特意境。可以在观光园公共设施上增加设计好的食用菌形象和图案，结合设施周边自然生长的食用菌展示区域以及独特的食用菌餐饮体验组成丰富多彩的食用菌主题表现形式。

3. 食用菌生态环境主题设计

当代人对环境的重视程度越来越高，环保意识越来越强，在设计领域也提出了生态设计的特殊理念。在生态设计理念的影响下，许多现代园林景观设计开始大量使用自然材料，颜色也更倾向于自然色彩，甚至要求人造景观都要呈现自然形态。食用菌景观设计由于本体是食用菌，本就属于生态材料，其颜色

① 郭军，韦静宜. 渝东地区发展食用菌生态特色产业的建议 [J]. 南方农业，2014，8（28）：45-47，59.

不仅多样，还是自然色彩，绝对符合生态设计对材料和色彩的要求，更便于设计师采用多样化的表现方式。食用菌景观生态设计在选择食用菌类型时要注意两点：第一点是根据游客的实际需求决定食用菌种类；第二点是食用菌在不同阶段的色彩并不相同，设计师只要掌握这两点，就绝对能设计出吸引游客的多样化色彩组合。此外，设计师还可以将食用菌景观和其他景观要素搭配呈现，如将食用菌观赏盆景摆放在生态水景喷泉周边，营造出生态水景景观；将种植着食用菌的树木和食用菌文化博物馆结合在一起，营造生态文化景观；在公共活动广场周围种植各类食用菌，打造特色休闲区；将食用菌景观和地方民俗文化融合在一起，建造民俗文化生态街、生态公园等。通过以上各种方式将食用菌主题、公共环境和生态设计艺术相结合，共同表现食用菌生态环境的主题。

三、食用菌主题农业观光园规划设计的程序

（一）规划前期分析

在建造食用菌观光园之前要进行提前规划，充分了解所选地区的社会经济情况、自然环境、地理环境等，收集、分析所有有利条件和不利条件，为后续制定目标、任务以及具体的布局奠定基础。食用菌观光园的项目条件分析主要包括观光园所在地周边信息分析和场地信息分析两部分[①]。

在了解观光园周边的各类信息之后，可以对观光园的发展前景做出预测，然后制定发展目标、经济目标、环境目标，这些目标可以根据建设时间的长短再分为短期目标、中期目标、长期目标，为食用菌观光园的可持续发展提供方向。

（二）设计理念构思

园林设计是设计师根据园林的地形、规模、土壤特点等，合理建造、分布各种建筑、植物、园林小品、道路广场等关键要素，从而建造出环境优美、氛围舒适、情感浓郁的园林的过程。园林景观设计一般都是围绕主题进行的，这个主题可以是一个，也可以是多个，它们是园林景观的灵魂和精髓，更是游客到园林参观所要遵循的线索。同理，食用菌主题农业观光园要打造一个以食用菌为主题的集合了当地民俗风情、历史文化、故事传说等众多文化形式的独特观光园。

（三）总体布局与功能分区

1. 总体布局

食用菌主题观光园总体布局应以园区的地理位置、规模大小、人文环境、

---

① 冯珍. 食用菌创意景观的设计和发展研究［J］. 中国食用菌，2019，38（1）：113–116.

资源条件以及交通条件等内容为根本出发点，结合景观生态学理论进行宏观考虑。在观光园内，根据区域的用途、性质进行分区，在区与区之间构筑道路，保证各个区域的完整性、独立性以及不同区域的关联性。食用菌主题观光园的主要工作是食用菌生产，在此基础上适当开展科研、展示、观光游览等活动，布局切忌死板，在保证便利的前提下增加趣味性、变化性。

园区的总体布局主要包含以下四个重点：①空间布局不能过于琐碎，要互相协调融合成为一个有机的整体；②要注重适当的比例关系，要在不同功能区分配上注重主次搭配，突出特色；③要动静结合，在全园中要合理安排休闲娱乐项目与观光景点，动态浏览和静态观赏相结合；④总体布局要注重以人为本，要站在游客的角度合理安排空间布局。

2. 功能分区

食用菌主题观光园可以根据功能不同分为以下几个区域：第一个区域是入口服务区，即在观光园入口位置设立的停车场、小型广场等区域，以为用户提供服务为主。当然，无论是停车场还是广场都是生态的，不仅使用了草砖，还在周边种植着各类乔木，广场还能用于游客集合。这个区域还要设计专门的服务指示牌。第二个区域是食用菌生产区，主要用于食用菌生产，此区域最好使用玻璃化窗口，既能让游客亲眼观看食用菌的生产过程，也能作为一种独特的景观呈现。第三个区域是食用菌文化展示区，展示的是各种与食用菌有关的知识和文化，是游客的必去之所，所以很容易出现拥挤，必须加强对服务人员的培训。第四个区域是娱乐休闲区，多为主题广场，一般建造在森林资源、地形特点、水体形态丰富的区域，还会搭配一些特殊的景观小品。第五个区域就是不属于以上四种功能的区域，如员工食堂等。每个功能区应充分发挥每个园区潜在的经济价值，体现生态性、艺术性、科技性、经济性的综合特征[①]。

规划功能分区需要遵循以下几个原则：①功能分区要能突出园区的主题；②属于同一个功能分区的，区域功能、性质、规划原则要尽可能保持一致；③各个功能分区要和谐分布，保证乡村环境、农业产业、休闲娱乐类型的完整性。

（四）道路布局规划

农业观光园内的道路是整个园区的骨骼和脉络，不仅是连接园内与园外的重要交通枢纽，也是游客游览园区的重要路径，所以在建设道路时首先要做的就是将各个景观串联在一起，通过合理的指引，让游客走最少的路、花最短的时间看遍全园风景。观光园道路设计主要从以下四个方面着手。

---

① 廖伟平. 农业观光园景观规划探讨［J］. 南方农村，2013，29（7）：72-75.

（1）观光园的道路布局。观光园规划要以园区的地形特点、功能分区以及景观分布为基础进行道路布局，既要保证交通便捷，也要保证道路能满足休闲旅游、生产运输等活动的基本要求。道路布局要结合景观美学原理进行构图、设计，整体采用自然式布置，食用菌生产区采用网状式布置，观光区的道路应与地形、环境、建筑、景观等保持和谐统一。道路所选用的材料、具体的形式可以根据实际条件和设计需求选择，有水的地方可以建造汀步、栈桥等，普通道路可以采用水泥铺成，也可以适当穿插一些用木头、鹅卵石铺成的道路。

（2）观光园的道路分级。根据观光园的环境容量、功能分区和规模性质等因素确定道路的等级和建设的标准。食用菌主题农业观光园的道路可以分为三个等级：第一级是一级道路，指的是连接园内外和各功能区以及主要景观的道路，是整个园区的骨架，主要用于运送物资、交通步行，宽度最好保持在5.5~8米，坡度不能大于8%；第二级是二级道路，指的是将各个分区的景观串联在一起的道路，一般与一级道路连接在一起，主要作用也与一级道路相似，宽度最好保持在2.5~5米，坡度不能大于12%；第三级是游步道，指的是连接各个景点和景物、各个功能分区的道路，属于乡土小道，趣味性极强，宽度一般在1.52米左右，坡度不能大于18%。这些道路的分布由园区的实际情况决定。

（3）观光园的游览路线。园区路线设计的总体目标是让游客走最少的路游览园区最多的景点，多体验园区的文化特色和休闲娱乐项目，以实现园区经济效益的最大化。对于园区局部区域游览路线的设计，要强调多样化，让游客有更多的选择空间。

（4）观光园和交通方式。观光园面积过大，或功能区间隔太远时，可以为游客配备交通工具，这样做不仅能让游客享受到全面的服务，还能渲染乡土氛围，增加趣味性。园区内可以配备的交通工具有脚踏车、电瓶车、观光车等，不仅环保、轻便，速度也不会过快，还有一定的趣味性。

园区道路规划应遵循三个要求：①要与当地的总体发展规划相一致。比如，园区的主路口对接园外道路的规划布局。②要与园区功能相匹配。比如，园区内某个功能分区的规模和产业都比较大，其对应的道路宽度就应该稍稍加宽，道路规格也要适当变化。③要尽可能地使用园区现有的道路，在不影响交通功能的情况下，工作量越少越好，可以大大节约成本。

（五）种植规划

1. 生产栽培规划

通常情况下，季节是决定农业生产的关键要素，农业观光园的主要景观元素是植物，同样要受到季节的影响，所以要进行合理的生产栽培规划，在不同季节都能展现农业景观的自然美，吸引更多的游客到来。

（1）裸露地栽培规划。裸露地栽培是在保证农业采摘、生产过程的前提下通过处理构成景观的点、线、面、色彩等关键要素，结合应用美学原理提升其观赏性和艺术性。食用菌主题观光园可以规划一些生态菇园，栽培规划一些适合观赏和采摘的食用菌。这些生态菇不仅要具备生态属性，还要具备美观性、安全性，借助形态、色彩形成特殊的视觉效果。也可以选择食用菌和其他植物作物套种，实现优势互补、综合发展。通常情况下，只有对套种目的、套种原则以及土地的具体情况有充分的了解后才能确定套种模式，套种的植物不仅要适合在当地生长，还要具备一定的经济价值。

（2）设施栽培规划。农业观光园的设施栽培主要是运用农业科学技术进行栽培管理。现代农业技术可让季节性的作物在一年四季照常生产，有效地提高经济效益。在食用菌观光园中设立季节栽培棚，可供一些食用菌在其适应的季节生长，主要优点是可以不必花费人力、物力。季节性的食用菌生长饱满，效益也很可观。

2. 植物景观规划设计

观光园整体以当地的品种作为主要种植对象，在主要道路种植以乔木为主的行道树，搭配少量的花灌木作为点缀；在支路上可以配置种植乔木和灌木组合的树丛，将其自然种植在路边，形成林荫路。各种灌木的搭配还可以形成花境，通过花的色彩和优美形态吸引路人。有些可观赏的食用菌品种可作为灌木或者嫁接到树上，营造出另一种特别的风景，起到画龙点睛的作用。

第五节　茶文化园景观规划与设计

一、茶文化园景观规划设计的原则

（一）整体优化原则

茶文化园景观规划设计是包含物质景观和非物质景观的完整系统设计，所以在规划设计时要把园内的建筑、水体、植物、道路、地形、地貌以及景观视为一个完整的整体，在园内现有的人文条件和自然条件的基础上合理规划传统景观和人文景色，改造原始生态环境，实现设计区域和自然环境的完美融合，呈现和谐统一的视觉效果。遵循整体优化原则可以让整个园区内的景观形成同一种风格，保证景观的和谐、统一。

（二）以人为本原则

茶文化园的本质是向人们提供一个开展交流活动的开放性场所，人们可以游览园区景色，也可以参与园区活动。从某种层面上讲，如果没有人，茶文化园景观就会丧失存在的意义。所以茶文化园景观规划设计要遵循以人为本这一基本原则，在设计时要以人们在情感上、生理上、心理上的实际需求为根本出发点。茶文化园内的景观设施必须具备最基本的使用功能，要符合人体工程学，结构和造型设计要更人性化，还要尽可能地满足游人的审美需求和功能需求。园区内的座椅摆放要充分考虑到来园参观的人群特点，这些人可能是青少年、儿童，也可能是残疾人、老年人，还可能是成年人带着婴幼儿，他们有着独属于自身群体的行为特点、情感需求，对座椅高度、位置的需求都是不相同的，这就要求设计者从细节处着手，尽可能满足各个游客群体的各种需求。当然，茶文化园景观的形态设计也要能满足不同群体在茶文化园中的各种行为需求。

（三）个性特色原则

茶文化园所在地一般都是地理环境优美、辽阔之地，有广阔的发展空间。也正因如此，茶文化园的形式多样、特色鲜明。游客之所以会到茶文化园来旅游，主要是被其鲜明的地域特色所吸引。这就要求设计师在规划设计茶文化园景观时要充分利用当地的历史文化、民风民俗、风土人情等人文要素，将地域特色、地域文化融入茶文化园景观的所有细节当中，游客只要走过、看过就能被吸引，甚至流连忘返，为茶文化园的未来发展奠定坚实的基础。可以选择带有浓郁乡土气息的材料、元素来建造茶文化园景观，同时结合当地的气候条件种植合适的植物，再运用障景、借景、对景的方法突出当地植物的特色，借助各种地域资源展现当地特色，凸显茶文化，使景观更具韵味。

（四）自然生态原则

社会在进步，经济在发展，但环境问题却越来越严重，而且人们对于生态环境的重视程度越来越高，所以，茶文化园景观规划设计必须遵循自然生态原则。在茶文化园景观规划设计过程中坚持生态设计，是人与自然和谐相处的直观体现，是可持续发展理念的重要体现。生态设计不仅重视人在环境当中具备的巨大价值，也十分重视自然本身蕴含的巨大价值。因此，茶文化园景观设计要尊重自然，保证当地生态环境不被破坏，在现有土地、水体、植被的基础上进行合理的建造，分布人工景观。园区内植物景观设计可以在尽可能保留现有植物的基础上搭配种植适宜在当地生长的树木，再进行美化，构建相对稳固的生态系统。此外，景观所用的建造材料最好是当地的自然材料，如树木、竹木、石材等，这种因地制宜的建造同样属于生态设计的一种。

（五）自然美和人工美相结合原则

茶文化旅游之所以成为大热门，关键原因是当代人对大自然充满向往，基于此，茶文园景观的设计应以亲近自然、回归自然为根本目标，无论是水资源景观、山石景观、植物景观、地形地貌本身还是其所蕴含的艺术价值、地域特色以及时代特征都应充分展现人类对于自然美的向往和追求。茶文化园景观要通过合理的布局实现人工美和自然美的完美融合，即将高山流水、鸟语花香、小桥流水等自然美景与景观设施、景观建筑等人造景观完美融合在一起，展现出一幅美丽的画卷，既凸显自然美，又诠释人与自然和谐相处的真意。

二、茶文化园景观规划设计的思路

（一）茶文化园景观总体规划设计

茶文化园景观规划设计要从总体上进行规划布局。首先，在确定建造茶文化园景观之前必须对当地的经济发展状况、园区占地面积、园区内可利用资源等内容进行详细的调研和客观的分析。其次，初步规划茶文化园的建设情况，如园林景观的建设和分布、文化景观的铺设、茶树的种植区域、配套设施的布置、交通路线规划等，还要考虑茶文化园的整体规模、特色风格、市场前景、目标受众、社会形象以及茶文化园整体规划的生态环保功能和意义。要知道，在整体规划设计中遇到的各种哲学理念能让我们更和谐地构建园区的基本框架。茶文化园景观设计要在遵循艺术性和科学性的前提下合理地布局各个分区，确保每个分区都是单独个体，但又联合成一个整体，各分区都能充分展示茶文化园景观的特色，达到多样而又统一的效果。此外，茶文化园整体规划布局还要求景观体现和谐美和生态美，这一点可以通过茶树的巧妙应用实现，即借助茶树整体和局部的展示来体现其蕴含的生态美、个体美和群体美，这样还能使整个园区内的景观层次分明、脉络明确。

（二）茶文化园景观分区规划设计

茶文化园景观各个功能分区的划分应结合园区的整体布局进行。不同茶文化园在形式和特征上虽然存在一定的差异，但功能分区基本相同，主要分区有生产区、体验区、观光区、休闲区、服务区等。功能分区是协调各区、突出主题的关键举措，所以在规划时要遵循"自然生态""以人为本"的基本原则，根据功能分区的实际情况和具体需求将茶文化园打造成为人造景观与自然景观协调统一的整体，以实现人类与茶文化园区自然环境的和谐状态。

三、茶文化园景观要素设计分析

（一）物质要素

茶文化园可以通过对当地特色地形的顺应和改造、对本地特有植物和材料的运用以及构建极具代表性的特色景观等方式全面展现其蕴含的地域特色。茶文化园景观设计必须以当地现有地理条件、自然条件为基础，地形改造绝对不能破坏当地独特的地形地貌，而要在顺应其原始肌理走向的前提下进行创新，这样才能保证建造的茶文化园能在地形地貌上展现地域特色。在体现地域特色方面，植物一直都是最为直观的媒介之一，因为它生长在这片土地上，可以说，它就是这片地域最典型的代表事物。茶文化园中最多的植物肯定是茶树，但也会搭配一些其他植物，这类植物应尽可能选择适合的、当地独有的植物。当然，单纯的种植当地植物并不能完全体现当地特色，还需要在植物分布上进行巧妙设计，通过在不同区域分布不同数量、面积的植物，再加上对原始植物的循环利用，使其呈现出独特的视觉效果，从而彰显乡土地域特色。除了植物外，当地的生态环境、地理环境都蕴含着海量的资源。不同地域的特色材料各不相同，如西北地区因气候偏冷，所用的建筑材料主要是石块和泥土，因为这些材料能够长效保存热量；而云南长期湿热，所用的建筑材料多为竹子，因为这些材料能有效散热除湿。在构建景观园林小品、空间艺术品、景观建筑时充分、合理地运用当地独特的乡土材料，尤其是对其颜色、质感和外形的搭配运用，能让成品带有强烈的本土风格，不仅能保留当地人对原始景观的情感，还能拉近人们与建筑的距离。此外，在尽可能保留原始建筑造型元素、当地色彩文化的基础上适当增添现代元素，使传统建筑披上"新衣"，为传统建筑的创新发展提供新的路径。因此，茶文化园景观规划设计要从地形地面、本地的植物和材料以及建筑造型上着手，充分展现地域特色。

（二）人文要素

茶文化园的地域特色还体现在各种形式的人文要素上。首先，任何一个茶文化园都经历过历史的冲刷和积淀，不仅蕴含着传统民族文化，还包含着许多名人古迹、经典史实和历史典故，所以在茶文化园中构建与之有关的景观小品和景观设施很有必要，能充分地展现茶文化园的悠久历史。比如，将与茶文化园有关的、极具代表性的历史文物用浮雕或雕塑的方式呈现。其次，茶文化园需要充分展现当地的民俗民风。茶文化园景观设计可以将当地极具代表性的民俗艺术、民间传说用景观墙或图腾建筑的形式呈现，不仅揭示了城市的发展轨迹，也能进一步诠释地域特色。最后，茶文化园需要在建造休息区设施、照明设备、环卫设备以及园区整体视觉导向系统时合理利用民间色彩和传统纹样，让游客感受到空间的多样化，享受美妙的视觉效果。

四、茶文化园景观规划设计创新

（一）传统茶文化在茶文化园景观规划设计中的应用

1. 对茶文化的延续性应用

对茶文化的延续性应用其实就是直接将茶文化应用到茶文化园景观规划设计当中，具体来讲就是收集、整理、归纳与茶文化有关的资料和素材，将其中蕴含的独特内涵转化成鲜明的符号、元素融入景观的规划设计当中。比如，将与茶相关的诗词歌赋做成景观小品的浮雕、将制作茶叶的过程做成景观雕塑合理分布到茶文化园中，也可以将古代常用的茶具等比例放大后做成茶具模型作为景观小品放在茶文化园中，不仅与主题十分契合，还能让游客欣赏，引发共鸣。比如，陆羽茶社周边就有许多模仿当地出土茶具制成大型仿真模型，这些模型能让人们对茶文化有更深的理解和认知。此外，也可以运用图案雕塑化、典故场景化、文字图案化等方法将茶文化的独特元素、符号延续性地应用到茶文化园景观规划设计中来。

2. 对茶文化的创新性应用

对茶文化的创新性应用其实就是合理应用简化、重组、抽象、夸张等特殊的方法将收集到的与茶文化有关的设计元素符号化，并将这种符号应用到茶文化园中，尤其是在景观园林小品、空间艺术品陈设以及景观建筑当中。这种对茶文化的创新性应用与直接性应用有很大的差别，最显著的一点是这种应用更为含蓄、间接，会引发人们进行深入的思考。比如，将景观灯的造型设计成茶具的变形，不仅造型更加独特，还能间接地展现茶文化；将垃圾桶、坐凳等配套设施的造型设计成茶壶的变形，不仅能使整个园区的环境更和谐，还能生动形象地展现茶文化。

（二）体验式设计在茶文化园景观规划设计中的应用

1. 茶文化园中的感官体验

感官指的是人感知世界的器官，包括视觉器官、听觉器官、嗅觉器官、味觉器官以及触觉器官等。感官体验就是游客在欣赏完园区景观后内心感到愉悦、放松，精神受到触动，它对人的精神生活以及物质生活都有重要影响。在视觉上，当游客进入茶文化园后，会看到各种各样的景观，会被景观蕴含的美感所影响，生出继续体验的兴趣和欲望。所以，茶文化园景观规划设计必须抓住视觉审美体验这种最本能、最基础的感受，营造优美环境，构建美妙景观，保证人们在欣赏景观时受到深刻触动，压力得到释放，身心得到舒缓，主动享受多姿多彩的生活。在听觉上，茶文化园不但要有美丽的景致，还可以参考中国古典园林的赏景意境营造出幽静、自然的氛围，在有山、有水、有树木的地方利用隐藏在园区各处的喇叭播放带有古韵古香的轻音乐或古筝古琴曲，渲染茶文化的美妙氛围，带给游客美妙的听觉体验。在嗅觉上，茶文化园中种植最多的植物应该是茶树，这些茶树会持续散发清洌的茶香，而且茶文化园除了茶树外还搭配了各种各样的花草，如恬雅的木兰花、妩媚的梅花、清香的桂花、素雅的栀子花、华贵的月季花等，它们也在时时刻刻地释放花香，使游客的视觉器官和嗅觉器官都获得熏陶。在味觉上，游客可以自行泡茶，享受茶叶的美妙韵味，也可以品尝园区用茶制作的各类小食品，体味茶的百般滋味。在触觉上，茶文化园构建景观小品、景观建筑以及园区道路建设所用的材料都能让游客获得触觉体验。当然，无论是人在水体景观中与景的互动体验还是游客亲身制作茶具、泡茶等触觉体验都是建立在视觉基础之上的，并不能将二者割舍开来。此外，茶文化园中的景观不仅承担着美化环境的重任，也承担着减轻当代人繁重压力的伟大使命。当今社会，每个人都肩负着各种各样的生活压力，这份压力压得人无法喘息，茶文化园用美丽的景观营造自然的场景，不仅拉近了人与自然的距离，让人对自然更亲近，还让人可以在这个环境空间中释放自己的压力。设计师只有明确人们的实际需求，深入挖掘茶文化园中的感观体验表现方式，才能保证设计出的景观能更好地为人民服务，带给人更多的乐趣。

2. 茶文化园中的行为体验

行为体验指的是人们通过亲身参与某种活动或做出某些行动获得的体验，它满足了人类对某些未知行为、活动、领域的探索欲以及对人与人交往的渴望，这种体验一般发生在一个舒适的空间环境当中。茶文化园中的行为体验其实就是在"以人为本"的理念下，结合人们的行为需求设计某些活动让人们亲身体验。可以说，人们到茶文化园来参观、旅游其实就是为了感受茶文化，从各种活动中体验不一样的乐趣。游客可以亲身参与茶叶的种植、生产全过程，如参加种植茶树、采摘茶叶、晾晒茶叶、炒制茶叶等活动，在亲身实践过程中了解采茶、制茶的全过程，享受其中的乐趣。还可以让游客亲身尝试茶具的制作，从敲打泥土成片开始，到最终合成一个完整的紫砂壶型，不仅加强了游客对茶具的认知，还让游客获得劳动的乐趣。游客还可以在园区研制各种形式的茶食、茶点，亲手制作、品尝，获得未曾有过的新鲜感。园区还可以根据不同茶树的高低疏密情况将其打造成一个个小型游乐场，吸引幼儿在其中玩耍嬉戏。游客通过这些行为体验不仅学到了大量的茶文化知识和技能，更收获了平日难以收获的乐趣。

3. 茶文化园中的精神体验

精神体验指的是作用于人类精神层面的体验，如回忆、情感、想象、理解、感知、直觉等。精神体验根据活动内容不同可分为两个方面，一个是游览生活情境获得的情感体验，另一个是游览叙事主题获得的叙事体验。茶文化园展现其蕴含的地域文化属于情感体验，所以要在景观规划设计过程中重视应用地方元素和乡土元素，以便于引发游客共鸣。比如，在景观设计时融入当地独特的建筑形式、典型的名胜古迹以及传统民俗文化，这些都能使游客获得非凡的情感体验。叙事体验一般发生在茶文化园以具有代表性的场景、传说和历史人物为基础营造特殊意境来讲述茶的故事的时候，这时游客产生身临其境的感觉，产生无限的遐想，被茶文化蕴含的艺术内涵所感染，获得心理满足感。

（三）开启和当地高校的产学研合作模式

茶企、高校、茶文化研究机构应当通力合作，实现产学研结合，推动茶产业为国家、社会、人民做出更多贡献。岳西是安徽省和全国的重点产茶县，茶产业在助推乡村振兴中发挥着极其重要的作用。安徽农业大学将竭力为岳西茶产业发展提供人才和科技支撑，在特色品种选育、栽培和加工技术提升、产品开发、标准制定等方面开展全方位研究和合作，加快推进岳西县茶产业高质量发展。安徽农业大学将发挥自身人才科技优势，结合岳西生态资源优势，进一步加强茶产业产学研合作，积极搭建以政府为主导、企业为主体、高校为支撑的科学技术合作研发平台，不断推动岳西茶产业提质增效，提升安徽翠兰投资发展有限公司龙头企业对行业的带动能力，推动茶产业绿色健康发展。

2018年4月，安徽农业大学茶树生物学与资源利用国家重点实验室宛晓春教授研究团队与深圳华大基因等研究团队联手完成了中国种茶树全基因组信息的破解，这表明我国茶树生物学基础研究取得了原创性重大突破。

早期，由于技术和设备比较落后，茶叶制作采用的都是手工搭配机器操作，名优绿茶也是在这种情况下制成的。但这种做法需要工人多次触摸茶叶，很容易造成二次污染。基于此，安徽农业大学茶学团队主动求变，开始研制全新的茶叶清洁加工技术，并于2006年研制出了国内第一条炒青绿茶初制清洁化生产线。这条生产线使用了机械化、自动化以及数字化等先进技术，加工全程都是自动化控制，只需两个工人就能完成，而且茶叶只要采摘完成后放入机器就能直接成为成品，全程"不落地，不沾手"，更重要的是，生产线一小时的加工量几乎与茶厂过去几个月的产量持平。

近年来，该校茶学团队先后研制出了黄山毛峰、太平猴魁、六安瓜片等具有典型外形的名优绿茶清洁化生产线，研制了一批新型茶叶加工机械，获得自动加压茶叶揉捻机等近20项专利，成果推广到全国15个产茶省，显著提升了安徽省乃至我国茶产业的技术水平。

第六节　庭院生态农业景观规划

一、庭院生态农业景观的地位与作用

庭院也是农业生态系统中的一个子系统，这个子系统可称为庭院生态系统。它是农业生态系统中的一个重要组成部分，在农业生态系统中起着重要的作用。

（一）农业生态系统中物质和能量的贮存库及输入、输出的枢纽

农业生态系统是一个开放的系统，系统内的粮、棉、油、肉、蛋、奶、水果等产品需要不断输出到系统外。为了维持本系统的平衡和自然再生产的能力，农业生态系统又需要供给化肥、农药、燃料等物质和能量。物质和能量在输出前或输入系统后，通常都暂时聚集在庭院中。因此，庭院是农业生态系统中物质和能量交换的枢纽。

农业生态系统中的产品，除一部分输出到系统外，更多的留在系统内，以维持系统的正常功能，这一部分主要积存在庭院中。从系统外输入的物质和能量，也有部分暂时存放在庭院中，以待逐步投向农业生态系统中的各个子系统。因此，庭院又是农业生态系统中物质和能量的储存库。

（二）发展畜牧业的重要场所及有机肥的主要来源地

农区的牲畜和家禽主要圈养在庭院中，没有足够的庭院空间，畜、禽的生长繁殖就会受到限制。因此，庭院生态系统的环境质量对畜牧业有着重要影响，决定着畜牧业能否发展及其效益的高低。在我国北方农区，维持农田生态系统有机质平衡的有机肥主要来自庭院中人、畜的粪便，因此，庭院又是有机肥的主要来源场所。

（三）庭院生态系统对农业生态系统起着稳定作用

良好的庭院生态系统保证了人类的健康和牲畜的正常生长发育，并且由于它有较高的树木覆盖率，既可调节气候，又是鸟类理想的家园，可以对农田生态系统起到防护和稳定的作用，有利于维持农业生态系统的平衡。

（四）庭院生态系统对提高农业生态系统生产力起着重要作用

庭院生态系统本身就是一个生产单位。一方面，随着庭院经济的发展，农民家庭收入增加，向大田的投资以及向大田投放的有机肥也随之增加，使土壤有机质越来越多，土壤肥力不断提高，作物产能也随之提高。另一方面，大田种植产量提高，又可以为庭院畜牧业生产提供更多的饲料、饲草以及其他原

料，从而形成农业生态系统的良性循环。因此，庭院生态系统对提高农业生态系统的生产力起着重要的促进作用。

二、庭院生态农业景观规划设计的原则

（一）功能分区明确，合理布局

在当前的农村住宅中，由于每户宅基地都有一定的使用要求与标准规范，因此在设计农村住宅的庭院景观时，既要保证布局方式合理，又要与住宅的平面设计相结合，同时还要将宅基地面积尽可能节省下来。对农村住宅庭院进行功能分区的目的主要是实现脏净的明确分隔，为居民创造整洁卫生的居住条件，同时实现环境的美化，实现乡村住宅生态、生活、生产三大系统在有限空间中的和谐统一。

（二）因地制宜，开发庭院经济，提高经济效益

国内研究现行生态经济发展状况发现，适当增加住宅进深，缩小面宽，将宅基地面积的40%左右用作禽畜养殖或蔬果种植，能取得显著的经济效益。因此，在规划设计庭院时，应充分遵循和体现宜养则养、宜种则种、宜加工则加工的原则。一些经济欠发达地区的住户可通过建设平房的方式使院落面积有效扩大，待到经济好转后，再通过建设楼房或更新住宅格局的方式将庭院面积扩大；而处于经济较发达地区的住户则可通过建设多层楼房的方式，扩大庭院面积。

在一些适合种植经济作物的地方，农户则可以在庭院中种植药植、瓜果、蔬菜、花卉等。一些农村住宅为了养殖家禽、家畜，也可在庭院中选择恰当位置，建设牛舍、貂舍、猪圈、羊圈或搭盖兔笼，养殖鸡、鸭、鹅等。在一些工业发展较为发达的地区，农户可以将庭院作为生产加工的作坊用地，在庭院内开展粉条、食用油、豆腐、粉皮等食品的加工和皮毛、服装、工艺美术品等的制作。与此同时，一些农户还可以在院内建造汽车库，以便于停放车辆。一些住房层数为二层、三层的农户，则可以将底层作为住宿、起居场所，将第三层作为电视间、娱乐活动室等，对这一层空间进行灵活使用。总而言之，可通过对农村住宅有限的空间做出合理布局规划，使其发挥出最大的经济效益。

三、庭院生态农业景观规划设计的内容

（一）仓房

仓房是乡村居民用于存放饲料、日杂用品、小农具等的空间。仓房通常设置在住房的两侧或前面位置，建筑面积在12~15平方米，主要为厢房的形式，也被叫作"小下屋"。有一些仓房建设成耳房形式，与住房山墙连建。还有一

些仓房与住房合建，这样的建设方式不仅可以节省建筑材料，而且能使院落规整，这种建筑形式十分常见于南方居民点。

（二）猪圈

庭院生态经济倡导养殖家禽家畜，尤其饲养猪，因此，农户的庭院生态农业景观规划应将猪圈的建设纳入规划方案中。猪圈通常占地 10~12 平方米，主要采用石材、砖等围建成永久性的围墙与猪舍。在搭建猪舍时，应保证其有好的朝向，保证一定的日晒，不开设北门，有利于猪圈的保暖防寒和肥育饲养。由于猪圈一般有较重的气味，因此应将其建设在远离住房的位置上，通常布置在进户门或院墙的一侧，以便于运土起肥。一些处于牧区的乡村农舍普遍饲养牛羊，因此也应建设牛羊舍。

（三）厕所

农村的厕所一般有两种：一种是设置在村内适当角落中或道路两旁的公用厕所；另一种是设置在农户院内的独用厕所。后一种是当今乡村较常见的，与公用厕所相比，独用厕所具有隐私性更强、更卫生、有利于各家积肥堆肥的优势。在实际建设时，可将猪圈与厕所设置在相近位置，但要注意严格分开人与猪的粪便。

（四）柴堆

一般情况下，农村的每户人家需要使用约 24 平方米的用地堆放柴火，柴堆的高度可达 4~5 米，存放时应注意防火，远离住房。为提高庭院土地的使用频率，可重复使用一块土地用于种植蔬菜和堆放柴火，如秋季收获蔬菜后，可将柴火堆放在菜地上，到次年春季，用完柴堆时，就可以将用地腾出来种菜。

（五）菜地

规划时应提前预留适当的土地，用于种植蔬菜，便于吃用，同时还能节省农户开支。另外，在庭院内种菜还能起到美化环境、绿化庭院的作用。

（六）果树

我国很多农户会在自家庭院中种植一些果树，如苹果树、石榴树、樱桃树、葡萄树等，在前院种植果树，既方便农户观赏，又能美化环境。需要注意的是，果树应与住房之间保持适当距离，避免影响住房采光。

（七）菜窖

北方村庄居民在冬季时，常常用窖贮的方式贮藏蔬菜，菜窖在每年的使用期都可长达 6 个月，占地通常为 10 平方米左右，常与仓房合建，地上修建仓房，地下则用砖砌出较深的菜窖，可节省用地。

（八）鸡架

鸡架是农村十分常见的养殖设施，有些农户还为饲养鸭、鹅、兔子等设立棚舍或笼舍。饲养这些家禽的农户大多在园内较为偏僻的位置或侧面墙边规划出饲养小院，为家禽提供充足的活动空间，同时便于打扫卫生。

（九）庭院围墙

建设庭院围墙有助于提升庭院的完整性，有利于打造整齐的村貌，同时还能阻拦家禽家畜乱跑，庭院围墙的建设应与农户住房相连，最好一次建成。围墙最好是砌筑矮砖花墙，也可以是夹设木板、树枝、作物秸秆的篱笆。公共建筑的庭院周围还可培植绿篱笆。

第七节　田园综合体景观的规划

一、田园综合体的内涵

田园综合体是在深入开展农业供给侧结构性改革的进程中明确提出的，注重把农业链条做深、做透，对内涵和外延都要求颇高，包含科技、健康、旅行、养老生活、创意、娱乐休闲、文化等多种元素于一体。在农村新产业新业态用地方面，准许通过村庄整治、宅基地整理等节约的建设用地以入股、联营等方式，支持乡村度假旅行、养老、生活等产业和农村三产的融合发展。

田园综合体不简单等同于休闲农业，是第一、第二、第三产业的互融互动，通过产业间的渗透融合，把娱乐休闲、健康养生度假、文化艺术、农业技术、农耕活动等有机结合起来，扩展现代农业研发、生产、加工、销售产业链，是休闲农业转型发展的新出路。

二、田园综合体景观要素的分类

田园综合体景观要素包括两大类：自然景观要素、人文景观要素。

（一）自然景观要素

田园综合体的自然景观指的是集合多种自然生态成分形成的景观。这类景观主要涵盖田园综合体的水体水系、气候条件、动植物、地形地貌等，人类活动对这类景观的干扰十分有限。

1. 地形地貌

地形地貌是组成田园综合体自然景观的主要成分。高低起伏的地形变化，造成了各种天然地貌特征，如山地、平原、丘陵等。地形所具有的这种独特性在一定程度上影响了田园综合体景观的形象特点，地形地貌能够在根本上、基础上，从景观结构与空间布局两个层面影响田园综合体的规划。因此，在规划田园综合体的前期，应将这些内容作为调研首要考虑的因素。在田园综合体景观设计中，地形地貌对植物、道路系统、建筑等的设计也有深刻影响。

2. 气候条件

在规划设计田园综合体景观时，气候也会对景观效果的形成和呈现产生重要影响。气候的差异对景观的差异有直接影响。不同天气、不同季节甚至不同地区，都会造成田园综合体景观所呈现的形态、肌理、色彩等截然不同。同时，在一定的气象环境中，还会形成雾凇、彩虹等特殊景观，灵活运用这些景观、天气、季节，在景观上运用多种手法元素，就可以创造出浑然天成、秀丽壮美的田园综合体景观。

3. 水体水系

在设计建设景观的过程中，灵活利用水元素，能为景观注入活力。人类的亲水性驱使人们更向往和愿意浏览与自然水系密切相关的景点。在田园综合体中，水体水系不仅能作为游览对象，而且具备维持产业运作和农业生产等功能，是田园综合体中不可缺少的元素。利用水体水系，可以打造木制观水平台、游船码头、滨水步道等景观，扩宽旅游范围，利用现有水体资源，规划水上游览路线，结合特有的水文条件，开设相关的科普教育活动，这些都可以在很大程度上丰富田园综合景观。

4. 动物

在景观区域养殖动物，不仅能为田园综合体景观填充富有生命活力的动态要素，而且能为景区内的产业生产、餐饮发展提供材料。很多乡村会在一些专门的农业园中饲养多种动物，以此吸引游客，增加游客与景区的互动，丰富游览活动项目。很多田园综合体会规划野生动物生活区到景观地域范围内，丰富田园综合体景观的内容，展现良好的生态环境，打造人与自然和谐共处的美好画卷。这要求田园综合体景观在设计规划的过程中，对（野生）动物的生存、生活、饲养条件、习性等有充分了解。同时，饲养独特的动物种类还能在一定程度上强化田园综合体的地域性和对游客的吸引力。

5. 植物

在田园综合体景观中，植物是最为基础的景观要素，植物的存在，不仅能平衡生态、美化环境，而且能体现自然风光，也是田园综合体景观中不可缺少的部分。在田园综合体中，乔木、灌木、草本植物的搭配有助于提高生态环境的稳定性，同时能打造出富有层次、立体的景观效果。现如今，我国很多田园综合体景观在打造的过程中，为了追求野趣，大规模引进和种植了多种外来植物品种，这种做法虽然能在一定程度上达到良好的景观效果，但会对原有生态系统造成不同程度的破坏，违背了景观规划初衷。因此，在选择植物塑造田园综合体时，应将维护和提升当地田园综合体的原有生态稳定性作为必要基础，遵循因地制宜的原则，尽量和优先选择本土植物，尤其是一些能为田园综合体带来经济价值或生态价值、能反映地方特色、与农业用地性质相符合的植物。

（二）人文景观要素

田园综合体的人文景观指的是人类基于自然景观开展活动发展形成的景观，这类景观以自然风光为依托，以农耕文化、村民活动为载体，能深刻体现当地的人类乡土文化与历史因素。

1. 乡土建筑

建筑能展现某地民间艺术性质和地域特色。中国幅员辽阔、地大物博，不同地区有不同的地形、气候、环境等，形成了不同的风俗习惯与不同形式的民居环境，如胶东的海草房、北京的四合院等。乡土建筑是最能展现当地历史文化和地域特色的因素之一，也是组成田园综合体生活区的重要元素。以当地传统民居形式为依据，对乡土建筑进行合理的规划与系统的布置，保持乡土建筑与当地民居的材质、色彩、体量、风格等相一致，再融合现代建筑的特点，建立展览馆、民宿、牌坊等，能够使游客很好地感受到田园综合体所具有的独特历史文化气息。

2. 民俗文化

民俗文化指在历史积淀下，某地区的居民或民族长期形成的文化生活方式的总称。民俗文化因地区不同而各有差异，具有一定的特殊性。民俗文化是某地区居民或民族长期以来逐渐形成且难以改变的习惯和传统，涵盖服饰、宗教信仰、饮食、手工艺、节庆习惯等物质与精神两个层面的多种内容。在田园综合体的人文景观中，民俗文化作为一种能体现乡村风情特点的新型景观，它以当地的人文习俗、精神文化为基础。对当地的文化资源进行充分挖掘开发，创新乡村旅游路线，通过建设富有乡村文化风格特色的建筑、景观等视觉形态，将乡村民俗文化与田园综合体景观相融合，达到文化保护、教育、传承的目的。可通过建设民俗体验馆、组织民俗节庆活动等方式，对乡村的民俗文化进行宣传和科普。

三、田园综合体景观规划设计原则

（一）整体性原则

在规划设计田园综合体景观时，应在基址选择、景观营造、功能划分、空间结构等各个方面，始终贯彻整体性原则。在选择田园综合体的基址时，应基于整体性原则，充分调查了解目标基址的社会、人文、自然等条件，得出综合数据结果，再系统地整理和比较资源、交通等因素，得到最佳方案。田园综合体作为一个具有较强综合性的建设项目，在规划其功能与空间结构时，必须按照整体性的设计思想，对不同职能区域进行协调处理。田园综合体一般涵盖多种产业，各个产业相互联系、相互渗透。因此，在划分田园综合体的功能时，应对各产业之间的关联做出充分考虑，在保证各个产业相互联系又相对独立的基础上做出适当的统筹规划，使田园综合体形成较为完善的功能体系。在营建田园综合体的景观时，应保留其内部的群落布局、植物群落、田园景观、民宿文化、乡土建筑、生态环境，保留原有自然与人文两类景观的整体性，保持不同景观之间的联系，打造内容丰富、环境优美的田园综合体景观。

（二）多样性原则

随着旅游业的不断发展，田园综合体的景观类型越来越多样化，同时也有越来越多的人对更多类型的风景表示出迫切需求。因此，在具体景观设计中，要坚持和充分考虑多样性原则，使景观具有更有力的竞争优势。这要求在规划建设时，不仅要遵循因地制宜的原则，而且要将风景要素灵活组合，将当地特有的人文历史特色与民族文化风情充分展示出来，并灵活运用各种造景手段，营造出富有层次性与多样性的景致。田园综合体景观的建设要求当地对自身文化特点与自然环境基础做出充分考虑，并结合实际做出适当功能区划分，合理处理和营造人文景观与自然景观，打造风格独特的田园综合体。在营造多样性的自然景观时，应将自然风景独有的天然特性充分体现出来，利用各类资源优势，打造多样化的自然风景。在营造多样性的人文景观时，应注意表现出多样性的农业生产景观与建筑聚落，保留地域特色，灵活利用景观符号、景观小品等打造多样性的景观。

（三）地域性原则

规划设计田园综合体景观时，应坚持地域性原则，将该地区特有的文化特色充分体现出来和延续下去。不同地区、同一类型的田园综合体项目具有不同的区域文化特征，这是最能体现不同地域景观差异性的一点，也是其具有的最大竞争力的体现。田园综合体的地域性可通过植物种植、农业生产景观、乡土建筑体现出来。某一地区乡土建筑群落的材料选用、建筑布局和建筑形式等可以体现该地的特殊地域性。在规划田园综合体时，利用本地常用的传统建材，恢复和翻新当地原有的部分乡土建筑，建立与原有建筑有相同形式的新型功能性建筑，使田园综合体能满足游客在居住、餐饮、交通、观赏、游玩等方面的需求，将乡村独有的风情特色与传统风貌展现出来。农业生产景观的规划设计应以一定规模的农作物为依托，通过向游客展示传统农耕方式的形式，展示和延续田园综合体的农业生产景观。应在合理保护田园综合体内自然景观的基础上，在不对其原有水体水系、地形地貌进行大范围改变的条件下，对自然景观进行营造和充分利用。在田园综合体内栽种植物进行绿化布局时，应对当地物种的生态特性进行全面、细致的调查和了解，在优先选用当地品种、降低对生态系统的影响的条件下，展现当地的乡土特征，维护自然景观的原始生态面貌。

（四）生态性原则

自然景观是建设田园综合体时必不可少的风景资源，为人类的生产生活提供了基础。因此，在规划建设田园综合体景观时，应对必要的旅游资源进行充分挖掘，加大保护环境的力度，维持生态稳定和平衡。在建设发展景观的过程中，应遵循自然生态规律，对发展力度严格把控，保证景观未来的可持续发展。在田园综合体的水体驳岸设计、游客容量、产业运作、污水处理等方面，都应优先考虑和遵循生态性发展原则，将人类活动对自然生态环境的影响降到最低。另外，还应全面调查了解田园综合体内的所有资源类型，依据因地制宜原则采取合理的规划方式，保持景观的自然特征，使田园综合体景观实现可持续发展。

（五）体验性原则

体验性原则主要通过田园综合体旅游体验项目、道路系统的建设体现出来。体验是田园综合体概念中十分重要的内容，田园综合体的旅游体验项目应包括民俗、工艺、农事等方面的体验，在开发开展时，应充分利用当地特有的氛围与景观环境，设置类型丰富的体验项目，丰富景观的内涵，提升对游客的吸引力，提升游客对当地旅游景观的认可程度。田园综合体开发设计的旅游体验项目不能仅考虑外来游客的需要，还要考虑当地居民的感受，应打造符合当地居民审美、生活习惯的体验性景观。道路系统是支撑田园综合体景观的脉络与骨架，规划出通畅的旅游路线能为游客的游玩、居民出行带来便捷、舒适的体验。在规划设计道路系统时，还可以在游览路线两侧设计丰富的景观，以此加深游客印象，提升游客对田园综合体景观的满意程度。在具体建设中，道路系统应覆盖所有的田园体验项目与景观，将其有层次、有逻辑性地展现出来，同时加强景点间的关联，使游客在游览过程中获得舒适、有趣味、完整丰富的体验。

四、田园综合体景观规划设计方法

（一）自然环境

在进行田园综合体选址时，要综合多种自然因素，如地形、气候、水源、植被等。气候的不同也使作物的生长条件不同，并且形成了不同的自然景观。农业生产以土地为基础，土壤条件的优劣会对农业生产的质量造成直接影响。

同时，田园综合体的发展也深受农业产业的影响。田园综合体景观的塑造会受气候、水源等因素的影响，而田园综合体的植物则承担其生态功能。同时，植物也是历史遗存的非物质景观要素，它不仅会对田园综合体的文化方向产生影响，同时也承载着当地的文化特征。科学运用人文因素，可以使田园综合体景观更有内涵，且更突出自身主题与特点。

（二）基址选择

田园综合体未来是否具有良好的发展前景，关键就在于其是否具有特色及竞争力。在田园综合体建设中，第一步就是进行选址，选址的重点在于在对田园综合体内部环境及外部环境进行整体的考察以后再从广大地域范围内进行场地的选择。首先，选址要考虑交通问题，因此，其区域位置要离城市比较近。其次，所选区域要有充足的自然和文化资源。最后，选址的核心要以特色农业作为基础。

我国首批国家级田园综合体以特色农业为基础，凭借优势产业呈现出独特性，进行了产品定位，这是选址的重要条件。

（三）功能分区与布局

田园综合体是集多元产业为一体的乡村发展模式，其功能的分区和布局应涉及多个产业，对文化、历史、地域等因素进行综合考察，使田园综合体突出自身主题，并基于自身的需求，使自身具备旅游、生产等功能。通常来说，可将田园综合体划分成以下几个区域：

1. 景观区

该区域是田园综合体的重点，是环境最优美的区域，优质的景观资源都集中于该区域。根据景观要素划分，可将景观区划分为三种类型的景观区：第一，自然景观区。自然景观区是以山川、河流等自然要素为依托，很少受人工干预的景观。这里往往有着丰富的景观资源，生态环境良好，同时也是比较安静的景观区域。第二，农业景观区。农业景观区是以农业产业资源为依托，通过人工参与而形成的乡村景观，农业景观区具有独特的吸引力，它通常会和农业种植区相结合，是田园综合体的核心景观区域。第三，文化景观区。文化景观区是田园景观与地方文化结合而形成的特色景观，通过建筑、习俗活动等打造出富有地方特色的景观空间，并开展多种体验活动，使游客能够沉浸其中，获得良好的体验感。

2. 农业生产区

这属于田园综合体的区域中心，占据着比较大的比重。以独具特色的农业产业为依托，将农业和文化、技术、旅游、创新结合起来，拓宽农业范围，增强自身资源优势。可以在农业生产区里种植农作物、花卉、蔬菜等，还可以发展畜牧业、渔业等。例如，白鹿原现代农业示范区主要建设有现代农业产业示范区、休闲农业观光示范区、鲸鱼沟旅游度假区、坡地自然景观休闲体验区、红旗坡台塬观景林带区和特色工业区六大功能区；鼓励高效经济作物、园艺产业种植和特色动物养殖，发展建设观光农业项目、设施农业项目、农业科技示范项目、农产品精深加工项目和地方特色旅游项目等。

3. 生活居住区

生活居住区是以之前的村落为基础规划建立起来的，这里是供游客休息、居住的场所。具体建成的过程是先以原有村落为基础进行修建，对于不能修缮的老建筑则直接拆除，在修缮过程中，要注重在保留原有乡村风格的前提下改善居住环境，完善各项设施，将文化、休闲、旅游等要素融入其中，从而为前来的游客提供良好的居住服务。

4. 休闲体验区

休闲体验区，顾名思义，就是供游客休闲、游玩的区域。在田园综合体中，游客休闲游玩的模式是多种多样的，因此要根据产业位置进行设置。休闲体验区往往会融入其他的功能区内，而不是单独出现在特定的一个区域里。可以说，在田园综合体中，休闲体验区组织的游客活动最频繁，且这里的游客也是最密集的。让游客进行农耕体验；建立水果采摘园让游客体验采摘乐趣、观察水果生长过程；让游客参与手工艺品的制作，促进当地手工艺的传承与发展；利用自然资源设置露营地、水上漂流、彩虹滑道等娱乐项目；以当地独特的民俗文化为依托，举办艺术展、节日庆典等活动。

5. 综合服务区

综合服务区往往处于田园综合体的入口位置，因为所有前来游玩的游客都要从该区域经过，这样一来，在为田园综合体的运作提供服务时会更加方便。因服务对象不同，所提供的服务类型也有所不同。比如，服务对象是游客，综合服务区就可以为游客提供售票、餐饮、咨询等服务，使游客游玩时更加方便；如果服务对象是内部产业，则可以提供加工、仓储等服务，从而为园区的正常运行提供保障；如果服务对象是在田园综合体中生活的居民，那么综合服务区可以为其提供物业、医疗、教育等服务，以满足当地人的基本生活需求。

（四）道路设计

在田园综合体中，道路的设计可分为两种：一种是园外道路设计，另一种则是园内道路设计。道路是园区内生产、游览、采摘、管理维护等一系列活动的必经通道。

1. 田园综合体的园外道路

园外道路两边要设置一些景观，使其具有一定的辨识度，这样可以为游客提供更多方便。要基于实际的交通状况设置主入口，还要根据游客来源以及产业需求设置次入口。在选择园外道路时要考虑其是否具备观赏性，同时还要对道路进行修缮，在修缮过程中要注意尽量减小对生态环境的破坏。

2. 田园综合体的园内道路

田园综合体的园内道路首先要做到交通便利，可在原有道路的基础上进行修建，修建出一条主干道。注意在规划设计园内道路时，要将园内的几大功能区连接在一起，这样不仅可以方便游客游览观光，同时也有助于产业生产顺畅通行。在设置道路时要尊重当地的自然条件及人文条件，尽量减小道路修缮对其造成的干扰。对于地势较高的区域应避免道路过陡，根据实际等高线设置道路。每个功能区都应设置次级道路，这些次级道路可以将景观与游览项目整合起来，这样一来，不仅可以为游客观光提供方便，同时也能为工作人员的管理提供方便。

（五）建筑及小品设计

可基于田园综合体中建筑的使用功能将这些建筑分为两种类型：一种是民居建筑，另一种则是服务建筑。这两种类型的建筑和当地的传统建筑在外形上要和谐，要凸显出当地的建筑特色，同时也要符合各项建筑指标。

民居建筑主要在原有乡村所处的区域内，如若原有的乡村建筑还具备使用功能，就可以在此基础上进行改造，不仅要满足当地人的生活需求，还要将田园综合体的文化内涵保存下来。而在新建民居的时候，要注重地域特色的融入，还要注意，民居的建筑风格要与整个田园综合体一致，同时还要提升建筑质量，可以使居住者获得良好的居住体验。在民居建筑中，对于具有地域特色的部分可以适当保留，这样可以使田园综合体更具文化底蕴。

在设计景观小品时，要注重农耕文化与地域文化的体现，要深挖农业要素，并将其融入景观小品之中。整个设计形式要柔和一些，尺度大小也要适当，这样给人一种亲切感。

（六）植物设计

在进行植物设计时，主要有三个方面需要考虑，即生态景观植物设计、园林景观植物设计和农业生产与农业景观植物设计。

1. 生态景观植物设计

对于保存良好的生态景观，要在尽可能减少人工干预的前提下采取一定的手段对野生植物进行保护。通过科学配置，有选择性地进行植物种类的搭配，林下空间可填充一些植物，促进植物群落的稳定，同时还能提升园区的观赏性。

2. 园林景观植物设计

园林景观的植物设计要合理地进行植物的选择，主要选择乡土种类的植物，打造和原植物群落相似的景观，这样可以有效保证植物群落的稳定性。要考虑四季变化，从而打造季相景观，使园林景观更具美感和野趣。可建立乔灌草类型的结构，要选择无毒的安全树种。

3. 农业生产与农业景观植物设计

在进行农业生产和农业景观植物设计时，所选择的植物应该是在当地具有悠久种植历史的农作物，同时也可以根据实际需求在进行实地考察以后引进一些优良农作物，但是选择这样的农作物以后，在后期的栽培管理中要付出更多的精力。除了种植农作物以外，为了进行边界与道路的划分，还要种植一些乔木，在游客观赏的位置种植一些供游客休憩、乘凉的具有遮阴功能的树，景观小品附近还要做好基础绿化，这样才能形成良好的农业景观。

五、田园综合体景观特色的提升策略

（一）营造多元化的生产景观

生产景观包括三种类型，即农田景观、林果景观以及养殖景观。在这三种景观类型中，农田景观是最基础的景观，为获得丰富的景观特色，可以基于农田类型设置多种旅游体验形式，如蔬菜采摘、草药采集、作物种植等。林果景观是有着很强观赏价值的景观。可设置一些林果采摘、摄影、果酱制作等体验活动，突出林果景观的特色，同时增添趣味性。养殖景观是游客参与度比较高的景观，这里有畜牧业、渔业等，可设置垂钓、生态餐饮、生态教育等活动，从而体现人与自然的友好共处。

（二）保护利用原有生态景观

田园综合体生态景观因所在区域不一样，所以也具备了生态、游览等多种不同的功能。在塑造景观特色时，要注重对原有景观的保护与利用，保留其原有地形及物种，还要在此基础上丰富植物种类，并进行季相景观的塑造，增添景观节点。如果田园综合体的生态性良好，并拥有特殊的动物和植物，还可以增添一些新奇的体验方式，从而带给游客新奇的体验感。对于河道景观，可在保护河道生态的前提下设计一些具有游憩功能的场地，如看台、栈桥等，同时，在这些游憩区域内，还要用景观小品突出田园综合体的特色。

（三）塑造文化特色生活景观

田园综合体的生活景观有多种类型，如传统建筑、历史遗迹、特产工艺及民俗活动等。对于内部的乡村空间，要注重保留其空间特征，延续乡村的传统文化及功能作用，在乡村生活环境中提取具有文化特性的元素及符号，如牌坊、雕塑等，通过与农业产业相关的元素，如蔬菜、作物等相关形象的融合，赋予生活景观以特色，增加游客的景观感受。

对于具有纪念意义的乡村建筑、历史遗迹等应保留，并进行适当修整，划定保护范围，增加景观建设，突出地域特色。对于特产工艺、民俗活动等，需要预留展示场所，提取文化、农旅符号，在铺装、景观小品中体现，塑造沉浸的旅游体验。利用文创、互联网等现代旅游形式对田园综合体的生活景观进行展示和宣传，为游客提供更为多元的景观体验。

第六章

乡村文化景观规划

第一节 乡村文化景观的概念与分类

一、乡村文化景观的概念

苏尔是"文化景观"研究中做出突出贡献的学者之一，他在美国的地理学中融入了景观的概念，还对文化景观进行了研究，最终于 1927 年对"景观"的概念做出了这样的界定："附着在自然景观上的人类活动的形态。"[1] 李旭旦曾表示，文化景观反映一个地区的地理特征，是地球表面文化现象的复合体[2]。可见，文化景观是复杂的综合体，它形成于特定的文化背景之下并留存到现在，它是人类活动历史记录，也是重要的文化载体，所具备的文化价值和历史价值都是不可估量的。

二、乡村文化景观的分类

（一）乡村文化符号景观

所谓乡村文化符号景观，就是从乡村的宗教、语言、信仰、建筑中将带有乡村特色的文化符号提炼出来，再以装饰品、雕塑以及标识牌的形式呈现出来，从而构建出文化标识景观。承载乡村文化符号景观的事物是多种多样的，如围墙、广场、道路、景观小品等。

在构建乡村文化符号景观时，主要可通过六种方式来实现，即引借、易位、重合、材质、减舍、虚幻。

（二）乡村文化活动景观

所谓乡村文化活动景观，就是由乡村文化活动形成的景观，这样的乡村文化活动包括乡村节庆、集市、祭祀等，是对乡村景观的动态呈现。乡村文化活

---

[1] Forman R.Some General Prinei Pals of Landscape Ecology［J］.Landscape Ecology，1996，10（3）：133–142.
[2] 李旭旦．人文地理学论丛［M］．北京：人民教育出版社，1985.

动景观升级就是将传承美好寓意作为前提条件。这里的升级包括两方面的升级：一方面是精神引领升级。乡村传统文化活动多产生于人们在面对反抗不了的大自然时形成的精神寄托，因此活动中不免包含了一些落后的内容。面对新时代的发展背景，就应做到取其精华、去其糟粕，围绕着生态、和谐、祈福的核心精神对乡村文化活动中的积极作用进行挖掘。另一方面是文化传承升级。乡村文化活动景观悠久的历史使自身更具吸引力与时光的厚重感，这体现在活动的仪式程序、道具形式以及参与人员等各个方面，因此，要防止新型业态强行介入其中而影响传统活动的整体氛围。

（三）乡村文化传承人景观

文化遗产通过乡村文化传承人呈现在世人眼前，如果没有传承人，乡村的非物质文化遗产就会慢慢消亡，可以说，传承人也属于一种景观，是乡村文化传人景观。对于这种景观的提升，可从三个方面入手：一是精湛手艺展现景观。乡村文化传承人都有着非常精湛的手艺，可以让传承人在大众面前展现自己的手艺，将这些技艺表演当作旅游景观。二是传承仪式活动景观。可以对传承仪式进行开发，将其开发成独具特色的文化活动景观，从而使传统文化更具时光的厚重感。三是工艺作坊体验景观。建立工艺作坊，让手工艺传承人带着游客亲手制作手工艺品，切身体验乡村传统手工艺的魅力。

第二节　乡村文化景观的意蕴

一、体现山水文化内涵

山水文化有着非常丰富的内涵，主要涉及两方面的内容：一方面来自物质方面，另一方面来自精神方面，如山水画、风水学、山水园林、山水诗等都体现了山水文化的内涵。儒家与道家都有各自的山水观。孔子曾表示，知者乐水，仁者乐山。庄子则认为，一切都应纯任自然，他所崇尚的是不露痕迹的天然美。我国古代的文人墨客大都受到了道家和儒家的影响，对大自然有无比崇尚之情，所以对居住环境也有自己独到的要求与想法，在集镇村落选址上就有所体现。另外，山水文化体现了一种审美意识，促使人们根据自己的审美需求对山水环境进行改造。在改造过程中，不管是山水的外在形式还是所营造的审美意境都会升华，从而体现"天人合一"的思想。

（一）选址体现传统山水文化

集镇村落的选址注重在自然山水、空间形象上达到天人合一。现存许多传统村落都处于类似的山水格局中，如江西省湖洲村。远山、山狮子山、长龙山和蜈蚣山围合成近似的圆形，而村子就在这个圆形当中，村子周围还有一些比较小的村子散布于此。在这个圆形中，还有一条沂水蜿蜒穿过，向南形成"眠弓"状。蜈蚣山形态柔和，向北呈弯曲状，将湖洲古村环抱其中，宛如一弯明月。湖洲古村山环水绕，独居其中的布局符合"枕山、环水、面屏"的理想模式。

（二）选址考虑环境容量

环境容量是指在确保人类生存发展不受危害、自然生态平衡不受破坏的前提下，某一环境所能容纳的最大负荷值。一个特定的环境（如一个自然区域、一个城市）的容量是有限的。其容量的大小与环境空间的大小、各环境要素的特性有关。环境空间越大，环境容量也就越大。古集镇村落选址往往会考虑环境容量，为子孙后代的发展考虑。

环境容量反映到集镇村落选址上，以水口限定的范围为界（即以入水口与出水门连线为直径所限定的范围）。《入地眼图说》卷七《水口》云："自一里至六七十里或二三十里，而山和水有情，朝拱在内，必结大地；若收十余里者，亦为大地，收五六里，七八里者为中地；若收一二里者，不过一山一水人财地耳。"即水口包容的地域越大，所能承受的容积越大，造福的范围就越大，如此就能保障子孙的繁衍传承。如皖南棠樾村原为鲍氏一园林别业，至四世曾孙鲍美居"察此处山川之胜，原田之宽，足以立子孙百世大业"，遂自府邑（歙县）西门携家定居棠樾，此后八百年，任盛世起伏，仍留存至今。又如湖洲古村，位于峡江县东北，处于山环水绕的盆地之中，耕地充足，土壤肥沃，约6平方千米。村落背靠绵延的群山，面向奔腾不息的沂江，形成了湖洲"山—水—田—居"的传统人居环境景观风貌，自然环境足以承载湖洲习氏族人的长远发展。这是村落宏观整体环境对村落延续的贡献。村落居住、农业生产与生态景观和谐映衬，村民就近耕种，利用溪流引水自然灌溉。湖洲这种传统耕作生产方式延续至今，这源于村落环境容量较大。

（三）选址体现隐居文化

在中国古代，读书人科举入仕，宦海浮沉，有时仕途失意，不满时政，既要坚持"志于道"，又希求自由和解脱，山水之间就成了他们最好的去处。如新渝门梅村，就是习氏始祖习凿齿不满时政的退隐之所，其后代不断繁衍最终形成村落。而习凿齿后裔习有毅退居乡里后特意选址于湖洲村。此村处于山环水绕的盆地之中，近似圆形，背后群山绵延，沂水东西两水口，出入口位置两山夹峙，使湖洲所在的盆地整体呈封闭的状态，相对隐蔽。古时对外交通主要依靠沂江水运，顺沂江直下可达赣江，陆路交通需翻过周围群山，才能到达新潦县治所在地，历史上这里基本不曾经历战乱。

陈志华教授表示，水土丰厚是吸引移民的一个重要条件，但是相比之下，对因战乱而迁移异乡的人们来说，他们往往更加看重迁移地"寇不能入"。正因为这样，山水间封闭隐世的自然条件成为他们的不二选择。就像我国著名的文化名村宁夏回族自治区南长滩村，村子里的人是西夏人的后裔，他们为了躲避战乱而迁移到了中卫最西面的山里，这里群山环绕，与世隔绝，虽然交通不便，想要走出去非常困难，但是对于当时的人们来说，这里是躲避战乱的好去处。

二、体现地域文化特色

地域文化指的是在特定地域条件下，因经济形态、地域社会结构、传统民俗等的影响，而形成的特定价值观念、意识形态以及行为方式，并在历史的发展中在这片地域流传下来。可谓一方水土养一方人，而一方水土同样也孕育一种文化。地域文化的基础是差异性，其主要特征则是动态性。我国地域广阔，不同的社会结构、地理环境、风土人情、政治经济等情况共同孕育了有着显著特色的地域文化，可将我国分成江西文化、燕赵文化、巴蜀文化、三秦文化陈楚文化、徽州文化、岭南文化、吴越文化、八桂文化、陇右文化、齐鲁文化、黔贵文化、青藏文化、琼州文化等地域文化区。

文化由人所创造，而文化又会反过来塑造人。因地域文化背景不同，古集镇村落不管是在风貌还是在格局上都非常具有特色，如西递、宏村等古村落就受到了徽州文化的影响，非常重视对村里落水口的处理，在整个布局上给人完整有序的感受，民居往往将天井作为中心，院落由粉墙黛瓦构成，在建筑装饰上会使用雕镂工艺。闽南客家塔下村深受八闽文化的影响，村落没有中心，土楼内部设有宗祠，甚至还有一栋土楼就是一个村落的情况。陕西杨家沟村深受三晋文化的影响，其传统文化元素有黄土窑洞、皮影戏等，这里的主要居住地是窑洞，形成地窖院村落。地域文化会在建筑风貌、村庄布局、宗族文化等多个方面深刻影响传统村落。

三、孕育了灿烂的宗族文化

我国自古以来就是宗族社会，而在地域空间上，传统村落往往是宗族血缘关系的重要载体。就算在一些少数民族或者是杂姓的村落中，也会存在一个或者几个势力较强的宗族。此外，我国历史的演变可以说是一部族群迁徙史，魏晋以前，魏国南方有大片土地还是未开化的状态，中原地区一直是正统的文化及政治中心。在我国历史上，永嘉之乱、安史之乱和靖康之乱这三次政治内乱导致了人口南迁，这也间接推动了我国南方地区的发展。在这三次北民迁徙中，北方的宗族文化也来到了南方地区，其中，江西吉安地区就是有名的迁徙聚集地，三次政治内乱使很多贵族、文人、士大夫等迁徙到吉安地区，在这里安家落户。

第三节　乡村文化景观的保护与传承

一、明确保护与传承的意义

《威尼斯宪章》中的第七条明确提出："在我们对一座文物建筑进行研究分析保护时，我们不可以把这个文物建筑视为独立的个体，不可以把它从这座文物建筑所见证的历史以及所从产生的外界环境中剥离出来。"可见，对于文化景观的保护与传承也要重视对其所处外界环境的保护。对于原生自然文化景观，要从地形地貌、自然植被、山水格局等多个方面予以保护。在这些原生自然因素的影响下，各个村落都呈现出不同的结构布局，原生自然因素是文化景观得以产生的介质，我们必须做好对原生自然文化景观的保护工作和传承任务。在传统村落文化景观体系中，物质文化景观是最直观且具有实体性的，而它在整个体系中也是所占比重最大的部分，人们对于传统村落文化景观的感受最初也大都源于此。而非物质文化景观则主要承载的是人类的精神，虽然它不具备实体形象，但是和人们日常生活的联系却非常紧密，保护和传承非物质文化景观，也是在保护和传承人类的精神内涵。

二、遵守保护与传承的原则

在保护和传承传统村落文化景观的工作中，我们要坚持五大原则，即原真性原则、保护历史风貌原则、接受现代更新原则、尊重村民生活原则、可持续发展原则，要针对文化景观不同的需求和特点来进行保护与传承工作。

《威尼斯宪章》中明确了原真性原则对于保护国际现代遗产的重大意义，宪章中提出"将文化遗产真实地、完整地传承下去是我们的责任所在"[1]。在乡村文化景观规划设计中，对于重建或者复原文化景观，我们不应该为了保证它的原真性而一味地持拒绝的态度。《历史文化名城名镇名村保护条例释义》对历史风貌有明确的定义，历史风貌指的是能够反映历史文化特征的城镇、乡村

---

① 国家文物局法制处编．国际保护文化遗产法律文件选编［M］．北京：紫禁城出版社，1993.

景观和自然、人文环境的整体面貌。在对乡村的原始风貌进行保护时我们应注意其整体风貌的统一性，要以乡村的整体效果作为评判的标准，要在保持原状的前提下进行局部的改造。在绝对传统的文化景观中有机融入合适的现代元素可以让这些文化景观更具有活力和发展能力，以前面坚持原真性和保护历史风貌为基础，通过特殊的现代元素对个体进行整体的提升，使乡村更具有生机。对于传统村落来说，人才是最根本的存在，因此在乡村文化景观的传承与保护工作中，我们要始终坚持关心人的生活需求，防止村民流失。另外，要结合全部的原则，不以当下效果为追求目标，而是建立稳定的远期目标，使乡村具有可持续发展的特性。

三、乡村文化景观保护与传承的方法

（一）完善参与保护人群组成，增强群众保护意识

在保护乡村的过程中，应组建完善的保护工作人群体系，应召集相关专业的学者进行专业资料的收集、图像复原，对村落历史原貌进行研究，掌握最为准确的资料；集结社会精英及志愿者为保护村落文化景观提供宣传支持、科教支持等；通过政府及社会组织资助筹集资金；由专业人士负责设计，为乡村的旅游发展提供合理的规划设计方案。除此之外，还应该大力召集原住村民参与到文化景观的保护与传承工作中。

格尔茨是美国著名的文化人类学家，他曾表示，文化研究并不只是强调对文化的了解，更多的是通过研究文化对当地人如何理解自己所创造的文化进行解读。他认为，只有创造文化的人对于文化的理解与认知才是最正确且深刻的。在现代社会里，人们越来越注重保护传统村落文化景观，但是提倡和参与者往往是政府相关部门、业内的学者以及社会精英人士，但缺少了更加重要的人群，那就是文化的创造者——本地居民，本地居民是文化的创造者，他们在对文化景观的理解上势必是更加深刻且独到的，因此，在传统村落文化景观的保护与传承工作中，我们应挑选本地居民与政府、社会中的其他组织共同承担起保护与传承工作。

乡村空心化问题是迫切需要解决的问题，乡村文化景观的保护与传承不能缺少本地居民的参与，因为只有他们对于村落文化景观的理解才是最真实且深刻的。要提高村民对传统文化的保护与传承的意识，不仅要通过乡村旅游发展提高村民的经济收入，还要让村民意识到，只有从根本上做好对文化景观的保护与传承，才能使乡村发展越来越好。要整合家族利益，积累社会资本，构建社会网络，加强村民的集体意识。此外，还可以通过修建祠堂、家谱等手段强化文化意义，使旅游资源更具文化含量，还要修路治水，吸引外资，为旅游业

的发展打下良好的基础。

如果村民的保护意识提升，会对保护工作的质量与水平产生积极影响。所以，乡村文化景观的保护与传承工作一定要注重提升村民的思想意识。政府相关部门可通过各种媒介来宣传当地文化和历史景观，强调传统文化的重要性，从而使村落的知名度得到提升，也使当地村民对村落的价值产生更加深刻的认知，从而自觉挑起保护传统村落的重担，积极参与到保护工作中去。

（二）制定详细的保护规划，分类型针对性保护

要组织专家学者对相关地区进行整体把握，对村落的实际情况进行详细的分析和研究，然后再做出合理的规划，并制定有效的保护方案。对于村落实际情况的分析与研究可以从生产经济、生活习俗、社会结构、发展过程等多个方面展开。之所以要保护像石头城这样的文化气息浓厚的村落，是想要将其所承载的历史文化信息留住，所以对村落经济、文化、环境等方面的研究是必不可少的。同时，在具体的保护工作开展中，还要分清主次，要做好分类，进行长期和短期目标的制定。

梁思成先生就历史城镇保护工作曾这样说道："不是返老还童，而是输血打针，让它延年益寿。"也就是说，对乡村文化景观的保护与传承不应该是简单的保护其现状，或是仅复原其历史风貌形态，而应该去充分了解乡村文化景观的演变过程，研究以后的发展趋势，对保护和传承对象进行分类，并给予不同程度的保护，以文化景观的历史价值与意义为依据去判断哪些文化景观应该在尊重历史形态的基础上被完整保护和传承下去，哪些则应在延续其动态发展特点的基础上进行保护和传承，还有一些则是介于两者之间，进行修复性传承保护。基于乡村的发展现状，可将文化景观保护分成三种保护类型，即完全性保护、传承性保护以及修复性保护。

（三）构建保护与传承的多主体体系

对于乡村文化景观的保护与传承工作要按流程行事，构建完整的保护与传承体系。应明确乡村文化景观保护和传承的出发点，要有保护好、传承文化景观的信念感，将旅游开发等其他工作视作文化景观保护与传承的辅助性工作。在出发点明确以后，就要基于文化景观的类型进行具体工作流程的设计。原生自然类文化景观保护工作要在生态保护的前提下进行，可以适当施加一些人工干预，当然也要遵循保持其原真性的原则。在物质类文化景观中有一些仍具备使用功能，因此在开展保护工作时就要以保持历史原貌、尊重使用功能为前提。非物质类文化景观的保护工作要坚持以人为本的原则，对其产生的原因进行深挖，要尊重历史史实，在此前提下进行保护和传承。

乡村文化景观的保护工作具有长期性、复杂性的特点，而且在具体的工作

过程中还会涉及多个群体，在这些群体的相互协作与配合下，逐渐形成了一种多元化的保护形式。其中，政府所扮演的是领导方的角色，负责保护工作的指挥，同时在遇到问题时负责协调工作，这样会使保护工作更加高效。在此过程中，专家及学者所发挥的作用也是不容忽视的，通过他们村民会对自身文化产生更加深入的了解与认识，而且，他们还会基于当地实际情况制定保护系统。开发商所发挥的作用则是为保护工作提供资金保障。村里的精英和带头人在保护工作中则以身作则，起到很好的模范带头作用。另外还要注意，即便是当地的普通村民，都应该被公平对待，拥有同样的知情权、决策权以及监督权。这样尊重村民意愿的做法可以使村民参与保护工作的积极性被有效带动起来。所以，在开发保护工作中，形成多元化的合作模式是非常重要的一个步骤，通过各方的努力，保护工作可以更加顺利地开展。

保护村落景观工作的重点还包括保护体系的建立。然而目前我国在这一方面还没有形成具体且有效的措施，法律法规也不健全，仅存的一些相关保护条例及保护的指导意见是远远不够的。要想保护和利用好传统村落，就必须让这项工作走进法制化轨道，将对传统村落的开发和保护工作看作是城市建设的重要组成部分，要将其纳入城市总体规划中。不断完善相关的法律法规，使开发与保护工作实现制度化、法治化和规范化。

总的来说，在对传统村落文化景观进行保护和传承时，先要确定文化景观的类型，然后收集文化景观的史实资料，调研文化景观现状资料，分析文化景观所属保护类型，确定保护与传承的目标，进行保护与传承工作。

第七章
乡村交通与绿道系统景观规划

第一节　乡村绿道概述

一、乡村绿道的概念

最先提出绿道概念的是欧美的一些国家，经历了公园道—开放空间—绿道的发展历程，研究对象也从单一的城市转变到城乡结合体的大城市概念。从几十年的实践可以看出，绿道有着非常鲜明的特点，如连续性、线性、多层次性等，同时也具有三方面的重要功能，即生态、社会文化以及休憩。城乡地区缺少集中的绿地，而绿道就可以很好地弥补这种不足，同时它还可以供人们组织一些旅游活动，并为人们的休息提供了方便。所以，在城市化发展中，绿道对于城乡土地的可持续发展具有重要意义，同时也有助于解决城乡规划设计中的一些矛盾和冲突。

所谓城乡绿道，就是在乡村中的绿道。具体而言，乡村绿道就是将城镇和乡村连接起来的线性道路，它设立在美丽的乡村景观的背景下，为城镇生态、文化的布局及连接起到了很好的促进作用。乡村绿道不仅包括由自然景观组成的廊道，还包括体现乡村历史文化和风土人情的廊道、公园，具有经济价值的产业群等。乡村廊道是连接城市与乡村、乡村与乡村的线性道路形态。在景观、交通、旅游等方面都具有一定的功能。具体特征表现为：提供便捷交通廊道；供人休憩的旅游廊道；展示当地风土人情的文化廊道；体现动植物保护的生态廊道；带动产业转型和发展的经济廊道。

随着近几年我国各地区开展美丽乡村运动，乡村地区的设施建设、休闲、旅游等都引起了相关部门以及大众的关注与重视，将这些当作乡村产业发展的重点，做好这些方面的建设来提高村民的生活水平。但是在此过程中也暴露出了很多问题，如交通压力过大、环境污染问题、土地荒漠化等。另外，在各乡村的产业发展中还出现缺少地方特色、产业布局不合理、村与村之间没有形成产业联合等问题。因此，为了有效解决这些问题，使乡村环境健康、和谐地发展，使村民的需求得到满足，实现乡村地区的合理布局，就可以利用绿道的相关理论，充分利用绿道在生态、社会、景观这三方面的作用，建设乡村绿道来改善乡村的生态环境，打造乡村人文景观，从而改善村民的生活环境，提高村民的生活品质。

综上，在笔者看来，所谓乡村绿道，就是将乡村生态环境作为依托，将乡村休闲功能作为出发点，利用道路、山地等空间连接自然与人文资源的将生态、景观及文化聚集在一起的区域。乡村绿道构成了产业发展框架，推动了城乡一体化的发展，是城乡和生态结合的良好形态。

二、乡村绿道的类型

（一）生态型乡村绿道

生态型绿道可以保证乡村保持良好的生态格局，通常由自然廊道构成，这种自然廊道不仅具有很好的连接作用，同时对动植物栖息地还有着很好的保护作用，为乡村生态环境的稳定提供良好的保障。道路、山谷、河流等城乡绿带和防护林网组成了网络骨架，将城乡间的生态环境连接起来，形成了生态型乡村绿道。

（二）文化型乡村绿道

文化型乡村绿道也是一种线性廊道，它所连接的是乡村的文化遗址以及各种文化资源，文化型乡村绿道通常可分为两种类型，一种是历史文化型乡村绿道，另一种则是现代文化型乡村绿道。文化型乡村绿道不仅体现了当地的自然地理环境，同时也承载了当地的人文景观。对于乡村传统文化的传承、保护及挖掘具有重要意义。

（三）游憩型乡村绿道

游憩型乡村绿道，顾名思义，就是为人们提供休憩需求的绿道，同时它也是当地乡土景观的载体，这种线性廊道的舒适性与美观性俱佳。游憩型乡村绿道可以是供人休憩的带状公园道，也可以是景区中非机动车通行的步道，还可以是乡村通道。

（四）产业型乡村绿道

如今的农业生产方式以农业产业化为主，这也将是现代农业发展的大方向。因此在乡村绿道中也形成了一种重要的产业型乡村绿道，它主要以两种形式呈现，一种是乡村农业产业带，另一种则是乡村服务产业带。前者是用乡村绿道将当地富有特色的农业产业相连，从而形成产业集群。后者则是将当地富有特色的生态旅游资源作为依托，将景区、景点相连接，从而形成具有鲜明主题、休闲观光功能等的产业带。通过对乡村绿色产业廊道的构建，产业型乡村绿道在农业产业及绿色服务产业这两个方面的优势可以得到充分发挥，这不仅可以对当地的乡村环境起到良好的保护作用，还能有效促进当地的经济发展。

三、乡村绿道的作用

（一）保护乡村自然山水格局的生态廊道

在乡村广袤的土地上，自然山水是最具审美性的风貌，蜿蜒的水流、绵延起伏的山谷等共同勾勒出乡村独特的空间结构。然而，由于近几年对乡村地区的开发力度在不断加强，也带来了很多的负面影响，如自然山水被破坏、自然植被受损等，严重影响了当地的生态环境。而乡村绿道就可以将乡村地区的河流、山谷、风景区等有效地连接起来，从而对当地的生态格局起到有效的修复作用。另外，乡村绿道的形成，也能使当地的生态功能得到有效提升，为当地的自然环境起到保护作用，从而使其保持原有的完整性与原真性。

（二）复兴乡村人文资源的文化廊道

在乡村的发展历程中，由于当地人民长期在自己的那片土地上进行各种活动，久而久之便形成了富有当地特色的人文景观，构建了完整的乡村文化景观体系，其中除了包括具有具体形态的历史景观以外，还包括非物质形态的风俗等，这些都具有很高的历史价值、文化价值以及社会价值。通过乡村绿道将这些点状的文化景观连接成廊道，从而以线性、区域性的绿道网络呈现出来，不仅可以使乡村文化景观更加美观和多样化，同时对于乡村文化景观的保护与传承也能起到很好的促进作用。

（三）促进乡村经济发展的产业廊道

传统的农村产业具有诸多不足之处，如规模小、技术水平落后、布局不合理等。基于产业集聚理论，乡村绿道以乡村产业基础为依托，将产业要素集中起来，结合当地特色化的产业资源进行乡村绿色产业长廊的构建。转变以往分散的经营模式，逐渐向产业区块化的经营模式转变。改变以往农村经济的发展方式，调整产业结构，在优化当地生态环境的前提下促进经济发展，鼓励农民创业、就业，促使构建的农村产业发展体系更具合理性和高效性。

（四）拓展城乡居民活动空间的游憩廊道

乡村绿道是将城市、乡村、景点合理连接起来的绿色廊道。它不仅是城市与乡村之间的重要通道，同时也是供人们休憩、娱乐的重要场地；它不仅承载着当地丰富的乡土文化，同时也以线性公园的形式丰富了乡村的自然景观。通过对乡村地区的自然景观与人文资源的展示，不仅可以使居民感受到美丽田园风景带来的心旷神怡，同时也能体会和感受丰富的乡土文化。此外，还能为休憩、游玩提供便利。

（五）提供公共服务的绿色交通纽带

乡村绿道不仅具有公共服务功能，同时作为交通设施还具有连通功能。国家近些年来越来越重视乡村地区的基础设施建设，也对此投入了大量的资金，有效改善了乡村地区的公共设施水平，但是和城镇相比，依然是比较落后的。而且在建设过程中又存在规划不统一、不合理的问题，使公共设施整合度存在很大的问题。另外，在使用的便利性、土地的利用、资金使用的合理性等方面也存在诸多问题。在建设乡村绿道时可以将分散的设施整合在一起，并在城市和乡村、乡村和乡村之间建立联系通道，从而构建绿色交通纽带。

乡村绿道建设要充分考虑城镇的发展，把生态、产业、基础设施等廊道连接在一起，形成多功能的网络体系，该网络体系要具备生态保护、休闲娱乐、文化传承、安全疏散等多种功能，经过科学合理的设计，将景观、文化以及行为要素融为一体，从而实现土地利用格局的优化及功能的交融。

第二节　乡村绿道景观规划的基本原则

一、应遵循文化性原则

对乡村公路景观进行设计，不仅可以使乡村地区得到更加全面的发展，同时还可以促进当前推行的建设美丽乡村战略的实施。在具体设计的过程中，相关的设计负责人要始终坚持文化性原则。如今经济水平的提升不断促进我国城市化的发展，在设计乡村公路景观时，城市化发展必须将文化性作为标准与核心，要将乡村地区的特色文化凸显出来展示给人们。

二、应遵循美观性原则

乡村绿道景观的设计要基于文化性原则进一步追求美观性原则。也就是说，在设计时要注重将当地的文化特色结合起来，对乡村的特色资源进行充分利用，在具备文化性的基础上不断提升绿道景观的美观性。

乡村绿道景观要和周边环境相协调，要给人一种温馨自然的感受。同时街道设施也要突出整体性与协调性。主要体现在以下几个方面：

第一，在具有相同性质的空间中要统一铺地。如对一条街道进行铺地，就要先分析各路段的不同功能及特点，然后以此为依据对铺地的颜色、材质等进行合理选择，从而使街道的各路段铺地与其功能和风格相符，还可以使整条街道从整体上看起来是协调且连续的。

第二，色彩要和谐统一。街道的色彩对于街道空间的特性及气氛有着重要影响，而色彩的合理应用也是创造良好空间效果的重要内容。街道的色彩和谐可以使路人感受到愉悦，街道的色彩杂乱，会让人眼花缭乱、心烦意乱。因此，在色彩的选择上应该先定下基调，然后围绕这一基调进行色彩的点缀。

第三，街道设施的尺寸要和整个空间是协调的。如果尺寸太大，就会过于凸显设施自身；如果尺寸太小，又起不到街景装饰的效果，这两种情况都是不可取的，因此，在街道设施尺寸的选择上，一定要以和整个景观系统相协调为前提进行选择。

三、应遵循安全性原则

乡村绿道景观设计还要考虑安全问题。要注意提高安全性，确保施工过程中不会有任何的安全隐患，保证工程能够顺利竣工，同时还要注重提高整体的施工质量。

在设计乡村绿道景观时，相关的设计负责人应严格遵守相关的标准及规定做出合理设计，将乡村的特色资源合理地搭配和结合起来，所做出的设计可以使绿道景观具有缓解人视觉疲劳的功能，从而提高通行者的人身安全。此外，还可以充分利用树木的防护作用，设计相关的安全设施，这样也可以有效提升通行者的人身安全。

四、应遵循经济发展及生态环境平衡性原则

在设计乡村绿道景观时，还要重视生态环境和经济发展之间的平衡性，除了要提高经济效益外，还要注重当地生态环境的保护。因此，在设计时不仅要充分考虑如何使对生态环境的影响降到最低，还要通过合理的设计平衡生态环境与经济发展之间的关系，进行绿色通道的构建，对乡村绿道景观环境进行优化。

第三节 乡村绿道景观的构建理论与方法

一、乡村绿道景观的构建理论

在规划设计乡村绿道景观时，除了要按照乡村景观规划设计的相关理论开展外，还应遵循以下几个重要理论：

（一）农业产业集群理论

所谓产业集群，就是在特定区域里以当地的自然与人文资源为依托加强农业和生产企业、加工企业等之间的联系，实现产农结合及集约化经营，最终形成互补的整体。而农业产业集群会将区域资源进行合理的整合。由于区域与区域间存在人文环境与优势资源的不同，所以所形成的农业产业集群也呈现出多样化的特点。要基于区域农村的发展特点及实际情况探寻适合自身发展的道路。在笔者看来，农业产业集群应该将经济群体和小农经济结合起来，尊重村民的主体地位，从而形成集生产、加工、流通、销售于一体的产业链，进行产业集群新模式的合理构建。

（二）人居环境学理论

人居环境学是研究人和聚居地之间关系的学科，通过对人类聚居地形成的主观规律及客观规律的探索，挖掘出聚居空间形成的多种因素，如生态环境、人文及自然资源、基础设施等，从而构建可以促进人与人、社会自然之间和谐相处的人居系统，为建设能够满足人类各方面需求的理想住所提供理论指导。

本书对乡村的人居环境进行研究，从物质及精神这两个层面分析农村聚居地环境的重要性、未来环境建设的发展方向，对乡村地区的人文资源及自然资源进行挖掘，然后通过合理规划，打造和谐、舒适的乡村人居环境。

（三）现代景观规划理论

现代风景园林设计具有鲜明的时代特点，如交叉性、融合性、多中心性等。在整个景观规划设计发展中，不管是相关的理论研究，还是具体的施工建设，其意义都是多层面的。刘滨谊教授将多层面的追求归纳为三个方面，称为景观三元论，这三个方面之间是相互促进、相辅而行的关系。

1. 视觉景观形象

视觉景观形象指能从感官意识层面对周围客体环境进行识别、描述，构建个体感官与自然客体之间的联系，形成相互承接的载体，基于景观美学对美景本质的特性以及景观的感知过程进行探求。

2. 环境生态绿化

环境生态绿化是环境意识运动的发展产物。其主要以人生理上的感受为基础，合理利用自然、生物和人工资源（包括水体、土壤、植物、气候、阳光、动物等），为加强大地景观环境的保护创造物质条件。

3. 大众行为心理

大众行为心理将人的精神需求和内心感受作为出发点，以人的精神生活规律和行为心理为依据，在心理和文化的指引下，对怎样创设给人赏心悦目之感、给人提供正能量的精神环境的问题进行研究。在相关的理论研究中，与之呈对应关系的主要有两个，一是环境心理学，二是游憩学理论。前者讨论的核心是人工环境，特别是对建筑环境和行为间的关系进行探讨；后者则主要对游憩体验感和满意度等进行探讨，也就是将人作为中心，进行人与环境互动体验过程的构建。

（四）道路生态学理论

道路生态学是随着现代交通网的迅猛发展，从景观生态学中分支出的新兴研究领域。可以从道路生态影响、道路景观美学两方面对道路生态学理论进行剖析。

1. 道路生态影响

20 世纪 70 年代，一些欧美国家把道路看作是通过人力建设的生态基础设施，并针对道路建设问题展开了大量的研究。道路建设使景观生态的空间格局发生了改变，同时对水平生态空间的物质流与能量流产生了一定的阻碍作用，从而对生境多样性造成消极影响，不仅会影响职务群落的规模，还会影响动物的迁徙等活动。

道路的影响区域、位置以及密度都是其生态评价因子。所以，在规划道路时要将这三个指标作为生态评价的重要依据，在最大限度减小对承台的破坏的前提下去规划。

2. 道路景观美学

国家的道路规划往往只会参考道路沿线居民的审美需求，然后在此基础上将富有文化价值的空间和道路基础设施联系起来。因为各地区在景观、资源、文化等方面存在一定的差异，所以规划出来的道路也具有区域性特点。从生态学研究的角度来说，道路和绿道理论存在相同的内容，对本书中构建乡村景观绿道网络有着一定的启发作用。

（五）城乡规划学理论

城乡规划学是从城乡关系的视角把城市和农村、城市居民和农村居民、工业和农业看作一个整体，在综合、系统的研究下推动城乡规划、产业、生态保护等均衡发展，使城乡发展实现协调性和可持续性。规划人员应站在整个城乡空间的角度对城乡发展进行规划，从生态保护的角度出发，将城乡生态资源整合起来，从而为自然生态的健康发展以及城乡的协调发展提供保障。

1. 城乡空间生态耦合理论

城市复合生态系统理论认为，城乡建设以环境为体，以经济为用，以生态为纲，以文化为常，城乡建设的社会、经济、自然这三个子系统之间是相互约束的关系，虽然各有各的功能，但却是相互促进的。城乡一体化建设以城乡空间为载体，城乡空间是城乡物质关系的载体，也是城乡互动的场所。

城乡空间生态耦合理论是一种动态理论，以城乡空间的整体性为基础，以生态学理论为核心，致力于建立城乡之间稳定、协调、良性互动的共同生长耦合关系；将不同的耦合元素在特定的条件下互相连通，使各个元素转化成一个整体，使城市、乡村、生态环境相互联系，在这种动态的耦合关系中促进城乡一体化建设。

2. 城乡绿地系统规划理论

城乡绿地系统规划理论是在整个城乡区域范围内，将城市中心和各级乡镇、乡村的各类绿地系统进行分级分区保护、利用，通过优化土地布局，形成具有合理结构的绿地空间系统，构成城乡一体化、空间区域化、生态网络化的绿化空间大格局，使生态系统充分发挥生态效应，城乡绿地发挥生态、文化、游憩、景观、保护等各项功能，促进城乡协调发展，形成一个完善的人居环境网络系统。

二、乡村绿道景观规划方法

（一）现场调研

现状调研是乡村绿道规划的基础。采取现场勘探、资料收集、走访调查等多种形式，对各种现状资源进行详尽调查，并对调研内容进行整理，编制现状资源清单。

（二）选线规划

乡村的绿道选线直接影响着乡村绿道网基本骨架的构建。它以乡村的自然、人文资源及产业开发条件为依托，以乡村地区的生态环境为基础，以线状廊道的形式对各类资源要素进行选择、重构、串联与优化，形成一个空间互动性强、发展全覆盖的多功能绿道网络体系，提高规划区域的生态、经济、文化、社会价值。

本书以乡村绿道为研究对象，场地和空间资源构成要素具有特征性和代表性。可以用景观生态学"斑块—廊道—基质"的理论探求一种系统选线的方法。

1. "斑块层面"——对开敞空间环境要素进行分类

乡村的开敞空间要素（斑块）分布在整个乡村的环境空间中，包括自然开敞空间（河塘、沟渠、山林带等）与人文开敞空间（乡村聚居点、农业产业基地、农田等）两部分。这些元素都是与周围环境要素异质且具有完整性与独立功能性的自然、人文空间实体，是乡村地区景观环境构成的基础要素。对这些要素的分类整合为乡村绿道选线规划创造了条件。

2. "廊道层面"——发挥线性廊道的整合、重构功能

乡村的线性廊道所处的位置往往是山林、水系等自然空间要素内部或者是

边缘区域，它最能体现乡村绿道内涵。在它的串联下，具有自然和人文风光的乡村空间被连成网，并发挥着重构乡村内部系统的功能，可以对乡村环境起到优化效果。所以，绿道规划可以将这样的线性廊道作为首选，并尽可能将位置设在边缘地带，将乡村的村道、田埂等线性空间充分利用起来。

3. "基质层面"——乡村生态环境背景的保护

乡村地区的发展要以当地的生态及人文背景为依托，因为这些背景可以直接体现当地资源的特色。在规划乡村绿道时，要注重维护背景环境风貌，并在此基础上对环境要素及线性廊道进行优化，还要对乡村的自然景观和人文景观的特色加以强化。

另外，乡村绿道除了可以提高环境质量以外，还能为生物多样性的实现创造条件。在景观生态学理论的相关要求下对乡村绿道进行设计与应用，使乡村绿道可以对景观结构进行调节，且进行生态环境的连接，对于环境保护及生物多样性的实现具有重要意义。

（三）布局结构规划

乡村绿道的布局结构规划要以合理规划选线为基础，创造一个连续、合理的多功能乡村开放空间布局。本书以目前国际上较为认可的结构布局规划方式作为参考，规划时从乡村绿道规划的特点出发，选取乡村地区适宜的绿道结构布局形式。

各种布局方式在功能以及适用范围上都存在一定差异。因此在规划布局时，要将当地自然资源、人文资源、产业资源综合起来考虑，从而构建出特色鲜明、结构合理的乡村绿道空间格局。

（四）基础设施规划设计

乡村绿道具有三种主要功能，即生态保护、休闲游憩以及通道连接，处理好三者的关系能够大大促进乡村绿道的成功规划，而处理好这三者之间的物化形态，就是协调处理绿廊、慢行道和配套设施（驿站、标识）之间的关系。三者同时也是乡村绿道构成的主要要素。

（1）绿廊：乡村绿道中具有生态功能的自然本底。

（2）慢行道：乡村绿道中供人休闲及耕作等农业活动的通道。

（3）配套设施（驿站、标识）：起到方便人们正常、安全地使用乡村绿道的作用，其主要由乡村绿道标识系统和驿站服务设施组成。

要使乡村绿道内部系统合理运行，发挥其休闲、生态、经济等复合性功能，就要在功能道定位与总体选线布局基础上，合理设计规划，以使规划区域的绿道网系统优化有序发展。

绿廊具有连接生态节点的作用。它有着一定的宽度，由水体、植被组成。

进行绿廊设计的前提是对生态环境及自然生态与历史人文资源的保护，如保护当地的地形地貌、植被、水系等。在对密度、高度、规模进行科学规划的基础上要求绿廊范围内不允许建设和绿道基础设施无关的东西。另外，绿廊规划也要考虑到植被生长周期，如为树木留出几十年生长的高度和宽度的空间，从而满足植被生长需求。

　　乡村绿道的绿廊宽度在很大程度上取决于物种数量以及生态环境容量。不管是前期的设计与施工，还是后期的实际使用与管理都要考虑在内。一般绿廊宽度增大，其生态效益也会更大。

第八章
乡村基础设施与公共空间景观规划

第一节　乡村绿色基础设施与公共空间概述

一、乡村绿色基础设施

（一）绿色基础设施的概念和内涵

绿色基础设施（Green Infrastructure）是一个战略性规划和管理网络，是一个区域的生命支撑系统，是由公园、河流、行道树、农田、森林、湿地等构成的网络，能产生多种社会、经济和环境效益。如同交通基础设施是由公路、铁路和机场等构成的网络一样，绿色基础设施通过不同层次、尺度的规划，可以有效达到"生产空间集约高效、生活空间宜居适度、生态空间山清水秀"的总体目标，形成"生产、生活、生态空间的合理结构"。

绿色基础设施建设要以生物多样性保护生态网络建设为基础，构建集生态、景观、游憩、风貌和文化于一体的城乡绿色基础设施，实现生态网络和绿色开放空间的整合。其组成囊括了舒适的开放空间、绿色廊道、绿道、文化遗产廊道、大型城市公园及庭院、村庄及城镇中的植被、自然及半自然野生动物栖息地、郊野公园、街心花园、运动场、历史公园及人文景观、农业环境及农业管理下的土地、自然保护区、具有特别科学价值的场地及纪念碑、地方的文化遗产、河道及水体（包括被淹没的采石场）、公路、自行车道及其他游憩线路、墓园、工作景观（working landscape）、棕地（brownfield）等，涉及了林地、草地、湿地、沼泽地等各种地类。

（二）绿色基础设施的多功能性

不同于生态网络，从结构上看，绿色基础设施是由核心区、网络节点（hubs）和廊道（links）组成的，生态网络则是由核心区、廊道、缓冲区组成的。相比较而言，绿色基础设施更加强调"内部连接性"（inter-connection）的重要性，结构也更加细致化。从多功能性上看，生态网络的核心功能为自然保护，其解决的核心问题是生物多样性与濒危物种保护；绿色基础设施更注重功能的多样性，它并不要求每个组成要素都要具备所有的功能类型，它所注重的是整个绿色基础设施网络的功能类型多元化，并力求使其所承载的社会与环境效益得到最大限度的发挥。

（三）绿色基础设施的层次性

1. 欧盟绿色基础设施建设的层次性

欧盟各国很早就将绿色基础设施理论和方法应用到城市规划中，以防止城市扩张。之后欧盟层面上将绿色基础设施建设写入《2020 年生物多样性保护战略》，进而提出了绿色基础设施建设的层次性。绿色基础设施是通过一个集成的方法来达到最佳土地管理和精心的战略空间规划的。绿色基础设施强调土地的多功能性和生态景观服务功能，具有较高的生态经济效益，可以弥补"灰色"的基础设施和土地集约利用变化带来的生态环境损耗，对人类福祉和自然具有重要的作用。

2. 我国绿色基础设施建设的层次性

一是将生态景观理论和方法融入土地利用、农业发展、土地整治等宏观规划、战略规划和专项规划中。二是将生态景观理论、方法和技术融入我国农村各类建设项目，加强总体规划的生态安全格局优化、生态景观化工程技术应用。一般来说，各类农业发展项目包括总体空间布局和工程设计两个尺度，应将生态景观化建设内容有机融入相关技术导则，大力提升农业 / 农村发展项目的生态景观服务功能。绿色基础设施规划主要是基于绿色基础设施生态景观服务功能（正向和负向），研究绿色基础设施的供给和需求，开展多项生态景观服务功能融合规划，提出空间格局、提升战略和工程技术措施。具体来说，就是要按照城乡空间布局、基础设施、城乡经济和市场、社会事业和生态环境一体化建设的发展要求，在严格保护耕地的基础上，集乡村生态景观特征提升和历史遗产保护、生物多样性保护、水土气安全和土地损毁生态修复、防灾避险和应对全球气候变化、乡村游憩网络等功能于一体。在此基础上，确定生态红线，协调建设用地、生产用地是优化国土空间格局的重要方法和途径。

（四）绿色基础设施规划目标和内容

1. 规划目标

绿色基础设施是一个区域的生命支撑系统，是自然环境和位于城镇、乡村内外的绿色、蓝色空间所构成的网络，能够调节空气、水和土壤质量，为经济发展提供原材料和良好的投资环境，促进人们身心健康的发展。其规划目标是通过土地利用/景观生态系统格局优化，从生态经济过程和景观要素质量与数量方面提高生态服务功能。在具体规划中要根据类型、目标和尺度确定景观生态规划需要考虑哪些生态服务功能，一般目标可简单概括为：

（1）科学整合，绿色基础设施规划是改善区域内可持续发展的一个综合行动，应实现与其他规划之间的合理化整合。

（2）改善居住环境，为新的发展提供具有吸引力的基础设施，并促使其融入未来景观建设中并改善人居环境。

（3）建立认知和归属感，提高地方居民和游客的生活质量，在主要的新增长区域建立社会认知和归属感。

（4）延续城镇景观特征，通过强化现有绿色基础设施和加入符合当地不同元素特征的新绿色基础设施来实现对现有乡村和城镇景观特征的延续。

（5）重建生境连接，保护和提升生物多样性，扩大并创造新的生境，通过重建生境之间的连接改善生境破碎化的状况。

（6）建立功能联系，为人类和野生动物建立城市与周围乡村之间更有效的功能联系。

（7）实现绿色空间最优利用，提升绿色空间多功能效益，防止土地退化，应对气候变化和进行洪水管理。

（8）提出在绿色基础设施网络内保护、恢复和强化历史文化遗产及景观功能，强化应对战略措施，提高公众的可达性。

2. 规划内容

我国规划设计和建设体系包括战略规划或是宏观规划，又可以进一步划分为空间规划、行业规划和专项规划，将生态景观理论、方法和建设内容融入战略规划是确保国土生态安全的重要保障。在土地供需、土地利用潜力调查与评价等涉及土地用途转化、地力提升分析研究的基础上，进一步分析区域景观特征、生物多样性保护、水土安全、水土流失和污染空间、游憩空间需求等，提高土地利用多功能性，并在此基础上提出土地利用功能重建、修复、提升战略、任务、工程项目和工程技术。参考国外相关规划研究，目前应重点考虑如下规划内容：

（1）景观特征和遗产的保护和提升规划：开展景观特征、自然与文化遗产的分类和评价，确定不同类型景观特征、自然与文化遗产的保护、提升和重建内容。

（2）生态网络规划：确定地域濒危物种和需要保护的动植物与生境，提出生态网络规划，指导物种和栖息地空间布局；确定栖息地需求的空间联系，完成生态网络空间布局，确定生态网络建设战略和工程技术措施。

（3）水土安全和防治避险规划：确定防治水土流失、水土气污染、洪涝灾害、地质灾害、风暴潮等灾害的重点区域，确定绿色基础设施建设战略和措施；水土流失敏感区、土地沙化敏感区、石漠化敏感区、河湖滨岸敏感区等是我国主要的陆地生态敏感区类型。

（4）游憩规划：游憩网络规划的主要目标是确定游憩核心区、非机动游憩绿色廊道，提出不同等级的游憩景观可达性道路网络。

（5）总体规划——绿色基础设施规划：基于人类福祉对生态景观服务功能的需求和绿色基础设施多功能性供给，确定绿色基础设施提升计划，完成集景观特征提升、历史文化遗产保护、生物多样性保护、水土气安全、防灾和游憩于一体的城乡一体化绿色基础设施战略规划。

二、乡村公共空间

（一）乡村公共空间的概念

空间是人类进行各种社会经济活动的场所，乡村空间包括生产、生活、游憩等空间类型在乡村地域内的空间分布。乡村聚落空间与整个地理自然环境是组成乡村的各个要素在一定地域内表现出的空间配置形式，其要素分为物质要素和非物质要素，物质要素构成物质空间，非物质要素构成非物质空间。乡村物质空间由乡村聚落空间、乡村生态安全空间、乡村基础设施服务空间、乡村公共服务空间构成；乡村非物质空间由乡村经济产业空间、乡村乡土文化空间、乡村社会关系空间构成。

学术界对于乡村公共空间展开过多次讨论，至今还没有一个统一的看法。基于公共交往类型以及所承载的场所，可将公共空间分为红白事型公共空间、"小店"型公共空间、休闲型公共空间、组织协会型公共空间和集市型公共空间，本节主要研究的公共空间类型为休闲型公共空间。

（二）乡村公共空间的分类

乡村公共空间的形成：村民参与、公共事件、特定场所这三个基本要素是缺一不可的。下面将简述公共空间的几种类型。

1. 红白事型公共空间

这种公共空间的形成基于特殊的社会性事件，这些事件会促使农村居民共同参与，并且会形成一套行为规范，这种公共空间具有传统性和实效性。

2. "小店"型公共空间

小店是售卖杂货的场所，另外它还是为村民提供休闲娱乐和聚会的场所，在这类公共空间中，村民是主要的参与者，小店是固定场所，公共事件是休闲娱乐。该类型的公共空间不仅具有时间上的连续性，同时还具有空间上的稳定性。

3. 休闲型公共空间

休闲型公共空间指的是基于村民的休闲娱乐需求形成的公共空间，它与上面提到的"小店"型公共空间存在一定的相似性，但并不完全相同。在村民的日常生活中不能缺少休闲型公共空间，村民需要在这样的场所开展休闲娱乐活动，它取代了像"大树下""石堆旁"等比较随意的场所。相比之下，休闲型公共空间更为正式，可以有效提升乡村的公共空间活力，从而促进村民之间的交流。

4. 组织协会型公共空间

国家倾向性政策明确了第三部门在国家社会中的重要地位，民间组织作为第三部门的领导主体也在不断壮大。贺雪峰在《新乡土中国》提出，在基层村庄的发展中，"老人协会"的作用是不容忽视的。虽然老人并不是经济建设中的主要力量，但是他们拥有更多空闲的时间且不愿意虚度，想要使自己的晚年生活过得有意义。正是为适应社会的发展，才形成了组织协会型公共空间，这种公共空间不仅有着很强的时代性，同时也方便老年人集会，为老年人提供发挥余热的机会，使老年人老有所为。

5. 集市型公共空间

集市是村民选购日常所需和售卖各种产品的场所，集市公共空间为村民的日常生活提供了便利，同时也使村民的日常生活更加丰富。由于本节将老人、小孩作为研究对象，因此选择了休闲型公共空间作为研究类型，其主要功能就是满足弱势群体的日常所需，使乡村空间更具活力。

6. 村民综合活动中心

交流是人类集体活动的基础，是人们生存、生产、发展和进步的基本手段和途径。"村民活动中心"空间宜以开放的组合式存在，村民可以自由地出入和交流，产生信息和思想的交换，共享村落先进事迹和优良传统，村落文化在潜移默化中言传身教地传播、传承。

7. 乡村学校

乡镇以及村级各类学校，为儿童村民提供接受教育的空间。近年来国家越来越重视乡村教育，修建了不少乡村学校，大力促进了乡村教育的发展。

8. 乡村会客厅

会客厅，其实就是现代住宅中的"客厅"、古代宅院中的"堂屋"。"客厅"和"堂屋"一般是家庭起居和会客的场所。乡村会客厅就是一个村庄的"客厅"和"堂屋"，它的功能、形象等都彰显着村庄的风格与魅力，为村庄带来新的活力。乡村会客厅是新型城镇化宏观背景下，乡村旅游与城市游客的接入口，为乡村植入城市化的休闲体验形式，是城市人体验乡村田园生活第一目的地，承载着旅游综合服务功能。

（三）乡村公共服务设施

1. 设计要求

公共服务设施是为满足人们生存所需的基本条件，政府和社会为人民提供就业保障、养老保障、生活保障等；满足尊严和能力的需要，政府和社会为人们提供教育条件和文化服务；满足人们对身心健康的需求，政府及社会为人们提供的健康保证。

2. 基本类型

（1）行政管理类。包括村镇党政机关、社会团体、管理机构、法庭等。以前通常把官府放在正轴线的中心位置，显示其权威，然而在现代的乡村规划中常常把它们放在相对安静、交通便利的场所。随着体制的不断完善，现在的行政中心多布置在乡村集中的公共服务中心处。

（2）商业服务类。包括商场、百货店、超市、集贸市场、宾馆、酒楼、饭店、茶馆、小吃店、理发店等。商业服务类设施与居民生活密切相关，是乡村公共服务设施的重要组成部分。通常在聚居点周围布置小型生活类服务设施，在公共服务中心集中布置规模较大的综合类服务设施。

（3）教育类。包括专科院校、职业中学与成人教育及培训机构、高级中学、初级中学、小学、幼儿园、托儿所等。教育类公共服务设施一直以来都具有重要意义，它的发展在一定程度上也影响着乡村的发展状况。

（4）金融保险类。包括银行、农村信用社、保险公司、投资公司等。随着我国经济的发展，金融保险行业将在公共服务中显得越来越重要。

（5）邮电信息类。包括邮政、电视、广播等。近年来网络在生活中的使用越来越广泛，信息技术的发展也促进着现代新农村的经济发展。

（6）文体科技类。包括文化站、影剧院、体育场、游乐健身场、活动中心、图书馆等。根据乡村的规模不同，设置的文化科技设施数量规模也有所不同。现今，乡村的文体科技类设施比较缺乏，这是由文化、体育、娱乐、科技的功能地位没有受到重视所导致的。随着乡村的进一步发展，地方特色、地方民俗文化的发掘将会越来越重要。文体科技类设施的规划可结合乡村现状分散布置，也可形成文体中心，成组布置。

（7）医疗卫生福利类。包括医院、卫生院、防疫站、保健站、疗养院、敬老院、孤儿院等。随着村民对健康保健的需求不断增加，在乡村建立设备良好、科目齐全的医院是很有必要的。

（8）民族宗教类。包括寺庙、道观、教堂等，特别是在少数民族地区，如回族、藏族、维吾尔族等地区，清真寺、喇嘛庙等在乡村规划中占有重要的地位。随着旅游业不断升温，对古寺庙的保护与利用需要特别关注。

（9）交通物流类。包括乡村的内部交通与对外交通，主要有道路、车站、码头等。人流、物流的有序流动也是乡村经济快速发展的重要基础。我国乡村交通设施一直以来相对落后，造成该现状的原因有很多，国家也在加紧建设各类交通设施。

第二节 乡村基础设施景观规划的提升对策

一、绿色基础设施规划原则

（一）层次和尺度原则

重视各类规划的层次性和尺度性，合理确定各层次规划地图比例尺、规划内容和深度，做好国家、省、市、区县和项目区各类规划的衔接，发挥上一层次对下一层次的控制和战略指导能力，从整体上优化土地利用和景观空间格局。在规划过程中，做好下一层次对上一层次的响应和反馈工作。做好省、市县同一层次的生态景观规划空间布局的整合，保持生态网络、水土安全、游憩等生态经济过程的连续性。

（二）土地生态景观多功能原则

强化土地利用的多功能性，包括财富储备、生产、生物生境、气候和水文调节、废弃物净化和污染修复、生活空间需求、文化传承、空间连接和生物多样性保护、地域景观表达等功能。在《土地利用总体规划》的土地供需、土地利用潜力调查与评价涉及的土地用途转化、地力提升分析评价的基础上，分析土地的景观特征及生物多样性、气候和水文调节、污染控制、游憩空间需求等功能，重视土地功能之间的内在联系和完整性，提高生态系统服务功能。

（三）景观生态原则

强化土地利用覆盖，构成"斑块—廊道—基质"景观格局的生态学意义，研究不同尺度上土地利用/景观格局与生态过程的相互关系，提出不同尺度的规划设计原则，通过提高景观连通性、异质性，构建景观生态安全格局，维护山水林田湖等生态过程的连续性和完整性。提升景观的生态、经济和社会功能性，满足美学、伦理和经验感知价值。

（四）地域文化原则

充分认识和维护地域景观特征，同时将这些特征延续下去，保护生态系统和生物群落，保持原有的自然特征和文化景观，将原有绿脉、文脉传承下去。对乡村景观中的美学价值和文化价值进行深挖，将乡土植物、技术以及传统工艺利用起来，对地域乡村风貌进行强化。

（五）景观美学原则

要使乡村景观具有自然性、整洁性，要及时对垃圾、废弃物进行清理，打造具有安全性和稳定性的景观环境；维持景观的自然韵律，避免出现空间杂乱、不协调的情况，要保持空间的多样性，使景观环境丰富且协调；要将丰富的植物充分运用起来，可打造具有丰富季相变化的植被景观。

（六）公众参与原则

注重不同利益相关者对周围生态环境质量、生态服务功能、景观质量、美感度的偏好和需求的差异，将"自上而下"和"自下而上"两种规划方法相结合，强化规划设计的参与性。

充分吸收和利用公众所具备的乡土知识以及对当地生态、景观的了解，鼓励公众进行全过程参与，并将参与方式方法应用于战略确定、分析评价和规划的各个环节。

加强生态景观多功能性宣传，增强公众对生态景观建设工作的支持，并在后期维护与保养上获得公众的配合与参与，提高项目的持久性。

二、规划程序

不同类型的景观生态规划需要收集的数据和数据的详细程度不同。一般情况下需要收集的资料如下：

规划层次以上和相邻地区的政策法规、规划以及相关规定等资料，不同行业有关规划、规定和标准的资料。

景观构成要素（地质、土壤、气候、水文河流、湿地、沟渠、地形、土地覆盖和质量、野生动植物及其栖息地、土地利用、农业生产、其他人工设施和历史遗迹、社会经济等）的数字化图或根据要素进行数字化制图，建立空间数据库；必要时要基于现有资料和遥感数据形成规划所需要的空间数字化图；根据规划目标和任务确定调研内容，制订调研计划。

三、规划内容与策略

（一）排水渠设计

基础设施改善及道路景观升级要注重维护乡村的原风貌，可将雨水明渠改成暗渠，上面用混凝土遮盖，并建设检修井，从而发挥收集雨水的功能，并方便以后的检修工作。

（二）停车场、街角花园设计

随着我国经济水平的提高，农村地区的生活质量也有了很大提升，为了方便出行，很多农村家庭都购买了汽车，但是在停车场的设计上要有别于城市停车场的设计，可以将乡村大树下的空间合理利用起来，规划成一个小型的停车场，这样一来，这片空地除了可以供村民进行一些便民活动以外，还可以用来停放车辆，在建设材料上可以选用透水砖，这样可以有效节约成本。此外，照壁与连廊呼应，照壁可以遮挡来往的车辆，为村民提供良好的活动场地，同时也能为村民提供更多的生活场景物料。

（三）路灯设计

在道路的两边设置太阳能路灯，这样不仅可以满足通行者的照明需求，也能有效降低成本。在道路的铺装方面，要对主路和次路采用不同的铺装材料，主干道可铺成沥青路面，而次干道可铺成混凝土路面。同时也可将村中的磨盘、青砖等元素利用起来，以体现乡村特色。

第三节 乡村公共空间的景观构建

一、乡村公共空间设计的原则

（一）经济性原则

经济性原则要求提升乡村的整体面貌，同时还要保持原本的风貌与韵味，这样不仅可以使原汁原味的乡村气息被保留，同时还能节省一些开销，可谓是两全其美。建设乡村公共空间要坚持经济性原则，比如，要多使用当地的材料，做到回收利用，在节约钱财的同时还能节省时间和人力。另外，在建造中要多聘用当地的村民，当地村民的劳务费会更低一些，这样可以节约建设成本，也能为村民提供更多的就业机会，同时让当地的村民参与到建设中去，自己修建自己使用，也可以为修建质量提供一定的保障。

（二）适用性原则

乡村公共空间的发展要满足当地村民的实际需求，还要与当地的经济发展水平相适应，也就是要坚持适用性原则。在公共空间的设计中，应坚持适用性原则。在设计之前，最好是对当地村民进行需求调研，在充分了解村民需求的前提下结合当地实际的发展水平着手设计，最终的设计应满足村民的社会需求以及自我实现需求，能够为乡村发展中的问题得到根本性解决提供助力，并使乡村公共空间的活力得到提升。

（三）可持续发展原则

20 世纪 80 年代，可持续发展观被提出。这一发展观是为了满足经济社会发展的需求、适应时代的变化而提出的。它不仅被应用于社会发展中，同时在其他多个领域也同样适用，如乡村振兴战略的实施就少不了走可持续发展道路，设计乡村公共空间要坚持可持续发展原则。相关的设计除了要考虑当前的使用以外，同样也要考虑后期的循环利用问题，在改造设计时要尽量在原有基础上进行，做到资源的充分利用，改造所用的材料也要尽量使用当地的材料，防止造成浪费。

二、乡村公共空间活力提升设计策略

（一）肌理策略

根据不同的空间形态，乡村的公共空间分为"点""线""面"三种。"线"状公共空间作为乡村重要的公共空间，存在于乡村的每一个角落，只要有街道，就有"线"状空间的存在。在乡村的区域内能看到有机分布的各种面状空间，数量不多，但面积不小，其呈现形式为广场，通常位于乡村的中心区域。将"点""线""面"三种状态的公共空间串联起来可得到立体的空间网络，从而使公共空间实现可达性、连续性，同时也能使公共空间的使用率提高，使乡村的活力被激发出来。

1. 点状空间

点状空间是村民休憩、交流的场所，其面积比较小，在乡村的各个角落随处可见，如超市门口、大树下等都是乡村常见的点状空间，这些场所在村里非常明显，经常可遇见村里的老人、小孩聚集于此。可以说，点状空间是老人、小孩日常活动频率最高的场所，可以有效提高公共空间的活力。在进行点状空间设计时，除了要重塑现存的点状空间以外，还要在空间内设置一些公共服务设施，添加一些景观小品，为村民打造更好的休闲空间。

2. 线状空间

线状空间也是乡村重要的公共空间，它们共同组建成了乡村的"脉络"，在乡村美感及尺度感的塑造方面也发挥着关键的作用。街巷是乡村比较常见的线状空间，街巷空间主要由界面空间和街巷尺度构成，前者是空间围合要素，后者则可以营造街巷的舒适感。在设计线状空间时，要重视对界面空间的塑造，要突出乡村地区的地方特色。

（1）界面空间。界面空间可分为两种主要形式，一种是单界面，另一种则是双界面。街巷所有的空间形式都包含在这两种形式内，不管界面空间属于哪种形式，都包括底界面、侧界面两个部分，底界面就是街巷的路，侧界面则是街巷的立面，抑或是景观围合面。在对界面空间进行设计时，要将道路的铺装、景观围合、街巷立面作为设计的重点。可在街巷立面中加入人文要素，使整个空间环境更具文化气息，使村民们可以感受到浓郁的文化氛围，体会街巷文化空间设计的含义。在进行街巷空间设计时，要基于村中老人、小孩的生活需求及方式进行设计，将村中的特色文化融入其中，可以将文化墙利用起来，进行乡村文化特色的宣传，使乡村空间更具活力。

（2）街巷尺度。街巷空间的尺度对于乡村美感及尺度感的塑造意义重大。以往空间尺度的设计都是基于老人、小孩的使用需求进行的，会切实考虑实际情况，使街道尺度科学合理，从而打造舒适的街巷关系。

3. 面状空间

面状空间也是供村民休憩、开展活动的关键场所，相比于点状空间，面状空间有着更大的面积，且功能性更强，在空间内部具有领域性、标识性。棋牌室、广场等都是乡村地区常见的面状空间，这些公共空间往往处于乡村的显眼位置，是村中老人、小孩进行休闲活动的重要场所，我们经常会看到老人和小孩聚集于此开展一些休闲、娱乐活动。

（1）广场空间。广场空间是"面状空间"中的常见形式，其具有便捷性、可达性，因此深受老人和儿童的喜爱，他们常聚集于此开展一些休闲娱乐活动，要以乡村弱势群体的需求为依据进行广场空间的设计，从而提升公共空间的活力，使更多的老人、小孩在广场空间内组织和参与活动，提高广场空间的利用率。

广场的空间形态种类相对较多，主要由广场周边不同的界面围合决定，主要分为四周形、"U"字形、"L"形和"一"字形四种，无论哪种广场形态，都对人流具有一定的引导性，这也是广场的重要作用之一。同时围合界面也有虚和实两种形式，实界面通常由构筑物等建筑实体组成，虚界面通常由树木、河流等自然环境组成。

1）单一型广场空间。广场空间作为老年人和儿童日常休憩娱乐的主要场所，具有重要的功能意义。广场功能从大的方面来说，主要为老年人和儿童提供日常的休闲活动，其服务人群决定了功能的类型，功能决定了其性质。单一型广场空间服务的人群较为单一，只能满足某类人群的使用需求，不能满足各个群体的需求。这类广场功能更加细腻，能够满足不同的功能需求，如老年人健身广场、儿童娱乐广场等。

2）复合型广场空间。复合型广场是为了满足当地弱势群体的需求而建筑的，它将公共空间作为载体，使乡村地区的公共设施利用率得到大大提升，同时也使村中弱势群体如老人、小孩等的存在感得到增强。在为公共空间植入功能时，要以充分了解弱势群体在物质、精神等方面的需求为前提，如在广场空间植入草坪、亲子游玩场地、老人健身基础设施空间等，让更多的人乐于在这样的复合型广场空间里活动，不仅可以提升公共空间的活力，还能促进人与人之间的沟通与交流。

（2）实体空间。乡村实体空间都是由建筑物构成的，如废弃的房屋，很多乡村在对这样的实体空间进行改造时往往都是采用直接拆除的方式。本节根据弱势群体的实际需求，在遵循可持续发展原则的基础上，致力于提升乡村实体空间的功能性，为实体空间设计提供新思路。

1）服务型实体空间。乡村经济的发展也对乡村公共空间的功能有了更高的要求，可以从城市公共空间设计中学习元素与策略的应用，建设棋牌室、戏曲室和阳光房等场所，将此类设计策略融入乡村公共实体空间中，为公共空间的设计提供更多可能性，从而吸引弱势群体的共同参与，提升乡村生活品质。

2）文化型实体空间。根据乡村地区弱势群体的需求进行乡村文化型实体空间的建设。建设精神文化场所，对于提升当地弱势群体的精神内涵具有重要意义。当前乡村地区普遍面临着缺少公共文化空间的问题，对此，应在乡村地区建设阅览室、手工制作室等来满足村民的需求。

4. 梳理可达性的空间网络体系

传统乡村公共空间的肌理形态是由乡村自然发展演变而成的，整个公共空间的肌理形态较为随意，空间形态多样。乡村内部公共空间的分布较为分散，各个面状空间之间难以形成紧密的联系，从而造成乡村公共空间的整体活力下降。所以，我们通过设计"点""线""面"三种空间形式，并用线状空间将面状空间进行"线状连接"，带动周边散落的点状空间的活力，最终形成可达性较高的空间网络。

（二）沉浸式策略

1. 乡土性景观小品

与城市景观相比，乡村景观还原原始化景观的程度更高，原始景观的还原就是经过重塑、再现、关联等方式将村民对于乡村原本的风貌记忆激发出来，然后经过复原将历史痕迹延续下去。对乡土景观进行还原以后，会使儿童对村中的文化更加了解，并产生更深的认知，从而使儿童从自然视角认识乡土性景观，培养儿童的乡土情怀。

此外，从自然角度认识乡土性景观，要将场地的特性保留下来，或者进行适当改造，要保持当地的自然特性，使当地的乡土景观得以保存。

2. 特色亲子种植

在乡村地区，村民的生活方式及生产方式都发生了改变，这也导致本地的农耕资源被村民所忽视，当地人对于当地植物的认知也在一代代丢失。对此，可将道路两边或者是乡村荒废的空间利用起来开展亲子种植活动，种植一些具有当地特色的植物，打造"农业园"等特色景观，这样可以促进父母与孩子的交流，提高村民对于植物的认知，带动农村特色产业的发展，使乡村被建设成富有特色的新型乡村。

在乡村中植入新的公共空间，可以使乡村中弱势群体的需求得到满足，同时也能有效提升公共空间的活力，在植入新的公共空间以后，会促使弱势群体的行为意识发生改变，使人们在公共空间中的参与度提升，也能使公共空间自身的活力得到增强，进而带动整个乡村发展与进步。

（三）再现与重构策略

在营造乡村公共空间时要充分利用当地材料，同时还要注重对这些材料的创新，不要故步自封，一味采用传统的营造方式，应站在多个视角，在坚持经济性原则及可持续发展原则的基础上，学习新的建造形式和手法，进行乡村公共空间的营造。建造所使用的材料最好是本地的材料，这样可以节省一些资金投入。另外，让当地人投入本地的公共空间建设中，不仅可以为当地人民提供更多的就业机会，还能使当地的建筑风格统一，并保证建设质量。

1. 乡土材料的运用

乡村营建是否成功，很大程度上取决于成本及造价，因此，我们在设计阶段就应充分考虑如何去节约建设成本。建设材料多选用当地材料，建造工人的选择也要优先当地工人，这样不仅可以使建造成本更低，还能通过当地工人的施工，更好地营造带有本土文化气息的景观氛围。另外，当地材料的使用也能使村民内心的乡村情怀被唤醒。

2. 建筑营造技术的创新

判断所选取的建筑材料的合理性要将材料对于乡土性的表达作为依据，在选择了合适建筑材料以后，还要让建筑工人采用富有当地特色的建筑手法进行建造，当然也要适当使用一些新型材料及建造手法。这样可以在保留原有乡村气息的同时带给人们一种新的空间感受。

3. 乡土文化的传承

所谓乡土文化，其实就是农村地区经过长期的生产、生活活动而形成的习俗、观念，留存的古迹、流传下来的技艺等，这些乡土文化往往藏于乡土物质实体中，逐渐成为当地人的精神寄托，对于村落凝聚力的形成具有重要意义。从某种程度上讲，乡土文化是当地人民思想观和道德观以及人文精神的体现，具有凝聚人心的作用，可以说，乡土文化对于增强村民的集体意识、培养村民的家国情怀具有重要意义。

乡村公共空间承载着当地的乡土文化，然而随着乡村建设的推进以及城镇化的发展，乡村公共空间的公共性变弱，所承载的乡土文化也在慢慢减少。所以，在当前乡村公共空间建设中，最迫切的任务就是提升公共空间对于乡土文化的承载能力。

乡土文化是在农村地区产生并发展起来的，这些文化理念反映了当地村民在生活、审美、道德、价值观等诸多方面的共同精神追求，具有原生、本土等特征。因此在乡村公共空间建设时，首先要确定文化特质，凝练村庄定位，将村庄的乡土文化特征融入公共空间的建设中来，进而改善目前乡村建设中"千村一面"的现象，为百姓营造具有精神归属感的宜居家园。

空间承载着村民的乡愁，是公共空间营造的灵魂，基于村落旧有公共空间或着重要节点进行乡土场景重构，是激发村民的乡土回忆、唤起其家园意识的重要途径。但乡土场景重构并不是对旧有空间的简单复原，要注重原真性与创新性相结合。

在营造公共空间时，对于当地传统的建筑格局与风格要持保留态度，另外，对于一些有价值的构筑物也要适当保留，优化不合理的地方，可适当融入一些现代化景观。另外，在对乡土场景进行重构的同时把握好"新""旧"的平衡，使所营造的公共空间不仅可以将思想情感、风俗特色等展现出来，还能以现代色彩给人带来一种新的体验感。

乡土精神的培育要注重物质要素及非物质要素的选择，首先对于物质要素的选择，应主要选取乡土材料，这样可以使公共空间更具质朴的特点，从而给人以温暖、亲近之感。另外，所选取的材料应是当地的可再生资源，这样更加有利于对当地资源和环境的保护。非物质要素要注重对本地特色的显现，要通过特殊的手法将本土特征凸显出来，使公共空间的形式与当地风貌更加协调，技术理念也要和当地生活观念保持统一。

三、乡村公共空间景观设计应用

（一）乡村学校

云南丽江玉湖完小，坐落于玉龙雪山脚下的纳西小村落。整个村落仍保持着富有乡土气息的自然风貌，宁静而幽美。校园设计者提炼本地乡土建筑精华，有意识地将本地材料和建筑元素最大限度地加以运用和提升。比如，保留坡屋顶样式，运用当地资源丰富的白色石灰沉积岩和卵石，将内部空间以传统的正开间划分等。建成后的玉湖完小，完美地融入村落之中，让孩子们既能感受家乡之美，又有了良好的学习环境。

同样，位于黄土高原上的甘肃庆阳毛寺生态实验小学，借鉴当地以生土窑洞为代表的传统建筑设计元素与建造手法，利用本地土坯、茅草、芦苇等材料，结合现代设计，营造出一个孩子们既熟悉又亲切的校园环境。源于地域文化的乡村校园建筑，不仅契合当地环境，更容易回归自然，使孩子们产生美的情愫。

四川广元剑阁县下寺村的新芽小学，重建于汶川地震后。为了让孩子们拥有更安全、更舒适的教育环境，一方面，设计团队研发出一套创新的轻型结构建造体系，运用在抗震、隔热、保温、环保等性能方面更优越、经济的围护材料。另一方面，设计团队对旧校舍拆除后的剩余材料进行再利用，适当借鉴当地民间传统手工艺，并在建筑色彩、造型上呼应当地传统村落建筑风貌，凸显了高性能、优生态、可持续、更高效、更经济且兼顾美学的乡村校园建造特点，展现了新乡土之美。

浙江千岛湖边的淳安县富文乡中心小学，是一所仅有100多名儿童的学校。改建前的校舍与大多数城乡校园并无二致，建筑整齐划一，却少了些想象力和美感。改建时，设计团队将孩子们最熟悉的形象和元素融入校舍。比如，由红、紫系列聚碳酸酯透明板组成的屋顶，高低错落，与孩子们家中深浅各异的灰红色坡屋顶、村庄周围起伏的山峦相应和。校舍内，闪烁着晶莹微光的水磨石地面、仿竹的波形生态塑木板、通透的落地门窗等，共同营造出一座可与山色、天光、清风、星空对话的儿童艺术花园。除了注重校舍的美学设计，设计团队还从儿童的视角和行为出发，打造出一条由爬梯、索桥、斜坡、曲廊组成的立体通道，供孩子们进行课间活动。以阅读、游戏、交流、探索、眺望、教学等为主题的小屋，串联成一个微缩的、山地村落式的立体空间，营造出健康、艺术、自然的成长氛围。

（二）乡村会客厅

乡村会客厅是新型城镇化宏观背景下，乡村旅游与城市游客的接入口。为乡村植入城市化的休闲体验形式，是城市人体验乡村田园生活第一目的地，承载着旅游综合服务功能。

陕西栗峪口村在村干部和群众的团结进取下，将一个村内的废弃石粉厂进行改造，变废为宝，建成咖啡、餐饮、书屋、文创展销、公共服务等不同功能的乡村会客厅。整个会客厅在色彩上多采用大地色、米棕色，材质还原原生态质感，多用原始石材、木材、微水泥、艺术涂料等。空间布局自然随性，灯光采用无主灯设计，在部分墙壁上还可以看到村民在给墙壁刮腻子时自主创作的秦岭山脉与飞鸟的图案。阅览室中有各类书籍。"土锤"咖啡餐吧作为栗峪口村乡村会客厅的一部分，是用当地俚语"土锤"音译咖啡品牌"TWO TREE"。餐吧有着稻草的屋顶、藤编座椅，还装有艺术家为其设计的作品"飞翔的壁炉"。王绘婷说，这个咖啡餐吧要让"全村人喝上咖啡"。通过乡村会客厅，让人们对乡村的认知由"落后""贫乏"的刻板印象渐渐向"轻适生活""乡野趣味"转变。

第九章
旅游型乡村景观规划设计与应用

第一节　乡村旅游景观设计基本理论

一、乡村旅游景观的内涵

一方面，乡村旅游指基于对生态环境的有效保护和不破坏这一前提，在农业体验游与传统农村休闲游的基础上，以乡村人文景观和自然景观承载科技开发技术和艺术设计手段，开发拓展具有康体健身、度假养生、娱乐休闲等功能的新型旅游方式。另一方面，乡村旅游指通过设计乡村景观，开发旅游产品，完善服务质量，吸引大量游客前来游玩体验，了解乡村的历史人文，感受大自然的慷慨馈赠和体验乡村传统又独特的田园生活等，从而更加热爱乡村、热爱乡村文化、热爱自然，更注重对乡村生态环境与历史文化的保护[①]。

乡村景观包括乡村生态空间、人文空间、经济空间、聚落空间和社会空间这五个部分，各部分之间相互区别又相互联系，具有不同的旅游价值，共同构成一个完整的乡村空间结构体系。乡村景观具有美观性、生态性与多样性等特征，这些特征对开发与发展乡村旅游起到了一定的推动作用，同时作为乡村发展旅游业的基础，推动了乡村必要的度假休闲环境的建设。反过来，乡村旅游又在一定程度上推动了乡村景观资源的保护和开发，两者相互协调，共同发展和进步。

乡村景观的季节变化、地域特色作为人文、自然方面的景观资源，可以吸引游客前来体验游玩，这种乡村景观就是乡村旅游景观。乡村旅游景观还指在乡村旅游区域内，为了充分挖掘乡村景观、人文景观、自然景观的综合效益，基于对这些景观的整合规划、开发建设、有效保护，通过合理开发、

---

① 秦晓军.景观设计在乡村旅游规划中的运用浅析——以广西巴马县盘阳河长寿养生休闲旅游开发为例［J］.广西林业科学，2012，41（2）：174–177.

精心规划、创新打造的方式，打造供游客养生度假、休闲娱乐的自然生态景观①。其中，乡村景观包括农田景观、人类村落景观等；人文景观包括习俗、文化、经济、社会景观等；自然景观包括地形地貌、生态植物、自然水系景观等。

二、乡村旅游景观的特点

（一）生态性和完整性

乡村旅游的生态性可以通过以下两个方面体现出来：一是乡村旅游区一般采用天然的砖、石、竹、木等环保材质建设设施，尽量考虑利用植树造林、青山绿水、合理建设等营造优美环境。二是具有自然性的游客行为，游客在进行滑雪、爬山以及游泳等旅游活动时，会产生回归大自然的自由、轻松感，在游玩的过程中享受亲临自然的乐趣，而乡村旅游景点则为游客提供养生休闲的自然生态场所。乡村旅游景点的可持续发展要求必须保持生态系统的完整性，生态系统的完整性包括空间结构完整性、植被连续性、生物多样性等。

（二）乡土性和多样性

景观乡土性能反映乡村独有的质朴韵味与独有的田园风格，是乡村旅游景观具备的最基本特征。乡土性具有地域性，具有较强的地方标识性，能反映当地特有文化与景观。例如，山东长岛县的渔家乐的特色为“渔民生活”“海鲜”，游客在当地可以体验渔民之乐；成都“农家乐”的特色为独树一帜的巴蜀文化和川西坝子独特的民俗风情，游客可以在成都体验浓郁的川味特色。正是受自然景观与文化景观具有多样性资源的影响，形成了多样的乡村旅游景观。利用丰富多彩的民俗风情、趣味非凡的乡村传统劳作、风景迤逦的乡村风光、特色鲜明的乡村居民建筑、充满情趣的乡土文化等资源，可以打造出具有浓郁乡土气息的景观。

（三）美观性和参与性

乡村旅游景观要能为游客与当地居民提供美观的休闲居住环境，这要求乡村旅游景观的规划设计遵循美观性原则，打造静谧、舒适、优美的乡村田园风光。在实际规划设计中，应遵循审美学原理对建筑布局与植物布置进行合理设计，打造能供游客休息和欣赏的休闲场所。除美观性外，乡村旅游景观的规划设计还应体现参与性特征，如在休闲场所中的游客可以参与下棋、观光、品茶、游憩等活动，或者在森林公园做有氧运动修身养性，或者在绿色生态跑马场上体验跑马活动，又或者在垂钓俱乐部的鱼塘、湖泊、水库等地垂钓等。

---

① 王崑，王超，张金丽．乡村旅游景观规划设计初探［J］．北方园艺，2010（8）：107-109.

（四）服务性和齐全性

乡村旅游景观应从娱乐与生活方面为游客与居民提供服务，以满足其生活、休闲、娱乐目的。因此，乡村旅游景观应兼顾饮食、交通、购物、居住、娱乐等多个方面的发展，不断完善配套设施，为游客提供高质量的景区服务与舒服、便利的景区场所。例如，游客服务中心应设置购票中心、医疗中心、休息区、咨询中心等，配备停车场、生态厕所、休闲坐凳、电话亭、品茶室、餐饮部、垃圾桶等，要求服务设施配备齐全。

（五）生产性和可持续性

乡村旅游与其他旅游区的不同之处就在于前者具有生产性。乡村旅游景观可将生产性作为一大优势，通过合理调整农业结构，打造果园采摘、特色产品科技园、农业观光、动物养殖参观等旅游方式，使游客体验乡村农趣，同时提高乡村居民的经济收入。促进乡村旅游景观的可持续性发展，不仅是推动整个生态系统健康、持续发展的重点，也可以为乡村可持续发展的实现奠定基础，更从根本上为乡村居民生活的持续发展提供保障。

三、乡村旅游景观设计的原则

（一）坚持以农民和游客的需求为核心

作为乡村居民生活起居的基本场所，乡村村落对乡村居民具有重要意义，因此在规划设计和改造建设乡村景观时，应尽可能保证农民的生活方式与生活环境不被影响和破坏。在规划设计乡村旅游景观时，应充分遵循"以人为本"的选择，坚持满足游客与村民需要的根本要求，围绕村民的生活习惯与游客的兴趣爱好，对乡村景观进行改造和建设，使村民与游客的身心诉求得到满足，使乡村人居环境得以优化，村民生活质量得以提升，同时推动乡村服务水平有效提升。

（二）保持村落的传统特色，避免"城市化"

乡村在长期发展过程中形成了自己的文化特色与自然特色，反映在传统村落景观中。而传统村落景观既承载了乡村的传统文化，又是"乡魂"的体现，对游客有重要的吸引作用。因此，在规划设计传统村落景观时，应对其差异性与独特性予以保护。在建设乡村旅游景观时，有很多传统村落模仿城市景观，失去了自己的特色，原有的传统历史风貌与自然生态也被打破。所以，应尽可能避免乡村旅游景观在设计建设上的"城市化"，充分保留传统乡村的特色，形成多样性的乡村文化。

（三）保持自然景观的完整性和多样性

乡村自然景观有丰富的种类，是乡村不可缺少的自然遗产。自然景观的多样性与完整性为生活在其中的各类自然生物正常生活创造了前提条件，发挥了维持生物多样性的使命。对自然景观的这种多样性与完整性进行保护，能从根本上为生态的可持续发展提供保障，同时也是规划建设乡村旅游景观必须遵循的原则。

（四）深度挖掘乡土文化，重视文化传承

乡村文化所具备的继承性是使其得以保存与延续的根本原因。乡村地区独特的文化资源能从根本上为乡村旅游发展提供不竭动力，对乡村规划建设旅游区、发展旅游经济有很大帮助。在乡村建设旅游景观时，必须对挖掘和传承民族文化、地域文化以及本地区的历史文化予以高度重视，并采取适当的措施有效保护民族精神、民族文化以及历史遗存遗迹等，避免乡土文化流失或遭到破坏，同时避免在规划建设乡村旅游区的过程中出现盲目跟风现象，为乡村村落的可持续发展提供可靠保证。

四、乡村旅游景观设计的要素

（一）乡村建筑

与环境协调统一是建筑设计必须考虑和遵循的原则。在乡村旅游区内规划设计的建筑环境，不仅要在功能上满足人们的使用需求，而且要在外观形象上作为风景要素纳入考虑范围，使其能与周围的地形地貌、环境相融合，形成环境优美、和谐统一的景观。不同地区有不同的民族特色和历史文化，需在遵循协调统一的原则和突出乡土性特点的前提下，对建筑的外观形象与风格特点进行设计，乡土建筑主要有以下四类风格：

1. 古遗址建筑类

很多旅游区是围绕保留至今的古建筑遗址建成的，这些古建筑遗址都是人类文化的重要遗产。宋、明、清时期的建筑是当今旅游区中主要的古代建筑，在保留原有古建筑的基础上，可通过仿古重建或改造的方式统一旅游区的建筑风格，不能重建或改造的，则可适当拆除，可因地制宜将建筑设计成其他形式的景观。

2. 传统民居类

民居的乡土味是最浓郁的。经过千万年的演变，地方民居对地形地貌、建筑采光、材料应用、形式外观等的研究都十分深刻，具有鲜明地域性的建筑因此成为乡土文化中不可缺少的一部分，在对地域性建筑进行规划设计时，应注意加强保护当地的传统民居。受地理位置各不相同的影响，我国形成了多个类型的传统民居，如西南汉风坊院、徽派民居、藏族碉房、水乡民居、干栏式民居、窑洞民居、阿里旺民居、土楼民居、金门民居、围拢屋、开平碉楼、合院式民居等。

3. 现代别墅类

乡村别墅是一种现代化的乡村民居建筑，有较为齐全、高档、舒适的内部设施，但仍有鲜明的乡村气息，如托斯卡纳乡村别墅。这类建筑通常在植物布局与材料选择上十分讲究，精心打造幽静雅致的乡村环境。如法国乡村别墅，反映了一种田园主义生活。选址是建设乡村别墅的重要一环，应依托地形、水源、植被等对田园生活民居的现代化建筑进行精心打造，营造美好浪漫的生活意境。

4. 特色体验类

特色体验类乡村旅舍指的是打造创意主题和设计特色外形的建筑，这类建筑大多选择石块、原木作为建筑材料，通常为单层建筑，能给人舒适、安全的感觉，这类建筑包括自然生态体验类建筑、少数民族体验类建筑。其中，自然生态类建筑主要包括森林小屋等，在建筑森林小屋时，通常会用富有特色的、较为原始的装饰，如猎刀工艺品、猎枪工艺品、工艺鹿头、工艺狼皮绳索等装点小屋外部，营造独特氛围，通过模拟猎人居住的环境给人独特的居住体验。

（二）道路场地

乡村旅游的成功经营离不开便利的交通因素，因此将其作为乡村景观设计中的关键内容。在规划建设乡村旅游交通时，应以保证游客通行顺畅为前提，以为游客提供精彩有趣的感官享受与自由便捷的体验为目的。应对以下内容进行重点考虑：

1. 景观大道的设计

景观大道的建设主要以当地的地理环境为依托，这并不是指零散、简单种植的绿化带或行道树，而是要求在对旅游区的地形地貌做出充分了解和考虑后再设计景观大道。在设计景观廊道时，应保持其与周边植被、建筑具有一致的结构，以保证整体环境统一、和谐。景观大道路线的设计应避开旅游区内生态较为脆弱的区域，尽可能利用现有的自然路线来设计景观大道，尤其要将路旁林地与相邻的农田纳入考虑范围，在公路与乡村聚落之间打造适当的林带缓冲区，还可以在村庄的入口处建设具有保护性、低密度的开放性景观以吸引游客。

2. 游步道的设计

在设计游步道时，首先，应将安全因素作为第一考虑内容；其次，要结合空间尺度与场地大小对游步道的尺寸进行合理设计，通常为 0.5~3 米；再次，应使游步道与周边的喷泉、水池、植物、景观小品、铺面等在整体上协调统一、结合紧密；最后，在表面装饰用材的选择上，应充分考虑防滑性、耐久性，保证游步道有一定的倾斜度。

在选择道路铺面材质时，应尽可能使用乡土材料，如石板、木材等，在遵循因地制宜原则的情况下，选择与本地形象特点、风格气质相符的材料进行铺面。另外，还应对铺装图案、颜色搭配、材料选取等进行综合考虑。施工建设好后，应做好日常的管理维护，避免人为破坏。

3. 坡道与阶梯

坡道与阶梯相比，限制的设置更少一些，适合步行的人行步道的斜率应设置在 5% 以下。当地面空间小、高差大时，通常要设计阶梯，不设步道。阶梯的设计规范要求其宽度最小不能小于 1.2 米，比人行道要宽。阶梯的层数通常设计在三级以上，级数过少可能造成游客忽视而摔倒。户外阶梯的高度应设置在 14~16 厘米，如果阶梯的斜率超过 5%，则应考虑对其进行特殊设计。

4. 场地空间大小

不同的人进行相同的行为活动，所需要的空间大小不同。在设计场地时，应结合游客的需要与人类活动习惯对空间大小进行合理设计，还应围绕功能性、主题性、美观性等要求，对场所内的景观小品、植物进行合理规划布置。另外，还应对行走空间的大小做出充分考虑，如两个人行走时，每个人至少需要占据 1.2 平方米的面积，如果小于这一面积，行人的移动就会受阻，会产生压抑的感觉，从而产生排斥景观空间的心理。

（三）植物配置

乡村景观规划、生态建设以植物配置为基质，其是景观中不可或缺的组成元素。植物能充分体现景观的自然气息，植物的合理配置是建设乡村生态系统与高质量乡村景观的重要基础。沿河、沿村、沿路、建筑堂前等乡村旅游区配置的植物应以观赏性花木为主；屋后通常种植遮阳性大树，应选择好打理、易成活的当地树种做庭院绿化，用丰富的植物配置保持庭院内部四季有景可观。在设计规划植物配置时，应对植物的采光做出重点考虑，通过设置灌溉设施，打造静谧舒适、休闲宜人的乡村旅游氛围。可同时种植园林树种与生产性果树，为景观同时赋予观赏价值与经济价值。乡村旅游区的植物配置应遵循以下原则：

1. 保护生态第一原则

保护生态第一原则指的是不破坏与不改变某地现有整体植被的自然状态，可通过培育和改造部分植被的方式，达到改造景观和生态保护的目的。景观规划要美化和协调环境、景区、背景、景点各部分，使游客的视觉需求得到满足，同时实现景观价值的最大化。

2. 乡土树种优先原则

栽种乡土树种有助于维护生态平衡。在实际的植物配置中，可以该区系内现有的植物种类作为参考，以原有乡土树种为主，对植物的特性进行了解和分类，按照规划需要选择适合的类型，用科学的保育方式种植在相应的位置，形成一定规模。

3. 植物群落特征化原则

应对不同种类植物的特性做出充分考虑，包括花期、习性、观赏性、果期等，应考虑观赏的季节性、林相、层级、维护成本等对植物进行合理搭配，要选好植被种类和后期的实施条件。植被配置要做到四季都能形成具有观赏性的景色，且要表现出鲜明的季节变化，通过植物景观的变化提醒村民节气变化。在实际种植布置时，可利用垂直绿化的方式，用更加丰富的种植形式，形成色彩绮丽、特点鲜明、色调丰富的风景。

（四）景观小品

在各类景观中，景观小品通常充当点睛之笔的角色。景观小品通常色彩单纯、体量较小，能很好地点缀空间。在景观环境中，景观小品种类较多，主要分为以下四类：

1. 服务设施

服务设施包括为游客提供各类服务的公共设施，如桌椅、观景台、休息亭、烧烤设施等。其中，休闲桌椅是各大旅游区、游乐活动区都必须设置的休息设施。桌椅的配置，应充分考虑其材质选择、摆放配置、外观设计等因素。在桌椅的材料选择上，应将木质材料作为首选，通过对其表面进行打磨、防水、防腐等处理，使其经久耐用、座位舒适。桌椅表面的色泽设计，应与周围环境、自然景观协调统一，不能突兀。在桌椅的外观设计上，应使其靠背、宽度、表面、高度等各个部分的尺寸都符合人体工程学原理。通常情况下，座椅平均尺寸为：宽度为30~46厘米，高度约46厘米，椅背表面按照人体曲线稍微弯曲。休息亭是供游客短暂休息的场所，具有避雨、遮阳、乘凉的基本功能。建设休息厅需要一定费用，可通过就地取材，多用乡土木材、自然物的方式节约成本，同时使其与周围乡村旅游自然景观形成一致的风格特点。在选址上，休息亭的建设应兼顾休息、赏景的功能，建设在视野开阔、较凸显的位置。

2. 装饰设施

装饰设施包括栏杆、铺装、墙面图案、雕塑、景墙等。其中，铺装与景墙的设计要注重样式，注意体现乡村田园元素；雕塑设计要做到设计理念新颖、主题突出、有个性；其他装饰设施则应对材料的选用做出充分考虑。

3. 照明设施

照明设施包括庭院灯、射树灯、柱头灯、路灯、景观灯、地埋灯、广场灯、水下灯等。照明设施应尽可能选用太阳能灯具，以无污染、低碳的形式打造绿色生态化景观。不同灯具应遵循不同的原则，做出不同的设计。例如，射树灯的灯光颜色和强弱应根据树的体积和叶片色彩来决定；草坪灯应结合周围环境与草坪本身确定风格和高度；路灯的灯距设计应取决于道路宽度；等等。

4. 标识设施

标识设施的设计应遵循规范化、人性化、系统化、美观化原则，以健全的标识系统为游客的走路游玩提供清晰的方向指引。标识设施包括景点牌示、导览图、全景牌示、服务牌示、指路牌示、音像制品解说系统、忠告牌示、便捷性解说系统等。

（五）农业规划

农业景观包括耕地、牧场、村庄、农田、农场、道路、鱼塘、林地等镶嵌体。理想的农业景观规划具有维持生态环境平衡、农业的第一性生产、提高经济效益等用途，这类景观可以作为一种观光旅游资源，对乡村发展当地的旅游业起到推动作用。农业景观主要有以下三种规划方式：

1. 现代农业规划

在农学生产实践中，将大规模规划管理与高科技引入农业生产，配合使用农业工程与现代化农业技术，有助于农业生产效率与土地生产率的有效提高，有利于带动农村多个产业的发展，在防治水土流失、耕地减少以及土壤退化等问题的同时，有效提高景观的观赏度，提升农村经济效益。

2. 特色农业规划

对旅游项目所在地现行的特色农业发展状况进行充分了解和合理规划利用，可将高科技研发与当地花卉、特色蔬菜、珍贵药材等的种植相结合，构建特色农业研发中心，通过引进新技术、新品种，进行研究和再创新，用技术推动当地特色农业发展到国际前端行列，吸引庞大的海内外客源。

3. 生态循环农业规划

在农业规划中，应合理、充分结合有机堆肥制作与有机农业，对风力发电、太阳能等环保型资源进行有效利用，对发酵处理后的生活污泥与家畜粪便进行合理改良，构建环保绿色的生态循环农业系统。

合理规划设计原有的农村景观与自然资源，同时将生态产业、乡村民俗、旅游观赏、农业体验等元素融入其中，从总体布局上对景观的布局做出优化，在景观内部对其生态条件进行改善，使其中的自然植被斑块保持完整性，同时将其生态功能充分发挥出来，这已成为农业景观规划的一种发展趋势。

（六）乡村水域

乡村旅游区水域景观由生产性人工水体与自然水域两部分组成。人工水体主要包括水库、塘堰与自然生态水体等，自然水域包括湖泊、河流、小溪等。乡村水体的设计应与周边植物分布和地形地貌相结合，遵循安全第一原则，在配置环卫设施、灯具等的情况下，创造优美的生态景观，将乡村水域的自然之美展现出来，同时保护水体不受污染。

乡村水景的规划设计需要从功能与生态两个方面着手，对水景作出活化处理。功能活化指使水体具备休闲体验功能与乡土性功能。在改造小型塘堰时，可以将半自然的池塘改造成戏水池、养鱼池、观赏水池等，供人们休憩、垂钓、观赏、游乐等；水库与沟渠则应结合亲水平台与植物的设计，向游客提供观赏休息的场所。生态活化指主要通过水景的驳岸处理方式，使陆地与水体相互调节，实现二者的物质交换，可采用的驳岸处理方式主要包括水生植物驳岸、石头驳岸、草坡入水驳岸以及人工驳岸等。在实际操作上，通常利用土壤生物工程技术，使用水生植物、草坡、石材等自然材质，创造出能展现良好自然风貌的水景驳岸。

（七）地形地貌

围绕地形地貌建设的乡村景观需要以整体的地理大背景为依托。无论水域景观、村落景观、道路景观还是田园景观，这些景观的规划设计都需要依托乡村原本的地形地貌来进行。

1. 山地、丘陵乡村旅游区

山地、丘陵乡村旅游区主要通过对农田景观、果园景观以及山体地被景观进行规划设计，保护山地原有生态林带，并基于此对山上的植物进行处理，使其形成色彩绚丽、层次丰富的风景屏障。

2. 平原和盆地乡村旅游区

平原和盆地乡村旅游区有较为平坦的地势，以生态保护景观与农业生产景观为主，包括果园景观、农田景观、防护林景观等。这类旅游区采取大尺度艺术手法，通过大面积进行农业种植或建设果园景观，使之与建筑相映成趣，打造出具有震撼视觉效果、视野开阔的大地艺术景观，同时注意打造主体景观，为整个景区创造点睛之笔。

3. 独特地貌乡村旅游区

独特地貌乡村旅游区的开发建设，应以乡村当地的道路、植物、农业、水系、建筑等为规划内容，充分利用该地区的奇特地貌资源，综合这些优势资源打造吸引游客的旅游区。

第二节　乡村旅游景观规划设计的内容

一、乡村旅游景观空间构建

（一）乡村旅游景观空间系统组成

1. 乡村开放空间系统

本书理解的乡村开放空间系统指能为本地居民与外来游客提供旅游服务或生活服务的、人造或非人造的乡村室外开放空间，包括乡村街道、农田、因宅基地转移形成的闲置地、广场、活动场所等。从广义角度来看，乡村开放空间指建设中基本不含人工建筑物的空间。从显性角度，也就是狭义角度来看，开放空间指的是乡村居民或外地游客能感受到的乡村周边的开放空间。从隐性角度来看，乡村开放空间指的是在广阔无垠的乡村地区中，所有特征明显的完全开放的乡村空间，包括地面开放空间与天穹空间。

2. 乡村绿地空间系统

乡村中由绿地组成的各种规模与类型的整体就是乡村绿地空间。乡村绿地通常均匀分布在乡村大地上，与乡村自然地形的特点相结合，乡村绿地之间以点、线、面结合的方式相互连接，共同构成乡村地区的绿地系统。其中的点表示面积较小的绿地；线指的是道路水域、绿地周围的河岸绿地等；面指的是风景区绿地、公园绿地等。本书将其他用地，如林地、园地、闲置地、耕地、牧草地等归类到绿地空间系统。

3. 乡村水系统

乡村水系统包括池塘、水库、江河、沟渠、湖泊等水域。乡村旅游景观水系统，指功能更加丰富的乡村水系统。乡村旅游景观水系统一方面指乡村地区本身的水系统；另一方面指游客可以近距离接触的、由乡村水域构成的滨水开放空间，如渔业水景观空间、农业水景观空间以及娱乐水景观空间等。随着乡村水系统的不断开发，其功能越来越丰富，现已综合自然水资源保护、旅游景观、乡村记忆等。只有充分保护和利用水资源，才能使乡村水系统获得独特的景观特质与可持续的景观价值。

4. 乡村旅游景观设计人造系统

该系统指为游客设计的旅游设施。这类乡村旅游景观设施通常具有多效益、多功能的优势，是乡村旅游景观设计的重要内容。这些乡村旅游景观设计系统虽然处于整个乡村旅游系统中的最低层次，但也是重要的子系统，对上级系统的多个方面都有深刻影响。

（二）乡村旅游景观空间系统层次

1. 空间层次角度

站在乡村旅游景观空间的视角上看，乡村旅游景观空间可以划分成旅游项目景观、功能分区布局景观、总格局景观三部分。

旅游项目景观是最能展现乡村旅游特色的标志，包括乡村街道、微景观、游客与项目互动景观、房屋风貌景观等。其中，房屋风貌景观与乡村街道景观是乡村旅游景区的两个重要部分，是乡村丰富地域文化内涵的重要体现。不同乡村地区具有不同的房屋风貌景观与街道景观，作为乡村旅游景观不可缺少的要素，能体现出该地区的旅游价值。在性质上，可将旅游项目景观划分为乡村商业街景观、旅游设施景观、居民建筑风貌景观、微景观、大地景观等。其中，微景观与旅游设施景观是与游客互动最频繁的景观要素，不仅能影响游客的旅游活动，而且会影响游客对乡村旅游景观的整体体验和评价。

功能分区布局景观指按照地域的分区与资源特征形成的乡村旅游布局景观。功能分区布局景观主要是以"点线面"形式布局的景观，具体来说，就是乡村旅游景观元素按照"点线面"的方式组合起来，将乡村空间的物质、精神、文化面貌整体全面地展现出来。

总格局景观大多由乡村当地的人文沉淀与自然条件共同决定，反映着该地区乡村旅游景观的发展方向。总格局景观指乡村地区旅游景观的总体全景景观，包括山村生态循环格局景观与乡村山水格局地理景观这两种景观。总格局景观与功能分区布局景观之间关联密切，前者对后者的规划建设具有指导和决定性影响，而后者的建设是前者的反映，即布局景观是总格局景观的组成部分。

2. 生态关系角度

（1）乡村景观生态系统内部层次。乡村景观作为乡村生态系统的一部分，在生态系统能源与物质循环的过程中发挥了关键作用，能为维持稳定的生态提供必要保障。立足于乡村景观系统的视角，可以发现乡村景观生态系统内部层次包括植物系统、土地和土壤系统、地表水和地下水系统、大气环境系统以及动物门类系统五个子系统。

（2）系统与外部关系层次。作为乡村生态系统中的子系统，乡村景观系统与乡村生态系统具有相一致的功能结构。乡村旅游景观系统可以与外部生态系统共同构成稳定、完整的乡村生态系统，它对乡村景观系统的构成具有决定性影响。

（3）人与生态层次。该层次中的人指乡村的当地居民和外来游客，人具有一定的复杂性。随着旅游业的发展，乡村地域文化不断受到外来游客带来的信息的影响，乡村生态也在这一过程中受到了潜移默化的影响。对此，可从景观规划学、心理学、社会学等原理方面研究人与生态之间的关系，从而找出有效的方法，保护和利用乡村景观生态，使乡村旅游景观禀赋得以提高，从而营造出不同于其他地区的知名乡村旅游地。

作为乡村生态系统的重要组成部分，乡村景观生态系统在与其相互影响的过程中，介入者主体的参与，使三者形成了更加稳定和密切的关系。

3. 民风民俗角度

在乡村旅游景观空间系统中，乡村旅游以人文景观空间系统作为灵魂。乡村旅游人文文化可分为乡村本地特色文化与不同于本地的外来文化两个层次。乡村本地特色文化是长期受地域自然环境影响，形成了能区别于其他地区文化的地域性特点。在地域文化长期积淀与传承的过程中，乡村文化系统稳定形成。不同文化在不同地域的分布，促成了乡村地域文化空间系统。受外来文化与历史演进的双重影响，乡村本地文化势能日益减弱，对本地文化的传承发展造成了一定阻碍。因此，乡村旅游应以发展本地文化作为本地旅游价值的核心，控制外来文化的影响，使其为本土文化的发展锦上添花。

（三）乡村旅游景观空间系统内容表达

立足于乡村旅游景观空间系统的角度对其内容表达进行研究，可以发现，人与人文环境、人与自然环境、人文环境与自然生态环境三大相关主体要素的统一共同构成了乡村旅游景观空间。站在乡村旅游的角度上看，乡村旅游景观空间系统构建的关键是挖掘乡村特色元素。乡村景观特色是吸引游客前来旅游的外驱力量。如何充分发挥乡村旅游景观的特点，对景观空间系统进行直观、科学的构建是现阶段亟待解决的一大难题。杜春兰总结了城市在"轴、核、群、架、皮"五个方面的形态特征，又有学者将人文环境的"魂"与"制"同杜春兰的研究结论进行了创新结合，对山地城市景观的空间内容做出了总体概括。本书在这两种观点的基础上，以乡村旅游景观特征为依据，站在空间形态的视角上，概括乡村旅游景观要素为"点、线、面"，同时将软环境的"魂"与"制"与之融合，构建出了乡村旅游景观空间系统[①]。

1. 点

在乡村旅游空间形态中，"点"体现为乡村经济发展极点、乡村旅游景观节点、政治中心、文化中心、景观生态核、乡村地区中心景观等。通过实地调研发现，随着宅基地与闲散土地置换政策的推进，乡村地区形成了越来越显著

---

① 杜春兰．山地城市景观学研究［D］．重庆：重庆大学，2005.

的集聚效应，主要表现在乡村本土文化地域集中、闲散土地高效率利用集中、政府招标企业式农业基地（如渔基地、农作物大鹏基地、科技农业基地等）合作模式的空间集中等形成乡村文化影响中心和经济带动中心。景观生态核即景观生态核心保护区，在维护乡村生态稳定和保护乡村生态核心两方面发挥了重要作用。

2. 线

在乡村旅游空间形态中，"线"体现为乡村的景观廊道、游览线、旅游交通线、景观视线轴、景观水渠等。杜春兰认为乡村旅游景观的视觉指向轴、隐性轴、显性轴、心理等方面都能反映其线性特征。本书将依据乡村旅游景观的功能对其生态线、游览线、供水线、连接线、视觉线进行划分。连接线指连接两地的交通线，具有心理指向性与视觉指向性，可根据地形分为平原线、山地线及复合线。生态线指景观生态廊道，具有传递生态信息，保证生态多样化、景观视觉化等作用，从软硬基质可分为河流景观廊道与道路景观廊道。供水线指乡村特色水渠及灌溉水沟，具有景观视觉化、维持正常生产等作用，视觉线除了能给游客带来视觉冲击的显性线，还包括藏在心里、意念中的隐性线，具有动态性，并具有一定的视觉角度。游览线指规划设计下的景观节点串线，具有回环性、视觉性。

3. 面

在乡村旅游景观空间中，"面"指景观肌理，其形态主要体现为树阵配植、民居建筑群、大地景观面（软硬质界面）、景观渗透面等。"面"由点组成，是乡村地区肌理的一种反映，同时也是人文积淀与自然选择共同作用的结果。将大量"点"元素合理组合和聚集起来，就能形成"面"，即与周边环境不同的景观肌理。

4. 制

在乡村旅游景观中，"制"代表保障体制，可通过旅游景观管理机制、操作机制与保障机制等具体体现出来。"制"的制定与发展能从根本上为乡村景观禀赋营造的强弱、乡村旅游运营的好坏提供有效保障。在实践中，乡村旅游景观以政府、企业、景观策划运营公司三方为实施主体，不完善的"制"，会影响三方实施主体的相互配合，导致最后各项景观的设计内容流于表面，建设出没有实用价值的工程，造成资源浪费。可见，制定完善的"制"的重要性。

5. 魂

在乡村旅游景观中，"魂"代表的是乡村的文化意境营造、本地的文化内涵以及外来文化引入等，它在乡村地区既代表了文化的本质，又象征着乡村文化传承与发展的精神灵魂和内在动力。经实地考察发现，很多乡村对开发本地文化并不重视，其对外来文化的盲目引进深刻影响了本地文化的发展，甚至割裂了本地文脉，致使本地文化似是而非，形成"中不中，洋不洋"的文化融合结果。在政府决策方面，当地文化的开发价值在一定程度上取决于政府的喜好，乡村对本土文化的开发、传承、保护也因此会在很大程度上受政府导向与政府眼界的影响。在景观的规划设计方面，如果规划工作者没有对乡村旅游景观文化做出深入、细致的考察和了解，将会导致文化定位失误、对外来文化盲目复制和嫁接，产生本土文化被入侵和流失等问题。

二、乡村旅游景观功能布局

（一）乡村旅游景观功能布局的立意

1. 需求立意

在规划设计乡村旅游景观时，应根据服务对象的各种需求综合考虑景观的立意。到某地旅游的游客是该地旅游景区的服务对象，抓准游客需求，就是找准了市场需求，就能确立能有力保障旅游景观长远发展的立意。旅游景观立意能对旅游地区的景观形态产生直接的影响。

游客与景区建设甲方的景观需求往往存在一定差距，如何处理好这种差距，满足各个主体设计景观与观赏景观的需求，是规划设计景观必须面对的重要问题。如何找出旅游发展立意与景观设计和实用价值立意的契合点，是规划设计旅游景观亟待解决的首要问题。

在规划设计旅游景观时，往往需要在新型文化要素与当地文化要素之间做出适当的搭配与取舍，在具体设计中，是采用新兴文化，如网络流行文化、现代科技等要素辅助当地旅游文化景观要素，还是采取用当地旅游文化景观要素辅助新兴文化，需要景观设计师在实际考察和实践过程中做出合理的规划设计。在规划设计乡村旅游景观时，应对当地文化予以充分尊重，在不对当地文化造成破坏的前提下，对当地的优秀文化进行充分挖掘，再用现代文化的表现方式，充分表现当地的文化。在实际操作中，景观设计师常采用这两种文化形式相结合的方式规划设计乡村旅游景观。

2. 目标立意

目标立意在旅游景观规划设计中指的是围绕游客体验、观赏旅游地景观的需求，即市场需求，在规划设计范围里科学制定总体规划目标，并在该目标的引导下，合理规划设计旅游地的景观。从不同角度上看，目标立意可以分为游客与景观生态利用与保护立意、总体目标下的景观设计立意、总体建设目标立意三种。

（二）乡村旅游景观功能布局的方法

乡村旅游景观有很多种功能布局方式，笔者根据实践经验总结概括出整体目标法、元素分布法这两种。

整体目标法是一种自上而下的布局方式，指以总体形象、总体目标作为出发点，对功能布局进行自上而下的控制，对功能方向做出适当引导。元素分步法与之相反，这种方法是一种自下而上的布局方式，它要求将乡村旅游特色景观资源作为出发点，对各类景观资源进行收集整合，找出各类景观资源之间的相同和不同之处，并对这些资源的相似特性进行提炼，对其进行合理的功能布局。

第三节 乡村旅游景观规划设计的优化对策

一、乡村旅游景观设计的宏观优化对策

（一）全域规划引领旅游发展

在构建美丽乡村建设规划体系时，可以将旅游元素纳入其中，使乡村居民对旅游元素在乡村规划体系中的重要性形成更深刻的认识，尤其在服务理念、整体协调与视觉美感等方面做出深入的阐述，以保证规划呈现出休闲的、生态的、景观的旅游功能，同时将乡村整体的宜居水平和宜游水平提升上去，增强乡村旅游景观设计的品位与特色。

发展全域旅游指的就是将旅游全面融入社会经济发展大盘，推动旅游业向综合性、多领域的方向不断发展。应在征求相关旅游部门意见后，将旅游元素与乡村总体规划充分融合起来，将旅游景观提升专项规划增加到各分项规划中，在乡村整体宜居、宜游度得到有效提升的同时，使乡村全域旅游功能的设计得到一定程度的增强。

（二）一体化和多元化发展

通过对旅游廊道合理、合适的使用，联系起旅游目的地中各种分散的产品、资源与配套设施，打造出一个一体化的旅游空间，是发展全域旅游的重点工作。串联起各个方向的交通线是廊道规划和使用的重要环节，只有道路交通问题得到了解决，才能为游客提供便捷的进入通道，使游客顺利入村旅游，否则就是在做无用功。

旅游廊道的功能在全域旅游战略下得到了升级，从原本仅支持进出转变到具备了观赏游憩性。为了打造"处处是旅游环境"的全域旅游，就必须建设环

绕和贯穿全域的游憩廊道和景观廊道系统。游憩廊道应建设在游客出行路线上，以满足游客多样化路线组织的出游需求为目的。景观廊道的景观资源主要包括基于河道整治建设的乡村或郊区河流景观带、基于现代种植业打造的大地艺术景观带、基于满足村民与游客游憩休闲需求建设的滨河景观带、基于自然资源与历史文化相结合构建的遗产景观带、生态敏感保护区、山脊线、废弃铁路等。景观廊道的建设强调要遵循本土化与生态化原则，严格保护景观资源，展现出乡村景观连续性、完整性、质朴性的空间意向。全域旅游强调营造开放的空间，在建设景区、景点时要求打破边界区划，从整体层面上进行统筹规划，实现村景交融。

全域旅游的发展需要对物化资源与非物化资源的所有权关系及其实现问题给予高度关注，发展全域旅游应重视景与境的结合，不能只重视观光休闲功能的塑造，还强调要创造出具有市场吸引力和震撼力的景，更要打造具有感染力和浸润力的境，这是当今消费者市场所迫切需要的。

前来旅游地游玩参观的外地游客不仅需要发达的道路和便捷的交通，而且还需要观赏道路两旁迷人的景观。在很多乡村旅游区中，道路两旁的风景都是有主人的，这些主人对景观的规划设计有主要支配权，大多数主人对自身利益的考虑多于对风景对乡村旅游发展影响的考虑，所以，在对旅游区道路两旁的景观进行开发建设时，应充分发动道路沿线的百姓，充分利用道路沿线的民俗风情与乡村建筑等，建设出"景境双全"的全域旅游。

（三）合理布局集约生态发展

在开展旅游活动的过程中，发展全域旅游难以避免地会对环境造成一定程度的污染，虽然全域旅游相较于传统旅游活动，对生态环境的污染程度已经大大减少，但目前仍做不到对环境的零污染。我国大部分乡村依托自身原有生态环境基础和景观资源发展旅游业，无论是发展文化旅游还是生态旅游，都要求对生态环境加强控制、管理和保护。在促进地方经济发展和推进旅游业发展的过程中，我国地方政府不能仅关注发展旅游事业给当地带来的短期经济效益，更要将焦点放在当地的长远发展上，兼顾发展旅游业后对当地可持续发展的影响，避免因小失大。与此同时，发展乡村旅游还应重视战略与技术两个层面，要充分利用战略引导和技术辅助，尽最大可能降低对环境的破坏程度，在因地制宜、合理开发的基础上，将工程建设可能造成的生态环境破坏降到最低。旅游景区在建设必要的旅游服务设施时，应使其尽可能与周围环境相和谐，避免对景观及其生态环境造成严重破坏。另外，地方旅游管理单位与相关政府部门应对提高当地居民的生态环境保护意识予以重视，面向当地居民与外来游客加大保护环境的宣传力度，逐渐形成居民自觉保护和游客互相监督、共同保护生态环境的良好气氛。

（四）保持乡土，突出特色发展

在发展全域旅游的过程中，应严禁一切"假大空"的东西出现。乡村全域旅游的发展应以本土文化为依托，做到因地制宜，充分发挥本地的资源优势，做好旅游开发，做到特色突出，将真正能彰显当地传统民俗特色、地方特色、有价值的旅游产品开发出来，不能凭空捏造或向外地抄袭本地没有的旅游产品，也不能为了经济利益一味地生搬硬套。其间，地方政府还应严禁旅游区的小商贩做出低劣伪造、粗暴复制的短期投机行为，更要严禁商贩缺斤短两、盲目涨价、欺诈消费者等行为，应经常对小商贩进行专门的思想观念教育，严格打击违规行为，坚决制止与抵制各种不择手段销售、强买强卖等行径。

在开发乡村旅游时，当地政府应积极组织从事旅游行业的专业人员对乡村进行科学细致的规划，将各类乡村旅游资源有机整合起来，通过对旅游活动路线、项目进行科学规划来彰显和强化乡村旅游的文化内涵。在具体规划时，旅游专业人员应围绕当地传统文化这一核心，以当地特色农贸产品为重点，对当地文化进行深入挖掘与开发，以此丰富我国乡村旅游地区的产品种类和提升旅游产品的整体质量。在开发乡村发展旅游的过程中，当地政府应正视不同区域存在的差异，实行差异化发展策略，将自身的乡土特色充分展现出来，同时避免城市化倾向。由于来乡村旅游的游客以城市游客为主，这些城市游客想看到的主要是有别于大城市的原生态的乡村田园风情与自然景观，为此，当地政府可充分发挥当地农民的智慧与力量，积极了解当地农民对旅游开发的建议和意见，调动乡村居民参与乡村旅游规划建设的积极性与自主性，引导其积极参与到旅游活动中，使广大农民享受到乡村旅游发展的成果。

（五）以旅游为导向，景观全面发展

马斯洛是美国人本主义心理学派的代表人物，他曾提出著名的需求层次理论，指出人有五个层次的需求，其中，生存是最基本的需求，自我实现是最高层次的需求。我国在打造和发展乡村旅游的过程中也可以借鉴这一理论。在开发乡村旅游的模式上，我国可以将重点放在各种人文景观、自然景观以及景观综合体的打造上，整体上以满足游客观赏游览需求为主，以娱乐游客身心，使游客放松休闲为侧重点，强调游客身体机能的满足。为了使游客更高层次的需求得到满足，获得更精彩的旅游体验，具体旅游项目的打造应充分考虑和研究游客的人群定位、需求定位及声望等。

全域旅游的开发模式以使游客获得个性化的人生体验为宗旨，以游客高层次需求的满足为目的，所打造的主要是一种能深入游客内心、满足游客深层次需求的活动，这种全域旅游的模式打破了传统度假休闲、观光游览的旅游景区概念。

为了打造"处处是景、时时见景"的乡村旅游风貌，可以对全域旅游做出深入、全面、系统的规划和建设，将旅游地视作大景区进行建设和改造，同时秉承整合全体资源、促进全民互动、引导全社会持续积极参与的观念，推动家庭小院、风景园林、旅游村落等的景观建设。

（六）塑造乡村品牌，打响文化发展战役

我国有很多具有较高知名度的乡村旅游区，也有很多尚未形成品牌优势或品牌吸引力有待加强的乡村旅游区。随着我国旅游事业的不断建设与发展，我国的生态景观、民俗文化旅游的发展都呈现出一片蓬勃态势。然而，从整体上看，随着全域旅游模式的兴起，越来越多乡村旅游景观逐渐建设起来，都亟待树立自己的品牌。

一个地区形成了怎样的旅游开发建设水平、开发程度等，都可以通过其品牌影响力与品牌建设程度体现出来。打造并提升旅游地品牌有助于提升自身的整体形象，使旅游地在竞争激烈的旅游市场中巩固地位和开拓更大的旅游市场。

乡村旅游地拥有的与城市截然不同的乡村性是其发展的前提与核心，这种独特的乡村性是乡村文化深层次的内容。为了使乡村旅游实现可持续、健康的发展，乡村文化必须充分发挥其作用，支持乡村旅游地形成自己的文化特色，使乡村旅游地的吸引力有效提高、旅游产品得到升级，形成具有一定优势的乡村旅游品牌。

二、乡村旅游景观设计的微观优化对策

（一）乡村整体景观营造优化

打造乡村旅游景观就是要用对待整体的、完整的和全面的生态系统的态度对待景观，要保持和提升当地生态系统的稳定性，维护生态系统的多样性，尊重和遵守生态自然规律，站在系统理性的视角对整体环境进行优化处理。应遵循适度开发原则，在合理规划生态容量的前提下进行旅游开发，走可持续发展的、健康环保的乡村景观建设发展道路。

（二）改善景观结构与功能

在规划乡村生态环境空间时，应对生态相似性做出充分考虑，并通过融合和发展，实现对生态环境空间的改善与调节，常用的改善调节方式有植树造林、退耕还林等。需要注意的是，应合理运用乡村田林，可采用绿篱、防护林等对斑块的面积与形状进行控制。在规划设计乡村景观时，应保护和维护当地生态环境空间的生物多样性特征，建设高品质、稳定健康的乡村生态系统。

（三）优化景观要素的布局

应对乡村景观要素的布局做出科学优化，这要求坚决保护生态环境，在布局的过程中尽可能做到只增不减。可采用的布局方法主要有增加花卉、灌木以及乔木的种植面积，提高绿色植被的覆盖率。对可利用的乡村景观要素进行深入挖掘和开发建设，如水牛风车、荷塘沟渠、农舍篱笆等，将带有乡村特色的传统劳作方式保留和传承下来，将之作为吸引城市游客的亮点，同时要保护好乡村居民与自然大环境长期融合发展形成的乡村风光，打造完全不同于城市的乡村生活环境。

（四）推进乡村经济发展和资源环境协调发展

优越的生态环境是开发乡村旅游的前提，如果不好好保护当地的生态环境，就会导致乡村发展出现停滞，甚至对当地乡村旅游及居民的日常生活生产造成影响。如果在建设发展乡村旅游的过程中，没有合理保护乡村生态，长此以往，乡村旅游事业的发展就会因生态被破坏而受阻。因此，开展乡村旅游的关键是要保持环境保护与旅游发展之间的平衡。

政府部门要想适度发展乡村旅游，就应就保护乡村生态环境出台相关的政策文件、乡村旅游发展规划、相关法律法规等，以此指导和规范相关单位部门对乡村旅游的开发。与此同时，政府还应积极进行环境保护方面的宣传，充分调动当地村民对其生活环境进行有意识的保护，引导村民在环境保护工作中相互配合、互相监督，实现全体村民共同配合、共同建设生态稳定良好、绿色健康、可持续发展的乡村旅游景观。

第四节　城郊乡村休闲旅游环境规划分析

一、城郊乡村休闲旅游环境目标与定位分析

规划建设乡村休闲旅游环境的第一步就是明确城郊乡村休闲旅游的开发定位和发展目标，这要求先对城郊空间结构定位、城乡各类资源环境、客源市场需求等做出综合分析，再对其进行过滤与叠加，最终形成明确的定位与目标，为规划和设计城郊乡村休闲旅游环境提供科学指导。

（一）资源条件与目标设定

通过分析城郊乡村现有的各种自然条件，对其现状进行详细了解，可以为未来判断和规划乡村旅游的发展类型奠定基础。通过对乡村现有资源条件进行科学分析，有助于找准当地核心旅游资源，并围绕其进行特色旅游商品的开

发，还有助于对旅游文化内涵的有效挖掘，打造出独特的城郊旅游市场，为乡村经济发展提供重要支持。城郊乡村休闲旅游环境建设最关键的一个环节就是分析基础条件之后对乡村未来适合发展的旅游类型做出判断，准确的判断结果可以为未来规划设计休闲环境提供可靠依据。本书将从乡村自然资源、乡村人文资源、旅游开发条件三方面着手对乡村资源做出以下分析：

1. 乡村自然资源

乡村内包含各种天然赋存的自然资源与人文资源，其中的乡村自然资源指水景、生物景观、山石景、天象景等。对乡村的这些自然资源进行深度挖掘与开发，有助于乡村休闲旅游活动的顺利开展。从整体上配置和开发乡村资源，将其规划设计成休闲旅游景点，可以为未来在乡村地区规划出更好的休闲环境锦上添花。

陕西是中华民族光辉灿烂的古代文明发祥地之一。西安是中国最佳旅游目的地、中国国际形象最佳城市之一，历史上先后有十多个王朝在此建都，丰镐都城、秦阿房宫、兵马俑，汉未央宫、长乐宫，隋大兴城，唐大明宫、兴庆宫等勾勒出"长安情结"。西安城郊资源也十分丰富，例如，周至县属西安市辖县，是关中平原著名的大县之一，属于千里秦岭雄伟且资源丰富的一段。北部是一望无垠的关中平川，土肥水美。南部是重峦叠嶂、具有神奇色彩的秦岭山脉。山川、塬、滩皆有，呈"七山一水二分田"格局。周至历史悠久，山川秀丽，风景名胜，文物古迹颇多，人文和自然景观十分丰富，汉家离宫，唐家园林，星罗棋布。

2. 乡村人文资源

乡村休闲旅游地的开发建设以挖掘和开发乡村人文资源作为灵魂和关键。乡村人文资源包括乡村居民在长期生活生产过程中形成的乡村经济、乡土景观、乡村环境与乡村聚落等有形资源，也包括乡村在漫长发展历程中积淀形成的节日庆典、民俗民风等各类无形资源。无论哪种资源，都能在经过深入挖掘后，对乡村旅游的规划设计与乡村经济的发展提供直接动力。因此，在实际进行乡村旅游规划开发时，应对乡村休闲旅游产品进行合理挖掘和创新，使其与乡村有形、无形两类旅游资源相结合，对游客形成更大的吸引力，成为无法被其他资源代替的、特殊的乡村人文旅游资源。

3. 旅游开发条件

可以从以下几个方面具体衡量乡村休闲旅游的开发条件：

一是乡村的可进入性。本书以城郊乡村休闲旅游环境规划为主要研究对象，以与主城相距2小时的游客能顺利抵达乡村为研究前提。由此，可从乡村基础交通设施上保证乡村有便利的交通，有良好的可进入性。依托城市交通体系，城郊乡村应开辟从城市直达乡村旅游地的路线，提升乡村的可进入性和可达性。

二是乡村的基础设施。包括乡村内购物、餐饮、住宿等在内的已经建设的服务设施。如前文所提到的，我国乡村休闲旅游现阶段在餐饮、住宿、购物等方面的服务设施还有待进一步完善，可见我国乡村旅游现有的接待与服务配套设施仍处于初步发展阶段，因此，进一步建设和完善乡村服务设施、提升乡村旅游地的服务能力和水平是开发乡村旅游的必要条件之一。

三是发展乡村旅游的积极性。包括当地乡村居民参与乡村休闲旅游开发与发展的积极性和乡村政府为当地旅游事业的发展提供财力、政策、物力等方面的支持。当地村民的支持为乡村旅游的发展营造了良好的群众氛围，当地政府的支持则为乡村休闲旅游的顺利发展提供了有力的支持与保证。例如，京郊樱桃沟村基于大樱桃的大量种植发展乡村旅游，以其建设的千亩樱桃基地为基础，在当地开发休闲采摘农业，建设集休闲、观光、科普教育、旅游、采摘于一体的规模化农业观光旅游园区，至今已取得良好的示范性效果。通过当地农户可以了解到，借助当地优势资源发展休闲旅游业，不仅有助于当地人文素质与经济水平的有效提升，而且显著拉动了当地经济发展。其间，农民按规划规范积极配合和参与乡村旅游事业的发展，一方面实现了农民的创收，另一方面为村民参与当地休闲旅游的开发建设增强了信心。

（二）复合需求与目标设定

分析资源条件是乡村休闲旅游明确未来发展方向要迈出的第一步，分析时要对乡村居民与游客双方的需求做出综合考虑，做到以人为本，立足于人。

供给与需求是商品市场的两大基本要素。对乡村休闲旅游的需求方与供应方的心理需求进行分析有助于了解乡村旅游的复合需求，简单来说，就是要了解城市游客对乡村旅游地的需求与期待、开发者开发乡村旅游地的期望与限制条件等，对双方的需求与期待进行综合考虑，寻找恰当的方式在最大限度上满足二者的需求。

1. 游客的需求

以问卷调查的方式了解城市潜在游客对城郊休闲旅游的需求，对游客的具体期望和需求进行分析，依托调查结果明确乡村休闲旅游的发展方向和制定具体的发展目标。通过分析得出城市潜在游客的主要需求包括以下几点：

（1）要有较强参与性。随着旅游事业的不断发展，游客在参与、亲身体验旅游项目方面提出了越来越高的要求，越来越多的游客希望能亲自动手参与垂钓、耕种、采摘、野炊等带有鲜明乡野特色的旅游项目活动。

（2）要有较低的消费水平。随着居民生活压力的不断增加与收入水平不断提高，越来越多的城市居民期望能享受到与城市节奏紧张的生活截然不同的生活乐趣，但大多数普通家庭仅愿意参与城郊短线旅游，以较低的消费满足自身放松身心、休闲娱乐的需求。

（3）要方便到达。由于城市生活节奏快、压力大，城市居民大多渴望轻松宜人的慢节奏休闲旅游方式，可进入性强的旅游区能在很大程度上减轻游客旅途中的劳顿，使其在旅游的过程中轻松达到消除疲劳、调节身心、恢复精力的目的。

2. 开发者的需求

城郊乡村休闲旅游的开发主体通常由政府、开发商、城郊居民多方构成。其中，政府提供政策上的扶持引导，开发商则提供资金支持，城郊居民则配合参与到村庄建设的方方面面，共同推动乡村休闲旅游事业的开发与发展。对于政府和开发商而言，开发城郊乡村休闲旅游，做好乡村经济并尽可能争取到最大的经济效益是所有开发主体的共同目标和需求。本书研究的对象——城郊乡村休闲旅游以乡村为主要发生地，与全体乡村居民的生活生产密切相关，因此在开发、建设和发展的过程中，要充分考虑乡村居民的需求与要求，主要包括：

（1）投资小、收获大。乡村居民希望当地政府与开发商在规划开发乡村旅游时，能充分利用乡村中丰富的农产品、宽敞的农舍、精彩的农事活动及乡野清新的自然氛围，同时将不宜参与农业劳动和闲散的劳动力组织起来，发展与旅游业相关的服务业务，减少投入并增加收入，提高乡村整体的抗风险能力。

（2）旅游活动的开展不能与乡村农事活动相冲突。在发展乡村旅游业一事上，大部分乡村居民具有矛盾心理，主要为想要发展家乡提高收入但又担忧耽误农事耕作的矛盾。乡村旅游中的一些娱乐、休闲、餐饮服务通常有一定的时段性（在节假日比较繁忙，工作日比较清闲），乡村居民可以根据这一特点对时间做出合理分配，在经营淡季忙农活，降低经营成本；在经营旺季接待游客，不耽误第一、第三产业的发展，既能提高家庭收入，又能优化农业结构。

（3）不影响乡村居民的正常生活作息。乡村居民在长久的农业耕种生活中形成了较为规律的生活和作息习惯，绝大部分村民希望在不影响正常生活作息的情况下开展城郊乡村休闲旅游，通过积极参与旅游业的发展提升家庭经济收入。例如，一些乡村旅游地在乡村居民生活区附近设置了休闲活动场地，在白天举办丰富多彩的活动项目，晚上举办篝火晚会，吸引游客亲身参与体验，但这在很大程度上对当地村民的日常生活生产造成了影响，得不偿失。

3. 目标设定

鉴于上述分析，对各方面的需求因素做出综合考虑，立足总体层面做出目标定位，明确乡村旅游业在未来发展的宏观目标，具体可概括为以下几点：

（1）综合目标。充分利用乡村地区的农业优势与旅游资源，在优势资源的有力支持下，围绕提高经济效益的宗旨，以市场需求为导向，对乡村旅游进行科学规划、合理布局、深度开发，在讲究特色、突出重点的情况下，打造乡村特色鲜明的休闲旅游环境。

（2）对游客的目标。对游客多元化、多层次的需求进行充分考虑，围绕不同游客群体的多样需求，不断开发具有较强参与性、体验性、观赏性、游玩性的休闲旅游项目。

（3）对乡村的目标。在乡村休闲旅游开发建设的过程中应将村庄的原有风貌尽可能保护与保留下来，在不影响乡村居民正常生活生产，不破坏乡村原有生态环境、林地、耕地的情况下，充分调动乡村居民的主观能动性与积极性，使其配合和积极参与乡村休闲旅游环境的建设，以此保证乡村旅游的顺利开展和提高村民的经济收益。

（三）构思叠加与定位过滤

开发者基于对游客需求与城郊乡村资源条件的具体分析，对乡村休闲旅游的发展做出科学定位，为规划建设城郊乡村休闲旅游环境提供科学指导。确立城郊乡村休闲旅游环境的主题是这一阶段研究的重点，可通过构思叠加与定位过滤环节确定乡村休闲环境最终的建设主题，再围绕这一主题对乡村休闲旅游进行全面开发建设。

1. 构思叠加

在规划建设乡村休闲旅游环境时，构思叠加是一种综合考虑与主题定位相关的各种因素，了解开展乡村旅游的各项基础要求与条件，然后做出最终决策的思维方式，以"加法"为主。在构思叠加过程中应注意以下几点：

（1）乡村人文资源条件，要求对其中的民俗文化、农作物、乡村建筑、乡村遗址、农业文化、乡村餐饮、乡村生活方式做出系统分析。

（2）乡村自然景观条件，要求对其中的生物、山体、气候、水体等山村组成内容进行系统分析。

（3）乡村外围吸引点与乡村可进入性，前者要求乡村旅游区外围有能吸引游客的事物；后者要求乡村进出口有宽敞、易于进出的道路，有便捷的交通工具或车站（渡口、桥梁、码头），与中心城市之间交通便捷。

（4）要求将当地政府、城郊乡村居民、游客和注资方对开发建设乡村休闲旅游的各类需求充分结合与综合考虑。

2. 定位过滤

定位过滤是一种在对开发建设乡村休闲旅游的各项条件做出综合考虑后，

舍弃一些不必要的定位条件，保留有用的定位条件的思维过程，以"减法"为主。在规划设计乡村旅游的过程中，要逐项分析上述乡村各项基础条件，以乡村旅游资源评价标准为依据对其进行逐项计算和评价，舍弃对建设发展乡村旅游没有实质价值的定位方向，确定乡村休闲旅游的发展目标与建设主题，明确建设和发展乡村休闲环境的主题和方向。

二、城郊乡村休闲旅游环境功能策划与空间布局

乡村旅游主题定位可以反映乡村休闲旅游的各项活动与功能，以此为切入点发展乡村休闲旅游，可以将乡村休闲旅游的鲜明特色突出表现出来。本小节将延续上一节，基于对定位的深化，对乡村休闲旅游各项功能的构成及空间的综合组织与布局进行探讨，通过对功能主题做出科学合理的布局来吸引大量游客前来休闲旅游，实现乡村旅游经济效益的稳定获取。

（一）定位深化与功能构思

系统分析、过滤、评价乡村旅游的各项资源，对乡村旅游的发展做出科学定位，明确乡村旅游未来的发展主题与目标及环境建设主题。

1. 定位深化

（1）地理区位定位。将城市定位成为乡村休闲旅游的一级目标市场，目标消费群体为家庭、团体、居民个人等游客群体；定位乡村休闲旅游二级目标市场为包括国内外游客在内的、以城市为集散地的外地游客。

（2）产品功能定位。规划设计城郊乡村休闲旅游环境，应将突出展现规划区域的主题风貌，同时将其与周边旅游风景的显著差异突出表现出来作为首要任务，要求打造出别具一格的休闲旅游环境，具体有以下类型可供参考：

一是生产观光休闲型。该类型城郊乡村休闲旅游资源环境的规划建设，要求对乡村中的自然生态景观、农业产品、田园景观、农业生产营销活动等资源进行充分利用，经科学合理的策划赋予这些资源旅游功能，使其成为噱头吸引外来游客前来消费。同时要开发乡村中各类旅游服务产品，满足乡村居民在购物、娱乐、住宿、交通、饮食、游玩等方面的多元需求，为乡村持续发展旅游业与农业创造一种可靠的发展模式。

二是乡村休闲度假型。这种类型的城郊乡村休闲旅游依托乡村中丰富的旅游资源来开发建设，将休闲度假、疗养健身功能充分结合，为发展乡村旅游和发展乡村农业经济拓展新形式。

三是民俗文化休闲型。这种类型的城郊乡村休闲旅游建设要求以乡村深厚的文化底蕴为基础，融合古今中外元素。例如，张家湾镇开发的文化旅游度假中心；北京怀柔区渤海镇以慕田峪长城景区为依托，在融合中西方文化的基础

上，打造出长城国际文化村，这些都在很大程度上促进了民俗旅游业的发展。

四是现代农业型乡村休闲型。这类旅游区是一种综合性的旅游区，它打造要求打造社会主义新农村，以新农村的形象作为展示亮点，吸引游客前来休闲旅游。例如，昌平十三陵水库采摘园、怀柔雁栖乡间情趣园、小汤山现代农业科技示范园、海淀樱桃园等。

（3）市场定位。消费水平定位。调查城市最近一段时间的人均日消费水平，结合当地经济水平做出合理衡量。客源定位。以客源的年龄、职业类型、成分构成等为依据，将其需求分成高、中、低档，为其提供能满足不同层次需求的城郊乡村休闲旅游产品。在旅游项目的设计上，则应根据不同的目标人群，做出不同的设计。

2. 功能和功能分区构思

城郊乡村休闲旅游在规划设计功能分区时，应以组织结构的不同需要为依据，按不同的功能和性质对乡村用地做出合理的空间区划。合理划分乡村功能区对明确休闲环境资源用地的使用方式与发展方向、科学建设乡村休闲环境、合理规划组织休闲活动等十分重要。规划建设旅游乡村应考虑对以下功能进行区分构思：

（1）观光体验。观光体验功能主要指观光和体验乡村生产生活的功能，这是乡村休闲旅游必须具备的基本功能，具有较强的普遍性。游客通过对乡村生活生产活动的游览观光和体验，满足对乡村生活的好奇心，感受与城市不一样的生活方式，通过参与乡间地头劳作、乡村农事活动，体验劳作的辛苦和快乐。

（2）娱乐休闲。作为乡村休闲旅游应具备的主要功能和重头戏，娱乐休闲功能主要为游客提供丰富多彩的休憩娱乐、养生保健活动，以及相关的服务与场所。随着人们生活方式的改变与生活质量不断提高，人们对娱乐休闲活动的形式类型也产生了越来越丰富的要求，如组织开展河湖泛舟、趣味探险、益智类游戏等。

（3）度假功能。很多游客需要乡村为其提供住宿和餐饮服务，其间，游客在乡村农户家吃住，贴近感受乡村居民的生活原貌。所以，度假功能也是乡村休闲旅游应该具备的一项基本功能。

（4）科普教育。科普教育功能是很多乡村休闲旅游可拓展的间接功能，指乡村居民向参与农事活动的外地游客传递当地民俗知识和农业知识，帮助更多游客对乡村有深入的了解，对农事活动形成一定认识，以此掌握更多生活常识。

由于城郊乡村休闲旅游已被发展出不同类型，以上各种功能在不同类型的休闲旅游中占比各不相同。有的城郊休闲旅游乡村还开发了购物、品尝、疗养等功能。乡村的功能分区定位应以乡村的综合定位为依托，如依托乡村综合功能划分为科普教育区、观光体验区、疗养健身区、娱乐休闲区等，以此引导游客根据旅游需求选择不同的项目。

（二）空间布局与综合组织

乡村休闲旅游地应结合城郊乡村现有的地形地貌、旅游地的主题（城郊休闲旅游乡村的发展类型）及功能分区，对其空间布局形式进行合理划分。乡村拥有多种类型的旅游休闲内容，这些内容会导致不同的空间结构规划，主要包括以下几种设计：

1. 带状串联式布局

这种空间结构布局规划的方式适用于沿河流或山麓呈带状走向的村落，可依托乡村原有的历史人文风情，按照起、承、转、合的空间观赏顺序对乡村旅游地的游园路径做出精心设计。例如，杭州近郊的白鹤村，就将乡村聚落与村庄地形相结合，用带状布置的形式，通过乡村中央的休闲区带将各个展示空间串联起来。

2. 单一核心式布局

很多规划者在规划设计旅游乡村时，会将某个景点（如某民俗广场、滑雪场、矿泉等）设计成旅游设施空间布局的中心，将此作为景区亮点吸引游客。在具体布置时，应以娱乐休闲为重点，再围绕娱乐休闲设施安排休闲住宿设施，要将休闲酒吧、滑雪斜道、疗养温泉等对游客具有较大吸引力的设施布置在住宿、休闲设施的周边。在规划设计时，应尽可能将如餐饮、交通、购物、住宿、辅助服务、消遣以及其他休闲设施布置在景点轴心周围，形成显著的中心布局。例如，成都郊区的罗成此前就是戏台广场，将其作为乡村休闲旅游活动的中心，其他一切设施设备都围绕它来建设。

3. 多中心式组团布局

如果一个乡村休闲旅游地中有多个对游客具有吸引力的景点，如名树、古树、公共建筑、宗祠、庙宇等，则可形成多核心发展的空间布局形式，在将其与广场布置完美结合的情况下，向游客提供参与民俗休闲活动的充分机会和适宜场地。这种多核心式发展的乡村，可以由核心内容不同的多个景点组团构成，将乡村休闲旅游打造成多组团的旅游环境。同时，还要结合乡村不同景点特色与资源类型，在乡村周边规划建设休闲旅游环境。例如，上海郊区新申阁村就将王锡阐雕塑广场、入口广场，以及以三牌楼村庄历史建筑为主规划打造的休闲中心分别作为三处组团中心，依据它们各自不同的特点和资源打造不同的活动内容，形成乡村休闲旅游主线。

基于对乡村休闲旅游地现有空间规划布局形式的分析和了解，结合乡村本地的吸引点种类数量、自然地形条件等，对乡村休闲环境空间组织布局作出具体分析。可参考上述三种不同的休闲旅游环境空间组织布局对乡村进行合理规划，也可以对乡村进行自由组合、灵活布置，打造有序、流畅、丰富且能充分展现乡村风貌的休闲空间环境，使其旅游价值不断提升。

三、城郊乡村休闲旅游景观环境规划设计

乡村景观规划设计以乡村地域中与乡村居民日常生活生产活动密切相关的景观综合体为主要对象，包括三个层面，分别是代表农村自然景观的乡村自然环境、代表农村生产性景观的乡村居民生产环境、代表农村聚落景观的乡村居民生活环境。此外，休闲游览路径是乡村休闲旅游环境中游客认知乡村的主要渠道，也是组成乡村景观环境的主要内容，乡村景观的规划建设应以这部分内容为重点，对其进行环境意境设计和功能开发布置。

（一）空间场所规划设计

空间是构成和展现乡村风貌的要素，是向外界展示乡村各类景观的重要窗口。从自然要素到人工要素，从村域到乡村内部，本书将着眼于乡村的风情展示空间、聚落展示空间、农田展示空间、娱乐游览空间以及健身疗养空间，分别阐述乡村景观环境的空间场所。

1. 乡村风情展示空间

乡村休闲环境以乡土性为本质特色，通过规划设计乡村风情展示空间，可以将其乡土性充分展现出来。对此，应围绕乡村特色做重点设计，将乡村的乡土风貌突出展现出来，创造更多对外来游客具有吸引力的景点。

2. 乡村自然山水展示空间

乡村与自然界和谐相融，具有鲜明的自然特色，通过规划设计乡村自然山水展示空间可以展示乡村中丰富多样的植被、气候、地形、地质、土壤等元素，以此作为乡村吸引外来游客的吸引点和建设休闲环境的重点，可以更好地展示乡村的自然性。在具体规划时，应遵循因地制宜的原则开发利用乡土自然资源，以此创造出具有地域感、自然性、独特性的乡村休闲环境。

3. 乡村聚落展示空间

乡村聚落也叫作乡村居民点、村落，是乡村居民发展农业经济的聚落，也是各类乡村居民日常起居生活的场所。很多古村落的休闲旅游将乡村聚落的原始风貌作为吸引点，开发重要游览项目，展现乡村风貌。因此，在塑造乡村聚落休闲环境时应做到以下几点：

（1）在塑造时应将聚落的形态与乡村休闲旅游发展的现状充分结合起来，

将聚落环境淳朴自然的特点突出展现出来，并在对乡村聚落休闲环境进行更新改造的同时，依托乡村历史文化氛围打造出良好的环境效果。

（2）对乡村聚落休闲环境的塑造应同时满足游客娱乐休闲和现代乡村居民日常生活生产的各种需要。

（3）在塑造时，应将村落中重点地段、街巷交叉口、聚落入口等节点的景观特征重点表现出来，使乡村聚落文化更具识别性。

4. 乡村农田展示空间

从传统审美角度来看，在乡村农田展示空间内，乡村以农田为象征，在整个乡村地区中，农田休闲环境是最基本的休闲环境。在规划设计乡村农田休闲环境时，应在了解乡村土地适应性的基础上，科学组织和合理安排农田休闲环境的各个要素，制定农田休闲环境规划，建立健康可持续发展的农田生态系统，使农田能得到长期性的健康生产，同时使其休闲价值有所提高，打造出自然和谐的乡村生产环境。

（1）生产人类生存必需的农产品是农田最重要、最基本的功能。对农田进行规划设计时，必须遵循保护农田的原则，对其进行优化整合，以满足人类生存和生活的需要。

（2）应结合乡村实际拥有的自然地理条件，对农田景观格局进行合理规划，要将乡村的地域特色表现出来。

（3）农田景观大多具有独特的审美体验价值，它可以同时作为生产对象与审美对象，使之作为景观呈现在游客眼前。在对农田进行规划设计时，应对其休闲价值、审美体验价值等做出合理的开发利用，同时注意提高农业生产的经济效益。

5. 游览娱乐空间

乡村游览娱乐空间的规划应将乡村内具有体验功能的设施、活动项目作为主要规划对象和依据。通过分析发现，随着城郊游客旅游需求的不断变化，单一的观光游览形式越来越无法满足游客的需求，很多游客开始形成和不断提高主动参与的意识。

（1）增加个性化旅游项目。例如，可通过引导城郊旅游者积极参与"摘农家菜、吃农家菜""租农家屋、耕农家地""做一天农家人"的方式，主动获得精彩的旅游体验。

（2）增加新奇、时尚的娱乐项目，如漂流、高空跳伞、专项探险、人体彩绘展等。

通过引导游客参与这些活动，可以使其在探索自然、发现自然、征服自然的探险性旅游活动过程中，彰显个性、收获快乐，使游客挑战自我、猎奇、求知、冒险的欲望得到最大程度的满足。

6. 健身、疗养活动空间

健身、疗养是一种以疗养康复、强身健体为目的的旅游休闲活动，这类活动的主要内容为康复、健身，以观光、娱乐为辅。随着人们生活节奏的不断加快，人们越来越关心自身的健康状况，也越来越关注和积极参与健身、疗养活动。乡村休闲旅游的健身、疗养活动空间的规划建设，应注意以下几点：

（1）应充分结合乡村旅游主题设计健身、疗养活动空间，共同打造舒适、健康的乡村休闲旅游环境。也可以设计健身、疗养活动项目，将其作为乡村旅游的亮点，创造集度假、疗养、休闲、健身于一体的乡村旅游。

（2）为乡村休闲旅游的建设、疗养活动空间创造优越清新的自然环境条件，帮助游客放松心灵、消除疲劳、平衡心理、增强体质等，使游客通过参与各种健身、疗养活动提升健康水平。

（3）可在健身、疗养活动中加入具有一定趣味性的文化活动，使疗养生活更加充实，同时在平衡心理、治疗疾病等方面发挥出重要的保健作用。

（二）休闲游览路径规划设计

在乡村旅游规划设计中，休闲旅游路径作为基本框架，对乡村休闲旅游环境的格局与基本形态起到了决定性作用。乡村休闲旅游路径作为乡村游的要素，发挥着连接交通、引导游览、组织空间的重要作用，它将乡村休闲环境中的所有景点景区连接起来，形成一个统一的整体。在规划设计中要对出入口、交通出行方式、道路环境设施、田园路等做出重点设计。

1. 园路设计

在旅游乡村中，游客可以通过走乡村园路游览和感受乡村的脉络与骨架，园路在乡村休闲旅游环境中不仅是各景点的纽带，而且是乡村休闲环境的构成要素。乡村园路有三种类型：主要园路、次要园路、游憩园路。在设计时应注意以下几点：

（1）应将乡村的休闲特色突出表现出来，这要求使乡村园路的质感、色彩、形状与周围自然景观保持协调一致。

（2）设置主要园路时，应对其安全性与交通的通达性做出重点考虑，虽然一些旅游乡村不考虑车辆的通行问题，但必须重视防火、消防等安全问题。

（3）以村庄不同的规划布局为依据，对游憩小路的形式做出各种设计，使其可直可曲，形成多变的空间效果。与此同时，还可以对园路的铺装做出合理设计，选择本地材料，将乡村的特色展现出来，或者不做铺装，仅在园路两边做适当绿化，将乡村的田园气息与乡野气质充分体现出来。

2. 出入口设计

在乡村休闲旅游环境规划设计中，出入口设计作为游客游览路径的起止点，也是整个环境规划中的高潮点。在具体设计时，应将旅游乡村的出入口设计成游客到来和进入乡村后能直观看到的第一个休闲高潮景点，要能展现乡村特色风貌。乡村出入口应设计主要入口、专用入口与次要入口三类。

（1）主要入口设计应具有优越的乡村展示作用和良好的功能性。首先，乡村的主入口作为乡村交通流的缓冲场地，应为游客提供足够的空间停放车辆。其次，乡村主入口作为整个休闲旅游行程的起点处，其设计要与乡村休闲旅游主题相呼应，能展现乡村文化内涵。交通性是主入口最需要考虑的特点，强化主入口位置的合理性及其交通性，便于游人进出乡村。乡村主入口通常应设计在有优美、醒目自然环境的位置上。

（2）专用入口是村民从事生产活动专用的路线入口，该入口处及其路线的设计应尽可能避免与游客游览路线交叉，布置在与游客游览路线不冲突且靠近村民农事活动的地方。

（3）次要入口指服务于旅游乡村的辅助性出入口。次要入口处常需要布置大量人流集散地。

3. 园路环境小品设计

（1）休息设施。休息设施既是体现乡村旅游人性化特点的重要内容，又能将乡村的休闲环境特色表现出来。

配置休息设施主要是为了使游客与乡村居民能得到及时的休息，因此，休息设施要具有较强的实用性，其设计应符合人体工程学原理。另外，休息设施的布置还应注意景观效果：保持各类休息设施的布局、材料搭配、色彩等与其所处环境和谐统一，要注意打造主次关系合适、比例尺度合理、构成富于变化但都能得到统一的休息设施系统。

（2）装饰小品。应结合乡村旅游主题与具体状况进行装饰小品设计和布置，在布置过程中，应考虑旅游对乡村经济发展、经济实力提升的影响。在旅游项目刚起步且未完全开展的乡村中，应主要布置休憩型装饰小品，满足游客基本的休憩需求，其他需求次之。在旅游项目发展较为成熟的乡村，可通过合理设计与布置小品，达到提升景区品位、改善环境和加强视觉冲击力的效果。

4. 行为趣味设计

在乡村休闲旅游环境建设与旅游项目开发中，可以打造一些具有趣味性、探求性的行为趣味设计，以此吸引更多游客前来游览，同时帮助游客进一步认识和感受乡村风光，使乡村休闲旅游更具趣味性。可以通过以下两个方面进行行为趣味设计：

一方面，设计具有多样性、趣味性特点的交通组织方式。在旅游规模较大的村庄中，为了使乡村休闲环境得到充分发掘，应适当运用各类交通工具，包括但不限于公交车、游览电车、单人自行车、多人自行车、游船等，同时在各游览区之间规划富有趣味的路线。适当的交通工具具有渲染游乐氛围、增加游园趣味的作用，可以在无形之中将游客的交通时间转化成旅游时间。

首先，地面交通，可结合乡村自有的地形地貌，设置多种交通通行工具。例如，在展现乡村历史风韵的游览区，可以布置牛车、马车等特色工具。再如，在展现新型现代农村风貌的游览区，可采用电瓶车、自行车等交通工具，既能节省游客交通时间，使其将更多的时间与体力、精力用在游园上，又能提高游园的趣味性，同时还能实现农民增收。

其次，水上交通，可结合乡村或周边地区良好的水域环境资源，在实际规划设计中规划出合理的水上交通区域或路线，拓展适当的水上交通工具。在实际规划开发中，可结合乡村不同的特色，如以展现历史文化风韵为主的乡村游览区，可采用竹排、木筏、游船、皮筏等工具；在展现新风貌的现代化乡村中，可采用快艇、脚踏船、汽艇等工具，并设计相应的驳岸停船区。在开设水上交通工具的同时，还可以开设各类水上休闲活动，如水上垂钓、游船赏荷等，增加乡村景区的吸引力与项目的趣味性。

另一方面，设计趣味性的道路标志牌。道路标志牌通常作为固定的物态向导，引导游客在乡村中游览，要具有明确的指向性功能。在规划设计乡村休闲旅游环境时，为了将乡村的主题环境更好地展现出来，可将道路标志牌设计成具有装饰性和趣味性的小品。在实际设计中，应充分考虑乡村内特色的展现，将其与乡村休闲旅游主题相结合。

四、城郊乡村休闲旅游环境整体设计与构思深化

对城郊乡村休闲旅游环境的设计，不仅是对乡村空间的设计，还是对乡村区域环境的设计，它需要使城郊乡村休闲旅游设计中的各个子因素彼此衔接。在整个设计过程中，先要确立乡村休闲旅游的概念与定位，然后以定位为依据，将乡村空间布局与所有功能整合起来，之后再设计乡村休闲旅游的各个子系统，包括对基础设施配套、服务设施、景观环境等的设计。其间，乡村休闲旅游的整体设计思想应贯穿于所有设计步骤，对各设计环节进行统筹，各环节相互配合打造出和谐统一的城郊乡村休闲旅游整体环境。基于此，还应对设计构思做出深化，对能凸显乡村特色的文化环境与物质环境要素进行重点设计，对设计主题做出凝练，为乡村休闲旅游环境的建设塑造深入人心的灵魂，提高游客重游率。

（一）整体设计

乡村休闲旅游环境整体设计是一个复合概念，用"整体设计"来概括包括乡村功能分区、可持续发展、生态环境、乡村特色等乡村休闲环境建设的所有设计环节。虽然在乡村内部，会因为不同地块有不同属性而导致形成不同的使用性质，但在整体上，所有地块的各功能分区应形成统一的风格，在整体上形成和谐的效果。在秉承整体设计思路来规划设计和建设开发城郊乡村休闲旅游环境时应注意以下几点：

1. 休闲功能多元化

在规划建设城郊乡村休闲旅游环境时，虽然各个城郊乡村拥有不同的资源条件、宏观区域定位和客源需求，且各城郊乡村向不同类型、不同定位方向发展，但所有类型的休闲旅游乡村都应努力营造功能多元化的休闲旅游环境，以使各个年龄层次游客的需求得到满足，将村庄从整体上打造成多层次的旅游整体，使游客的吃、游、娱、行、住、购等多种活动需求都得到满足，使乡村区域的旅游竞争力有效提高。

2. 乡村规划的历时整体性

乡村休闲旅游环境规划具有的历时整体性可以通过前期、近期、远期的完整性发展体现出来，其历时整体性能在一定程度上约束和保障乡村未来发展的整体性。

一方面，为乡村休闲旅游创造能灵活使用的弹性结构，为各功能区保持一定的弹性用地与远期用地，可依据原有构图对乡村休闲旅游规划的整体统一性起到保持和制约的作用。另一方面，在设计过程中，应对周围用地存在的可能发展方向做出充分考虑，可采用完整型、发散型构图格式或具有极强趋势性的线性布局方式。

3. 乡村内外部空间整体化

乡村整体规划要求，内外部空间相互交融。城郊旅游乡村不仅是往来游客旅游活动的场所，而且还是乡村居民全面发展、陶冶性情的生活环境。乡村外部空间的建设要为打造如农家院、乡村民居等乡村内部环境提供支撑，内外空间要和谐统一，共同塑造乡村休闲环境主题，使游客在内外空间都能对乡村和谐的环境与精彩的旅游项目形成深刻的体验。

4. 乡村文化气息整体化

20世纪上半叶，梁漱溟先生就曾提出"中国的文化之根在农村"的说法。乡村内部应形成统一的文化格调，将乡村特有的人文精神与文化格调彰显出来。另外，在具体设计时还应强调乡村的个性特征，应结合乡村的地域文化特色与乡村的历史文脉特点对乡村的个性进行塑造。在整体连续性的大前提下，打造具有变化、富有特色的局部。

5. 多目标兼顾

乡村休闲环境建设不仅要开发建设乡村旅游，更要对乡村的生态环境做出有力保护，对田园风光进行开发维护，对其基础环境设施进行完善改进，使乡村游憩机会不断增加、土地利用价值不断提高等。乡村休闲环境的规划设计立足全局，对乡村各功能区进行科学划分，打造丰富、优越的景观环境，使游客需求得以满足。

6. 可持续发展

规划建设乡村休闲旅游是一项长期工作，这项工作涉及乡村的生态、经济与社会三方面的可持续发展。在对城郊乡村地区的各类景观资源进行开发利用时，应确保形成有效的再生机制，为乡村环境的持续发展与不断进化提供保证。通过规划建设乡村休闲旅游环境，使乡村存在的重要意义得到确认，为乡村实现可持续发展提供可靠保证。

（二）特色物质环境设计

在乡村休闲旅游环境的整体规划中，乡村特色物质环境作为乡村发展旅游业的重要吸引点，无疑成为乡村规划中的一大亮点。这些特色物质形态包括古建筑、古村落以及牌坊、影壁、亭台廊榭等各种历史遗存。

黄山市郊的西递和宏村的皖南古村落，就做到了山水、地形地貌的巧妙结合，使古村落具有更加丰富的文化环境，打造优质瞩目的村落景观。江门市郊的丹灶乡依托周围的好山好水和内部的古建筑群，建设出规模恢宏、装饰华美、风格独特、彰显本土侨乡文化特色的古建筑风景，为当地发展乡村休闲旅游地提供了强大的推动力量。杭州市郊郭洞村，被誉为江南第一风水村，富含丰厚的家族文化、建筑文化与生态文化底蕴，村口溪上一处桥，桥上一处亭台，上面刻画"义乡"二字，彰显了当地村民的人文精神与社会理想。

在规划设计和建设开发城郊乡村休闲旅游环境的过程中，应将这些能彰显乡村特色的景物景色重点展现出来，从文化的角度使乡村旅游意境得到升华。对此，可从以下几方面对其进行规划设计：

1. 在方便当地村民生活的前提下开展旅游活动

在乡村地区生活的居民，为乡村生命力与物质环境特色的保持奠定了基础。乡村休闲旅游活动的开展，应密切围绕便于村民生活生产的原则，既要安排好交通、通信、水、电等基础设施，又要保持乡村物质环境特色。在乡村居民生活区布置与村民生活功能相近的乡村休闲旅游设施，穿插布置与村民生活功能相矛盾的设施。还应在挖掘人文元素、历史文脉与保护传统生活氛围的同时，不断提升乡村居民的生活质量。

2. 充分保护原有现状

在规划设计过程中，应以物质环境形态为切入点，对具有重要维护作用的节点元素、空间肌理、景观素材、空间位置进行充分挖掘，这是保护乡村特色物质要素完整性和推动乡村休闲旅游格局不断完善的重点。在开发建设和保护的过程中，应保证乡村休闲旅游与乡村原有的田园、水体、山体等自然要素有机结合、协调统一，推动其与乡村的文化内涵与精神气质相统一，保持乡村各元素的延续性与协调性，在乡村景观整体协调统一的基础上，将每个特色物质要素的个性特征充分发挥出来。

3. 挖掘其特色含义，注重细节设计

在设计乡村特色物质要素时，应对乡村整体休闲旅游环境做出充分考虑，探寻合理可行、因地制宜的设计方式，避免对乡村原本的文化精神基础造成严重破坏。应仔细判别和合理整合每个可用的乡村特色元素，打造完善的乡村开放空间体系。在细节上，应以现状为依托，为不同的特色物质要素搭配与之相适应的景观小品要素，如篮球场、桥、古树、石凳、花坛等，塑造出具有人文精神或诗意、富有生命活力的景观。在挖掘特色、塑造乡村休闲旅游景观的过程中，要以乡土文化为核心，使其与传统文化、外来文化、现代生活相融合，打造出优美宜人、特色鲜明的乡村景观节点。

（三）特色软环境设计

乡村特色软环境指的是如表演艺术、节庆、社会风俗、传统表述、礼仪等与宇宙、自然界相关的实践、知识和乡村中各种传统手工艺技能的集合，概括说来就是乡村的各种非物质文化遗产的集合。乡村特色软环境是发展民俗文化型城郊乡村休闲旅游的灵魂，也被誉为"民族记忆的背影""活化石"等。

1. 软环境要素

（1）艺术方面的文化资源。这部分文化资源主要是对游客具有较大吸引力、具有丰富文化内涵、具有浓郁地域特色的民间风俗风情及其载体，对其的开发利用可以使经营者获得一定的社会效益与经济效益，通常表现为壁画、工艺品、手工艺制作（纸扎、风筝、年画、陶艺、剪纸、刺绣等）、民族文字、雕塑等具有民俗特点的艺术形式。

（2）地方特色文化资源。这类文化资源主要有各地区、各民族的节庆活动等。在漫长的历史发展进程中，每个民族都发展出了能彰显自身民族特色的、独有的生活习惯与节庆方式，如蒙古族的"那达慕"大会、客家的山歌节、傣族的泼水节、伊斯兰教的古尔邦节与开斋节等。

地方特色文化资源还包括庙会等一些民族大众文化活动。庙会文化是一种古老、复杂又新鲜的社会文化现象，其体现了乡村文化的发展演变。可在规划

设计乡村休闲旅游环境时对这类文化进行重点设计，将乡村特有的文化活动打造成旅游亮点，吸引游客。

（3）饮食文化资源。我国饮食文化具有漫长的发展历史，不同地区形成了不同的特色。在规划设计乡村休闲旅游环境时，应对当地的饮食文化资源进行合理开发，打造具有特色的基本休闲旅游活动。开发饮食文化不仅能对当地的乡村文化发展起到促进作用，而且能有效深化软环境特色，为乡村休闲旅游活动的开展提供基本保证，具有很大的开发价值与意义。

（4）民间传说文化资源。这类文化资源包括乡村当地的民间传说、地方风物、历史事件、名人逸事等，是能体现乡村人文精神底蕴的乡村软文化代表。例如，"孟姜女哭长城""牛郎织女""白蛇传""梁山伯与祝英台"这四大民间传说，其故事情节都与当地物质文化密切相关，在较大程度上提升了乡村文化环境的影响力。此外，很多乡村的地名与村中流传的名人逸事、神话传说、历史事件有关，因此也成为民间文化的重要内容，成为重要的民族文化遗产。

2. 设计策略

（1）挖掘乡村软环境要素内涵，营造与之相协调的景观环境。在确定乡村软环境要素的基础上，对其内涵进行充分挖掘，并结合不同的软环境要素打造浓郁的乡村文化环境和相适应的文化氛围。在实际设计中，应将环境布局、各式建筑、环境小品设施、乡村民居作为重要的设计素材，并对这些素材进行统筹考虑，使其从整体上彰显乡村特色文化内涵。

（2）以市场为导向，围绕软环境要素创造丰富的旅游产品。应在结合旅游市场需求的前提下，基于现有软环境元素确立乡村旅游资源的产品开发类型、资源开发主题，即围绕乡村特色软环境元素，以市场需求为依托，不断创造和更新更多的旅游产品，为乡村发展旅游业提供吸引点和推动力。

（3）在开发软环境的同时，注重经济效益、社会效益、环境效益相统一。对乡村特色软环境进行挖掘开发，有助于促进乡村休闲旅游快速发展，提升乡村经济发展水平，使乡村获得更多的经济效益。但获取经济效益并不是发展乡村休闲旅游的全部目标，因此，在开发乡村休闲旅游资源时，应将其控制在环境与社会的合理限度内，避免造成环境质量下降、资源破坏、社会治安混乱等影响，从而阻碍当地旅游业的持续发展。

五、城郊乡村休闲旅游环境服务设施与基础设施规划设计

乡村旅游设施包括乡村旅游服务设施和乡村旅游基础设施。乡村旅游服务设施包括住宿设施、餐饮设施等；乡村旅游基础设施包括电力通信系统、给排水设施、卫生设施、交通设施等。良好的乡村旅游设施，应能满足游客多样化

的服务需求与旅游需求。

（一）服务设施环境设计

服务设施指住宿、通信、餐饮等方面的设施，这类设施通常规模不大，且具有布局零散、产权归属多元的特点，但能从整体上对乡村休闲旅游形象造成直接影响。因此，在设计时，不仅要符合相关规范，还要充分尊重游客的多元化需求。

1. 餐饮设施环境设计

在乡村休闲旅游中，通过建设餐饮设施，可以向游客提供安逸、舒适的饮食环境，提升游客对乡村旅游主题的印象，使游客在享受乡村生活的过程中获得舒适、满意的休闲旅游体验。为此，乡村休闲环境建设应满足以下几点：

（1）建设与乡村旅游区（点）整体环境相协调的餐饮设施。

（2）应结合街道游客数量规划餐饮服务设施的规模，使游客需求基本得到满足。

（3）建设和完善餐饮设备设施，为游客提供独具特色、种类丰富的乡村特色菜肴。

在满足游客对基本餐饮设施环境需求的基础上，可研究新的餐饮类型，以此提高乡村休闲旅游的趣味性。如将采摘、观光农院内无公害蔬菜的旅游项目活动与餐饮结合起来，打造生态餐饮的方式。武汉市城郊金龙水寨园就将生态餐厅作为其主打旅游项目吸引游客。

2. 住宿设施环境设计

住宿设施是乡村休闲旅游中必不可少的服务设施，也是游客选择旅游地的重要因素。在实际设计中，应结合乡村的旅游特色与规模设计多种类型、档次的乡村住宿类型。例如，在我国现阶段开发建设的乡村休闲旅游村中，就有为滞留时间较长的游客提供的乡村旅游公寓、较高级的乡村旅馆、以体验为主的营地式乡村住宿设施。

（1）住宿设施内部环境。住宿设施内部环境指为满足游客需求建设的住宿设施居室内环境，如室内外的陈设、家具及其色、形、质、数量、位置、大小等，住宿设施内环境具有暗示和美化乡村休闲环境的作用。上述三类乡村住宿设施在室内环境设计上各有特点，但总体都满足整洁、大方、舒适的居住要求。乡村农家院等具有乡村特色的住宿设施，其内部环境及风格的设计应符合乡村旅游主题，与村民的日常生活相结合，使游客对乡村生活的质朴特点形成深刻体会。

（2）住宿设施外部环境。①住宿设施建筑形式的选择。乡村旅游的开展，应充分体现乡村性，不能像城市一样大兴土木、大搞建设，应尽可能建设中小型的住宿设施，遵循背山面水、依山就势的原则，如京郊蟹岛绿色生态度假村客房区的建筑在建设上就采取了北京传统四合院的形式，打造出人与自然和谐共处的美好意境。②住宿设施外部环境。在设计乡村住宿设施周边环境时，不仅要依据乡村住宿类型与乡村的风格特点选择恰当的建筑风格，而且要彰显乡村整体环境风貌，与乡村历史文化、人文精神、自然资源等充分结合，如使用石磨、水井、水车等能体现农家气息的景观小品作为装饰。

（3）住宿设施地区环境。①住宿地的选择。可依据乡村旅游景点分布情况，选择景观视线良好、氛围安静、交通便利的位置规划建设住宿设施，在满足游客休息需求的同时，为游客游览观赏创造便利。②住宿地的环境建设。具有齐全功能配套、良好视线条件景观的地方是住宿地点的较好选择，住宿地点的附近应有各种休闲活动场地与餐饮设施等，以小建筑、大景观的布局模式打造便于游客游览、休息、娱乐、饮食等的旅游环境。

（二）基础设施配置要求与环境设计

只有打造良好、齐全的基础设施，才能建设优质的乡村休闲旅游环境。只有建设完善的配套服务设施，才能打造出高质量、高档次的乡村休闲旅游环境。基础设施是人们旅游出行的基本保障，在设计基础设施时，应以城乡统筹政策与现代新农村建设为基础，在基础设施方面建设可多借鉴城市建设的方法，实现城乡一体化。本书主要论述城郊乡村休闲旅游建设过程中较特殊的技术设施设计。

1. 旅游交通环境

在对外交通方面，应加大相关设施建设方面的投入，乡村应与交通部门积极合作，通过打造旅游专线的方式开通城市到乡村旅游地区的直达路线，为城市游客出游提供便利。同时还应充分发挥郊区旅游的区位优势，为开展乡村旅游活动与游客出行创造便捷条件。

与此同时，还应保证停车场有充足的车位数量，有足够的接待能力。停车场的设计要求进入道路、场地平整，在设计时应对路面做出硬化处理。就像上文所提到的，在乡村休闲旅游地规模较小的情况下，应结合乡村出入口进行合理布置。

2. 卫生环境及其他

卫生环境的洁净程度对游客重游乡村的概率有较大影响。享受清新的自然环境、体验乡村闲适的田园生活、感受质朴的民俗风情是游客前往乡村旅游的主要目的，乡村卫生环境严重影响游客的旅游体验，从而影响乡村旅游事业的发展。因此，乡村应积极治理卫生，建设良好的卫生环境，打造清新的乡村人居环境，具体应做到：

（1）对各类生活垃圾进行分类收集与集中处理。

（2）结合绿化设置，对农家院、乡村道路进行净化处理。

（3）对乡村周边卫生环境进行科学治理与有力维护，打造整体上卫生、整洁的乡村环境。

除乡村卫生环境建设外，还应保障乡村的社会治安，对各类刑事犯罪、违法乱纪活动予以依法严厉打击，切实维护社会投资经营者与乡村居民的合法权益，为游客的财产安全与人身安全、合法权益提供有力的法律保障。

第五节　民宿旅游型乡村景观设计策略

一、场地环境统筹整合策略

在设计民宿时，应保持其整体与周边环境协调统一，这样有利于民宿的长期经营和可持续发展。在规划建设民宿时，应对民宿基址的选择、周围路况、社区的联合与规划、停车场地的配套设施做出充分考虑。在设计民宿的前期，首先应合理整合这些因素，通过现场调研找出最适合的场地。其次与周围社区环境和小区住宅相衔接。再次对道路网格进行梳理。最后整合各类资源，完善停车场及其配套设施。具体过程如图9-1所示。

图9-1　场地环境统筹整合过程

（一）适宜区域的选址

乡村民宿的开发与选址密切相关，好的选址有利于民宿的开发建设与未来的持续经营。从乡村整体环境层面上看，在选择场地时，应充分考虑是否适宜民宿的长久经营和持续发展。本书以北京山区乡村民宿景观设计为例，对其的分析如下：首先，北京山区具有较高的地势，有开阔的视野与良好的自然景观。其次，该地山峦起伏、气候湿润、天气变化明显。最后，北京作为三朝古都，拥有丰富的历史底蕴，山区乡村也因此开发出了多种特色文化，如寺庙宗教文明、长城军事文明、历史文化等。美丽的自然景观、深厚的历史文化共同为北京山区乡村建设和发展民宿提供了重要支撑。

我国幅员辽阔，有很多风光出众、特色鲜明的村落，有的村落因为气候条件、地形地貌、民俗特色、生态状况等原因，没有建设旅游目的地；有些地区则因为建筑零散孤立，难以与外部环境联系起来，不适合选址建设民宿。因此，应在对该地区的产业布局情况与通达性做出充分考虑后为民宿选址。例如，我国台湾南投县竹山镇在为乡村民宿选址时，就考虑了移民的文化融合因素，该民宿至今仍能展现传统民俗风情与民族聚落的特点，形成了特殊的文化氛围。

乡村民宿的建设应充分体现当地的文化特色。例如，英国康沃尔郡地区建设的民宿，不仅能体现英国乡村的本土文化，而且能体现英国的地域特色与文化，打造了具有鲜明民族色彩的乡村民宿景观。我国浙江莫干山民宿就借助政府的政策支持，做出了较完善的整体布局规划，现已有较为成熟的发展，且对其他景区民宿的开发建设起到了模范作用。

（二）社区规划连接

在规划设计乡村民宿时，应注意改善和维持社区居民的生活环境。以梓潼县东风村民宿改建为例，建筑师在改造该民宿的前期就对社区的规划连接做出了较为成熟的考虑，将其规划成"商铺＋民宿"的形式，在满足游客住宿要求的同时，增加了乡村居民与游客的互动，促进了双方的沟通交流。

乡村民宿的规划建筑还需要对乡村的产业链接做出细致考虑，要求关注以下几点：一是充分发挥乡村在旅游资源、气候、交通等方面的优势；二是大力发展乡村旅游区具有民风特色的活动与餐饮；三是建立展示和销售乡村农副产品的平台；四是利用互联网等工具，对乡村进行广泛宣传，同时对当地村民进行培训，使其成为优秀的旅游区向导和民宿经营者。例如，河北盐山薛堂村就当地的农副产品——枣类、香甜的蜂蜜土特产等进行了广泛宣传，吸引很多游客慕名前来购买，增加了当地村民的经济收入。与此同时，薛堂村还建设了能展现当地特色的农园和文化市集，为村民与游客提供娱乐观光的场所，构成了乡村生态活动圈落。

（三）道路系统梳理

道路交通系统的建设是否完善，与游客能否以最方便快捷的方式抵达乡村民宿息息相关，能直接影响外来游客对乡村旅游地的第一印象。政府应与当地村民相互配合，共同梳理道路系统，合理规划乡村道路，在了解乡村居民人口综合素质、居民出行方式、游客数量、游客出行方式的基础上，可选用水泥铺设乡村外部道路，并在道路两旁设置绿化景观、导向路标，在道路附近设置景观凉亭、自行车骑行通道等，打造良好的外部交通环境。在乡村旅游区内部，建议做好人车分流，降低内部道路通车对乡村居民生活与环境的影响，可通过规划步行道、自行车道、绿化带等对道路断面进行处理。可采用本地建筑材料建设乡村道路下断面，要在考虑乡村整体环境肌理的情况下对道路做出整体性的规划设计，满足当地居民与外来游客的交通需求。

（四）停车问题解决

乡村旅游区不仅要对动态交通系统进行梳理，还要对内部静态交通系统做出充分考虑，如游客非常关注的停车问题。乡村旅游区应设置适当的停车位，不宜过多，可按照床位与车位4：1的关系配备车位，应在顺应乡村肌理、不破坏乡村环境的基础上建立停车位。如果乡村建设了较多民宿，则建议在乡村路口附近合适的位置设置公共停车场，以此保证交通顺畅，同时减少对乡村整体环境的影响。如果乡村旅游路线较长且内部面积较大，则可以在紧邻乡村民宿的位置建立小停车场。还可以在人车流量较大、交通路线较长的位置设置一些共享单车供游客与村民使用。另外，还可以通过建立临时停车场的方式，灵活解决乡村旅游旺季时期的高峰客流和停车量。

二、完善乡村民宿的建筑功能

（一）建筑平面功能的合理排布

建筑布局会对游客的居住感受产生影响。民宿大厅应设置洽谈、休息、接待区等，应合理设置大厅的占地面积，通常控制在50%左右较为合适，严禁盲目建造豪华大厅。在装潢设计方面，应充分考虑整体民宿的风格性质。民宿大厅应建设在民宿的一层，客房则应该布置在民宿的二层或更高层。

除以上要求，设计民宿的室内分布还要对建筑原本的形态特征作出考量。原有室内布局能深刻影响民宿室内空间的大小、格局，在规划设计时应充分考虑民宿形式与功能的可用性。当然，民宿的室内空间并不完全取决于其室内布局，可以通过巧妙利用钢结构，对民宿的室内环境做出良好的改造。

（二）室内装修和建筑主体的尺度优化

在建筑和装潢方面，基础设施和家具的材料选择及款式设计，都会对游客的细腻感受形成影响，而对这两个方面进行合理设计也正是突出地域特色的有效手段。民宿经营者可利用动态的生活家具、静态的装置品精心设计布置乡村民宿，细致到窗帘、抱枕以及照明灯具等。

可通过对民宿内生活用品的细致布置，展现民宿特色。例如，王家疃村的柿园民宿在设计时，就以柿子红为主要色彩基调，不仅象征吉祥，而且表现了乡村居民的热情淳朴。设计师在设计时，还将一些务农的农具、旧板凳、旧桌椅、旧缝纫机等城市中不常见的物品摆放在室内空间中，营造出浓郁的乡村文化氛围，为游客带来不同于城市的温馨住宿体验。

很多民宿大量利用裸露的墙体、原生态的木制构件等装饰室内空间，独特的装饰风格很好地突出了乡村民宿的特点，具有舒适朴素的特点。在民宿的室内空间中，新与旧的碰撞营造出了具有特色的乡村情怀。另外，民宿中的墙体采用了新型的垒石加水泥勾缝的做法，将新、旧垒石混合排布，这种做法可以使游客获得新奇的乡村生活体验。

除此之外，改造建筑主体对民宿的建设也十分重要。按照建筑的主体结构划分，主体结构主要包括承重墙结构和非承重墙结构两类。按建筑年份划分，可大致将建筑分成年代久远、内部设施破败的老房子和刚刚修建好、有较完整建筑结构的房子。在改造老房子时，改造前，应将安全问题作为重点考虑内容。首先要在不破坏房体安全性的前提下，对原本建筑主体的承重结构进行改善处理，先加固不符合承重标准的结构，对不合理的结构进行适当拆除，使房屋整体承重达标后再对房体进行整体的规划设计。例如，海南岛霸王岭民宿，在修建的过程中就经过了拆除、加固、修复、保留、重建等改造，最终打造出安全、承重稳固、能体现乡村原生态风格的民宿，该民宿还利用能代表当地特色文化的装饰品进行装修点缀，用鹅卵石铺设卫生间，使民宿空间富有肌理，展现出浓厚的乡村气息，为游客带来回归自然的居住感受。在改造刚修建好的房子时，应在对室内的采光与通风等做出适当规划的基础上，合理划分室内空间，尽可能保证每个房间都具备通风与采光条件。在这类房子的改造中，可适当使用轻型结构，对活动区域做出灵活划分。例如，浙江省松阳县沿坑岭头村的柿子红了民宿，在布局设计时，就将主体建筑二层的公共空间打造成了茶空间，将整个空间建设得生动灵活。

（三）推进民宿的乡村建设

对于不同风格民宿的打造，政府可在民宿的产品打造、装饰风格确立、规划设计方案等方面进行质量把关和政策引导，与村民共同配合建设能展现乡村风采特色的民宿。对于承载着民族精神与传承、地域文化、社区发展等的传统乡村，其民宿的建设应基于对乡村景观的建设和保护。

三、设施设备保障支持策略

（一）配套基础设施规划

在民宿建设中，乡村民宿的基础配套设施是必不可少的，其规划应考虑以下几点：

1. 客房配套设置

大部分游客对乡村民宿的客房设施十分关注，客房设施不仅要有较强的实用性，满足游客的使用需求；而且要具备大方、雅致的特点，要能满足游客的审美需求。在设计乡村民宿时，不仅要将普通游客作为服务对象纳入考虑范围，还要针对特殊群体，如老年人、幼儿、残疾人等的需求做出充分考虑。民宿室内空间的设计应做到人性化，室内的各项基础设施都应摆放在合适位置，如空调应摆放在尽量远离床铺，但又能有效调节室内温度的位置，避免噪声影响游客休息。

2. 乡村民宿的餐饮与文体活动

受交通等因素影响，一些乡村民宿周边的配套设施还有待完善。因此，为了使游客获得良好的旅游体验，这些地区的民宿需要以更为丰富的文体活动与餐饮带动乡村旅游的发展。开展文体活动应充分发挥乡村的各项资源，如梯田、流水、小桥等；开设各种趣味文体活动项目，如河边观光垂钓、在森林内欣赏乡村夜景、在田野中体验种植农作物等。在餐饮方面，首先应营造舒适、干净的用餐环境，结合室内外环境，打造树洞餐厅、烛光餐厅、海滩餐厅、特色泡泡餐厅等，使游客获得新奇的旅游体验。

3. 其他设施

乡村民宿可设置洗衣房、自动售卖机等现代化设施，为游客出游住宿提供便捷的生活服务。民宿在建设时，还应考虑设置无障碍通道，以满足前来旅游的特殊人群的需求。

（二）安全措施保障

乡村民宿在建设与经营的过程中，安全问题始终是首要考虑因素，尤其是在防盗、防火以及防电等方面，应采用规范的制度，对乡村所有民宿进行严格的监督管理，扫除安全隐患。一些改建类民宿，应规范、合理地设置安全出口与安全通道；一些主材为木材的民宿，尤其是一些年代久远的，应在客房、走廊等位置设置安全疏散图与安置消防器材，定期检查和维护消防装置，避免意外的发生。经调查，大部分乡村民宿采用了开敞式设计，民宿的围合性较弱，存在一定的被盗隐患，很多游客对这一问题存在担忧。很多游客以家庭为单位出行游玩，因此，民宿应从各个年龄层次、身体素质水平等方面充分考虑游客需求和居住安全问题。例如，在设计卫生间时，应注意防触电和防滑，可设置防滑脚垫、防滑地砖，安装防滑竿等避免老人儿童摔倒。为了避免室外空间坠物造成人员伤害，应按照安全规范，在民宿走道、阳台等位置安装防护栏。一些接待很多儿童游客的民宿，阳台则应安装不低于 1.1 米的防护栏，同时在一些承受能力较弱的露台上张贴或摆放显眼的安全提示，避免游客误入，造成安全事故。

（三）环保设置配备

民宿应在保证不破坏乡村自然景观与生态结构的基础上建设，在建设时应对乡村环境的承载能力做出充分考虑，做到与乡村自然环境相和谐。因此，民宿的建设，应遵循乡村能源可持续发展的原则，在环保的前提下，做好生态排污系统、节能系统、太阳能、水循环系统、垃圾分类等配套设施的建设。

政府应加强保护乡村景观生态环境的观念。例如，莫干山区域在建设民宿的同时，修建了污水处理厂，同时对垃圾进行了分类处理。再如，南法清幽山景泡泡房民宿的每个泡泡房都采用了抗紫外线、防火的材料，建设了直径约为13英尺（1英尺=0.3048米）的透明泡泡房间，每个房间内配备了具有自我调节功能与过滤功能的涡轮机、可拉伸的金属双门气闸等，还采用太阳能照明，节能环保。

四、乡村景观的地域特色

（一）地方建造体系借鉴

为了更好地满足当代游客旅游和居民居住的需求，应采取创新理念改造乡村建筑。例如，强调可持续发展，升级传统技术，打造生态环保的乡村旅游民宿建筑。再如，西班牙建筑师 BATONArchitect 在改造马厩民宿时，对原本破败残旧的马厩进行了适当改造，将其重建成生态舒适的宜居民宿。在改造过程中，设计师对民宿所在场地的阳光与地势进行了灵活利用，向室内引入山泉水，为村民提供日常饮用水；在马厩中加入太阳能板，收集太阳能转化为电力，供村民取暖过冬。此外，设计师还将西班牙传统斗牛的历史演变图例作为展示元素，加入到了马厩民宿的设计中，向外来游客展示当地的历史习俗，使游客了解马厩及当地的历史变迁，形成身临其境的旅游体验，从而对马厩民宿产生深刻的印象。

（二）个性化空间

民宿应富有主人情怀，不仅要向游客展现乡村本土的风情民俗，而且要体现民宿主人的情怀胸襟。无论是整体规划布局，还是设计施工，民宿都能体现主人的气质，民宿的每个室内空间都应围绕游客需求进行建设，不同空间可设置不同主题，设计时应避免风格同化，提升民宿竞争力。

以洪庆青山民宿为例，其打造了富有生活气息的小空间。该民宿在茶室内设计了供游客聊天、饮茶、休闲的榻榻米，民宿庭院则利用小溪、露台、玻璃桥、古朴的院门等营造出富有禅韵与诗意的空间。游客旅居在青山民宿时，通过任何细节都感受到主人的用心与个性。民宿主人也会将自己做的美食分享给游客。在民宿中，游客可以通过参与当地的集会等民俗活动，从而感受乡村的热闹氛围和乡村自然景观之美。

随着我国新型城镇化进程的持续推进和完善，给乡村的建设和发展带来了新的机遇与动力。而乡村景观规划和设计是建设乡村的一个重要组成部分。对乡村景观进行合理的规划和设计，对于促进乡村建设、提高和改善乡村居民的生活水平具有十分重要的意义。在实际的景观规划设计中，需要因地制宜，充分发挥和利用当地的地域特点，尊重传统乡村肌理，发扬乡村地域特色，构建尺度宜人的生活空间，以打造优质的乡村景观，加快乡村的建设进程。

参考文献

［1］曹磊. 新城镇建设背景下现代乡村景观设计［M］. 郑州：郑州大学出版社，2017.

［2］常程. 浅谈乡村振兴下的乡村景观设计［J］. 中国住宅设施，2022（5）：16-18.

［3］陈谦. 园林规划中乡村景观设计现状及发展路径［J］. 南方农业，2022，16（12）：38-40.

［4］党伟，李凯歌，郭盼盼. 美丽乡村建设视角下的乡村景观设计探究［M］. 昆明：云南美术出版社，2020.

［5］樊丽. 乡村景观规划与田园综合体设计研究［M］. 北京：中国水利水电出版社，2019.

［6］冯慧. 关于美丽乡村景观设计与建设的探究［J］. 艺术教育，2021（8）：212-215.

［7］付军，蒋林树. 乡村景观规划设计［M］. 北京：中国农业出版社，2008.

［8］高少洋，马云. 乡村景观植物群落设计探究［J］. 山西林业，2021（6）：40-41.

［9］郭敏. 旅游型美丽乡村景观规划设计［D］. 泰安：山东农业大学，2022.

［10］郭雨，梅雨，杨丹晨. 乡村景观规划设计创新研究［M］. 北京：应急管理出版社，2020.

［11］韩沫，丁文轩. 基于乡村振兴背景下乡村景观规划设计研究［J］. 乡村科技，2021，12（36）：80-82.

［12］怀康. 乡村景观规划设计研究［M］. 西安：西北工业大学出版社，2016.

［13］黄铮. 乡村景观设计［M］. 北京：化学工业出版社，2018.

［14］降向端，吴珊珊，张俊辉. "产境融合"——乡村景观设计新模态实践运用［J］. 建筑结构，2022，52（13）：163-164.

［15］荆冠斌. 地域文化在乡村景观设计中的应用研究［J］. 丝网印刷，2022（15）：69-71.

［16］雷暘.《乡村景观设计》：乡村景观设计的优化探析［J］. 建筑学报，2022（2）：125.

［17］李莉，李亚平．地域文化特色与乡村景观设计刍议［J］．艺术与设计（理论），2021，2（8）：73-75.

［18］李莉．乡村景观规划与生态设计研究［M］．北京：中国农业出版社，2022.

［19］李思梦．基于地域文化保护与传承的乡村景观规划设计探究［J］．美与时代（城市版），2022（6）：106-108.

［20］李小蒙．乡村景观在风景园林规划与设计中的意义［J］．城市建筑，2022，19（10）：196-198.

［21］廖启鹏．景观设计概论［M］．武汉：武汉大学出版社，2016.

［22］刘杰，刘玉芝，郑艳霞，等．景观生态理念下的乡村旅游规划设计［M］．北京：经济科学出版社，2018.

［23］刘璐．景观设计在乡村振兴中的运用与意义探讨［J］．大观，2021（6）：28-29.

［24］刘珊珊．乡村景观规划设计研究［M］．北京：原子能出版社，2020.

［25］路培．乡村景观规划设计的理论与方法研究［M］．长春：吉林出版集团有限责任公司，2020.

［26］吕桂菊．乡村景观发展与规划设计研究［M］．北京：中国水利水电出版社，2019.

［27］吕勤智，黄焱．乡村景观设计［M］．北京：中国建筑工业出版社，2020.

［28］娜荷雅，赵红霞．地域文化在乡村景观设计中的应用研究［J］．佛山陶瓷，2022，32（9）：171-173.

［29］屈炳昊．乡村景观规划的设计与应用［M］．长春：吉林美术出版社，2018.

［30］汤喜辉．美丽乡村景观规划设计与生态营建研究［M］．北京：中国书籍出版社，2019.

［31］王云才．乡村景观旅游规划设计的理论与实践［M］．北京：科学出版社，2004.

［32］王子龙．乡村景观的规划和设计［J］．大众标准化，2022（11）：65-67.

［33］吴鹏．乡村景观改造设计研究［M］．西安：西安出版社，2020.

［34］吴强盛，马军山．三生元素在乡村景观设计中的应用［J］．浙江农业科学，2022，63（6）：1305-1308.

［35］吴颖．现代乡村景观设计中国画意境的营造［J］．现代园艺，2021，44（20）：71-72.

［36］徐超，陈成．乡村景观规划设计研究［M］．北京：中国国际广播出版社，2019.

［37］徐一埔．基于共生理念的乡村景观设计研究［D］．济南：山东工艺美术学

院，2022.

［38］薛紫. 美丽乡村景观设计中打造乡村特色策略研究［J］. 明日风尚，2022
（15）：137-140.

［39］闫立江，杨翠霞. 乡村景观设计方法及应用［J］. 现代园艺，2021，44
（17）：114-116.

［40］杨小舟. 基于人文地域风情化的乡村景观设计［J］. 建筑经济，2021，42
（7）：117-118.

［41］杨智斌. 风景园林设计中乡村景观的应用探究［J］. 房地产世界，2021
（17）：117-119.

［42］余凌云. 乡村景观规划设计的理论与方法研究［M］. 长春：吉林美术出版
社，2019.

［43］战杜鹃. 乡村景观伦理的探索［M］. 武汉：华中科技大学出版社，2018.

［44］张翠晶. 生态理念和田园文化视角下的乡村旅游景观设计［M］. 长春：东
北师范大学出版社，2017.

［45］张丹绘，王姝，阚张飞. 基于内生式理论的乡村景观设计研究［J］. 乡村科
技，2022，13（2）：116-118.

［46］张宏图. 乡村环境规划与景观设计［M］. 北京：原子能出版社，2020.

［47］张思琪. 公共艺术在乡村景观设计中的应用［D］. 成都：四川音乐学院，
2022.

［48］张羽清，周武忠，周之澄. 基于东方设计学的乡村景观设计研究［J］. 包装
工程，2021，42（12）：32-38.

［49］赵坚. 乡土营建乡村民居建筑与景观改造设计实践［M］. 石家庄：河北美
术出版社，2018.

［50］赵梅红，翟学斌，李志豪. 农业元素在乡村景观设计中的应用［J］. 现代园
艺，2021，44（19）：159-161.

［51］郑健雄，林铭昌，等. 乡村旅游发展规划与景观设计［M］. 徐州：中国矿
业大学出版社，2009.

［52］郑岩. 地域文化在乡村景观设计中的应用表达［J］. 现代园艺，2022，45
（8）：120-122.

［53］朱乾道，董斌，禹燕. 农业文化与乡愁文化在乡村景观设计中的应用［J］.
建筑结构，2022，52（8）：157-158.

［54］朱少华. 乡村景观设计研究［M］. 北京：科学出版社，2018.

［55］祝宏，孟瑾. 生态主义思想在乡村景观设计中的应用［J］. 现代园艺，
2021，44（17）：121-122.